新编特种作业人员安全技术培训考核统编教材

熔化焊接与热切割作业

王长忠　主　编

中国劳动社会保障出版社

图书在版编目(CIP)数据

熔化焊接与热切割作业/王长忠主编. —北京：中国劳动社会保障出版社，2014

新编特种作业人员安全技术培训考核统编教材

ISBN 978－7－5167－0971－9

Ⅰ.①熔…　Ⅱ.①王…　Ⅲ.①熔焊-技术培训-教材②切割-技术培训-教材　Ⅳ.①TG422②TG48

中国版本图书馆 CIP 数据核字(2014)第 080037 号

中国劳动社会保障出版社出版发行

（北京市惠新东街1号　邮政编码：100029）

*

三河市华骏印务包装有限公司印刷装订　新华书店经销

880 毫米×1230 毫米　32 开本　10.125 印张　282 千字

2014 年 5 月第 1 版　2020 年 12 月第 4 次印刷

定价：29.00 元

读者服务部电话：（010）64929211/84209101/64921644

营销中心电话：（010）64962347

出版社网址：http://www.class.com.cn

编委会

前言

我国《劳动法》规定："从事特种作业的劳动者必须经过专门培训并取得特种作业资格。"我国《安全生产法》还规定："生产经营单位的特种作业人员必须按照国家有关规定经专门的安全作业培训，取得特种作业操作资格证书，方可上岗操作。"为了进一步落实《劳动法》《安全生产法》的上述规定，配合国家安全生产监督管理总局依法做好特种作业人员的培训考核工作，中国劳动社会保障出版社根据国家安全生产监督管理总局颁布的《安全生产培训管理办法》《关于特种作业人员安全技术培训考核工作的意见》和《特种作业人员安全技术培训考核管理规定》，组织了《特种作业人员安全技术培训大纲和考核标准》起草小组的有关专家，依据《特种作业目录》中的工种组织编写了"新编特种作业人员安全技术培训考核统编教材"。

"新编特种作业人员安全技术培训考核统编教材"共计9大类41个工种教材：1．电工作业类：（1）《高压电工作业》（2）《低压电工作业》（3）《防爆电气作业》；2．焊接与热切割作业类：（4）《熔化焊接与热切割作业》（5）《压力焊作业》（6）《钎焊作业》；3．高处作业类：（7）《登高架设作业》（8）《高处安装、维护、拆除作业》；4．制冷与空调作业类：（9）《制冷与空调设备运行操作》（10）《制冷与空调设备安装修理》；5．金属非金属矿山作业类：（11）《金属非金属矿井通风作业》（12）《尾矿作业》（13）《金属非金属矿山安全检查作业》（14）《金属非金属矿山提升机操作》（15）《金属非金属矿山支柱作业》（16）《金属非金属矿山井下电气作业》（17）《金属非金属矿山排水作业》（18）《金属非金属矿山爆破作业》；6．石油天然气作业类：（19）《司钻作业》；7．冶金生产作业类：（20）《煤气作业》；8．危险化学品作业类：（21）《光气及光气化工艺作业》（22）《氯碱电解工艺作业》（23）《氯化工艺作业》（24）《硝化工艺作业》（25）《合成氨工艺作业》（26）《裂解工艺作业》（27）《氟化工艺作业》（28）《加氢工艺作业》（29）《重氮化工艺作业》

（30）《氧化工艺作业》（31）《过氧化工艺作业》（32）《胺基化工艺作业》（33）《磺化工艺作业》（34）《聚合工艺作业》（35）《烷基化工艺作业》（36）《化工自动化控制仪表作业》；9. 烟花爆竹作业类：（37）《烟火药制造作业》（38）《黑火药制造作业》（39）《引火线制造作业》（40）《烟花爆竹产品涉药作业》（41）《烟花爆竹储存作业》。本版统编教材具有以下几方面特点：

一、突出科学性、规范性。本版统编教材是根据国家安全生产监督管理总局统一制定的特种作业人员安全技术培训大纲和考核标准，由该培训大纲和考核标准起草小组的有关专家在以往统编教材的基础上，继往开来的最新成果。

二、突出适用性、针对性。专家在编写过程中，根据国家安全生产监督管理总局关于教材建设的相关要求，本着"少而精""实用、管用"的原则，切合实际地考虑了当前我国接受特种作业安全技术培训的学员特点，以此设置内容。

三、突出实用性、可操作性。根据国家安全生产监督管理总局《特种作业人员安全技术培训考核管理规定》中"特种作业人员应当接受与其所从事的特种作业相应的安全技术理论培训和实际操作培训"的要求，在教材编写中合理安排了理论部分与实际操作训练部分的内容所占比例，充分考虑了相关单位的培训计划和学时安排，以加强实用性。

总之，本版统编教材反映了国家安全生产监督管理总局关于全国特种作业人员安全技术培训考核的最新要求，是全国各有关行业、各类企业准备从事特种作业的劳动者，为提高有关特种作业的知识与技能，提高自身安全素质，取得特种作业人员 IC 卡操作证的最佳培训考核教材。

"新编特种作业人员安全技术培训考核统编教材"编委会
2014 年 3 月

内 容 提 要

    本书根据国家安全生产监督管理总局颁布的"熔化焊接与热切割作业人员安全技术考核标准"和"熔化焊接与热切割作业人员安全技术培训大纲"编写。全书共分十三章，其中有七个通用焊接与切割安全的作业项目以及各焊接与切割方法相应的操作训练。内容涉及安全生产法律法规与安全管理、焊接与切割基础知识、焊接与切割安全基础知识、焊接与切割作业劳动卫生与防护、气焊与气割安全、焊条电弧焊与碳弧气刨安全、埋弧焊安全、氩弧焊安全、二氧化碳气体保护焊安全、等离子弧焊与切割安全、堆焊安全、电子束焊与激光焊安全。

    本书结合生产实际需求编写，可作为各类生产企业与焊接相关的特种作业人员的培训教材，也可作为企事业单位安全管理人员及相关技术人员的参考用书。

目　录

第一章 安全生产法律法规
与安全管理

　　安全生产是指为了使劳动过程在符合安全要求的物质条件和工作秩序下进行，防止伤亡事故、设备事故及各种灾害的发生，保障劳动者的安全健康和生产作业过程的正常进行而采取的各种措施和从事的一切活动。

　　为什么要对劳动者在劳动生产过程中的安全、健康加以保护呢？因为在劳动过程中存在着各种不安全、不卫生的因素，如不加以保护会发生工伤事故和职业危害。例如，矿井作业可能发生瓦斯爆炸、冒顶、片帮、水灾和火灾等事故，工厂可能发生机器绞碾、触电、受压容器爆炸以及各种有毒有害物质的危害等；建筑施工可能发生高处坠落、物体打击和碰撞；交通运输可能发生车辆伤害和淹溺事故；还有不少地区近年比较多发的是采石场塌方、工厂火灾、烟花爆竹厂爆炸等，这些都会危害劳动者的安全健康，甚至造成人民生命财产的重大损失。

　　为了做到不断改善劳动条件，预防工伤事故和职业病的发生，为劳动者创造安全、卫生、舒适的劳动条件，必须从组织管理和技术两方面采取有效措施。

　　（1）组织管理措施方面。国家和各级政府主管部门及企业为了保护劳动者的安全与健康，制定方针、政策、法规和各种安全制度；建立安全生产监察和管理的组织机构；确立安全生产管理体制；开展安全生产宣传教育和安全大检查；加强科学监测检验和科学研究；总结和交流安全生产工作经验等。

　　（2）技术措施方面。随着生产的发展，逐步实现生产过程的机械化、自动化和密闭化，积极采用劳动安全技术措施和劳动卫生措施，加强个人防护，给职工提供防护用品和用具等。

第一节　安全生产的方针

安全生产的方针是"安全第一，预防为主，综合治理"。这是安全生产工作经验的总结，是血的教训的结晶。它的含义是：在组织和指挥生产时，首先要想到和提出在安全上有什么问题，有针对性地研究好预防性措施；当其他工作和安全生产发生矛盾时，要求把安全作为一切工作的前提条件，对待事故要坚持预防为主，把事故消灭在萌芽状态，防患于未然。

一、安全和生产的辩证统一

在生产过程中，安全和生产既有矛盾性，又有统一性。所谓矛盾性，首先是生产过程中不安全、不卫生因素与生产顺利进行的矛盾，然后是安全工作与生产工作的矛盾。然而，安全工作与生产工作又是相互联系的，没有安全工作，生产就不能顺利进行。特别在某些生产活动中，如果没有起码的安全条件，生产根本无法进行。这就是生产和安全互为条件、互相依存的道理，也就是安全与生产的统一性。

社会生产是不断发展的，虽然生产中原有的不安全、不卫生因素解决了，但随着新的生产技术出现，新的不安全、不卫生因素又将产生，安全与生产的矛盾必将不断发生和存在，而安全生产的任务就是不断解决这两者的矛盾，促进生产的发展。只要有生产活动，就存在安全生产问题。因此，安全生产的任务是长期的、艰巨的，我们必须树立牢固的安全生产工作事业心。

二、安全工作必须强调"预防为主"

安全工作以预防为主是现代生产发展的需要，现代科学技术日新月异，而且往往又是多学科综合运用。安全问题十分复杂，稍一疏忽，就会发生事故。"预防为主"，就是要把安全工作放在事前做好，要依靠技术进步，加强科学管理，搞好科学预测与分析工作，要在设计生产系统时，同时设计系统安全措施，以保证生产系统安全化，把事故消灭在萌芽状态。安全第一与预防为主是相辅相成的，要做到安全第一，首先要搞好预防措施，预防工作做好了，就可以保证生产本质安全化，实现安全第一。

三、实施"安全第一、预防为主，综合治理"方针，要克服几种错误思想

1. 重生产、轻安全的思想。
2. 安全与生产对立的思想。
3. 冒险蛮干的思想。
4. 消极悲观的思想。
5. 麻痹思想和侥幸心理。

四、实施"安全第一，预防为主，综合治理"方针，要坚持安全生产五项基本原则

1. 管生产必须管安全的原则

安全寓于生产之中，生产组织者和科技工作者在生产技术实施过程中应当主动承担安全生产责任，要把管生产必须管安全的原则落实到每个职工的岗位责任制中，从组织上、制度上固定下来，以保证这一原则的实施。

2. "五同时"的原则

即生产组织者必须坚持在计划、布置、检查、总结、评比生产工作的同时计划、布置、检查、总结、评比安全工作的原则。它要求把安全工作落实到每一个生产组织管理环节之中去，这是解决生产管理中安全与生产统一的一项重要原则。

3. "三同时"原则

即新建、改建、扩建工程以及技术改造、挖潜和引进工程项目的安全卫生设施必须与主体工程同时设计、同时施工、同时投产的原则。这是从根本上解决"物"的危险源，保证生产本质安全的一项重要原则。

4. "三个同步"的原则

即安全生产与经济建设、企业深化改革、技术改造上同步规划、同步发展、同步实施的原则。这是要求把安全生产内容融化在生产经营活动各个方面中，以保证安全生产一体化，解决安全、生产两张皮的弊病。

5. "四不放过"原则

即在调查处理工伤事故时，必须坚持事故原因分析不清不放过；事故责任者和群众没有受到教育不放过；没有采取切实可行的防范措施不放过；事故的责任者未得到处理不放过的原则。它要求对工伤事故必须进行严肃认真的调查处理，接受教训，防止同类事故重复发生。

五、实施"安全第一，预防为主，综合治理"方针，要善于总结和推广经验

安全生产工作如何更好地适应生产发展的需要，充分体现安全生产方针的要求，必须注意实践中不断涌现出来的先进安全生产经验，及时总结并予以交流和推广。

安全生产的经验是多方面的，有属于管理方面的，如安全教育培训经验，安全目标管理经验，结合实际开展事故预测和分析，安全评价经验等；有属于技术措施方面的，如结合工艺改革、设备改造解决尘毒危害的措施和采用各种安全装置和设施的经验等。这两方面的经验都应重视，及时总结，加以推广。

在总结推广先进经验的同时，也应总结和吸取一些事故教训。事实证明，反面教育的效果，比正面教育的收效要大。

第二节　安全生产法律法规体系

一、安全生产法律法规的概念

安全生产法律法规是指调整在生产过程中所产生的同劳动者的安全和健康，以及与生产资料和社会财富安全保障有关的各种社会关系

的法律规范的统称，是国家法律体系的重要组成部分。

二、安全生产法律法规体系

目前的安全生产法律体系是一个包含多种法律形式和法律层次的综合性系统，从法律规范的形式和特点来讲，既包括作为整个安全生产法律法规基础的宪法规范，也包括行政法律规范，技术性法律规范、程序性法律规范。按法律地位及效力同等原则，安全生产法律体系分为以下门类：

1. 宪法

《宪法》是安全生产法律体系框架的最高层级，"加强劳动保护，改善劳动条件"是有关安全生产方面最高法律效力的规定。

2. 安全生产方面的法律

（1）基础法。我国有关安全生产的法律包括《中华人民共和国安全生产法》（以下简称《安全生产法》）和与它平行的专门法律和相关法律。《安全生产法》是综合规范安全生产法律制度的法律，它适用于所有生产经营单位，是我国安全生产法律体系的核心。

（2）专门法律。专门安全生产法律是规范某专业领域安全生产法律制度的法律。我国在专业领域的法律有《中华人民共和国矿山安全法》《中华人民共和国海上交通安全法》《中华人民共和国消防法》《中华人民共和国道路交道安全法》等。

（3）相关法律。与安全生产有关的法律是安全生产专门法律以外的其他法律中涵盖有安全生产内容的法律，如《中华人民共和国劳动法》《中华人民共和国建筑法》《中华人民共和国煤炭法》《中华人民共和国铁路法》《中华人民共和国民用航空法》《中华人民共和国工会法》《中华人民共和国全民所有制企业法》《中华人民共和国乡镇企业法》《中华人民共和国矿产资源法》等，还有一些与安全生产监督执法工作有关的法律，如《中华人民共和国刑法》《中华人民共和国刑事诉讼法》《中华人民共和国行政处罚法》《中华人民共和国行政复议法》《中华人民共和国国家赔偿法》和《中华人民共和国标准化法》等。

3. 安全生产行政法规

安全生产行政法规是由国务院组织制定并批准公布的，是为实施安全生产法律或规范安全生产监督管理制度而制定并颁布的一系列具体规定，是我们实施安全生产监督管理和监察工作的重要依据，我国已颁布了多部安全生产行政法规，如《国务院关于特大安全事故行政责任追究的规定》和《煤矿安全监察条例》等。

4. 地方性安全生产法规

地方性安全生产法规是指由有立法权的地方权力机关——人民代表大会及其常务委员会和地方政府制定的安全生产规范性文件，是由法律授权制定的，是对国家安全生产法律、法规的补充和完善，以解决本地区某一特定的安全生产问题为目标，具有较强的针对性和可操作性。如目前我国有 17 个省（自治区、直辖市）人大制定了《劳动保护条例》或《劳动安全卫生条例》，有 26 个省（自治区、直辖市）人大制定了《矿山安全法》实施办法。

5. 部门安全生产规章，地方政府安全生产规章

根据《立法法》的有关规定，部门规章之间、部门规章与地方政府规章之间具有同等效力，可在各自的权限范围内施行。

国务院部门安全生产规章由有关部门为加强安全生产工作而颁布的规范性文件组成，从部门角度可划分为：交通运输业、化学工业、石油工业、机械工业、电子工业、冶金工业、电力工业、建筑业、建材工业、航空航天业、船舶工业、轻纺工业、煤炭工业、地质勘探工业、农村和乡镇工业、技术装备与统计工作、安全评价与竣工验收、劳动防护用品、培训教育、事故调查与处理、职业危害、特种设备、防火防爆和其他部门等。部门安全生产规章作为安全生产法律法规的重要补充，在我国安全生产监督管理工作中起着十分重要的作用。

地方政府安全生产规定一方面从属于法律和行政法规，另一方面又从属于地方法规，并且不能与他们相抵触。

6. 安全生产标准

安全生产标准是安全生产法规体系中的一个重要组成部分，也是

安全生产管理的基础和监督执法工作的重要技术依据。安全生产标准大致分为设计规范类、安全生产设备及工具类、生产工艺安全卫生、防护用品类四类标准。

7. 已批准的国际劳工安全公约

国际劳工组织自 1919 年创立以来，一共通过了 185 个国际公约和为数较多的建议书，这些公约和建议书统称为国际劳工标准，其中，70% 的公约和建议书涉及职业安全卫生问题。我国政府为国际性安全生产工作已签订了国际性公约。当我国安全生产法律与国际公约有不同时，应优先采用国际公约的规定（除保留条件的条款外）。目前，我国政府已批准的公约有 23 个，其中 4 个是与职业安全卫生相关的。

三、安全生产法规体系总框架

按照上述法律体系原则设计的安全生产法规体系，其框架如图 1—1 所示。

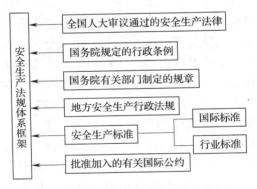

图 1—1 安全生产法规体系总框架图

第三节 安全生产及管理的法律法规

《安全生产法》是调整生产经营活动中有关安全生产的各方面关系、行为的法律、法规，是为了加强安全生产监督管理，防止和减少生产事故，保障人民群众生命和财产安全，促进经济发展而制定的，是安全生产工作领域中的一部综合性大法。

一、《中华人民共和国安全生产法》

《安全生产法》这部法律对安全生产工作的方针、生产经营单位的安全生产保障、从业人员的权利与义务、政府对安全生产的监督管理、生产安全事故应急救援与调查处理以及违法行为的法律责任等都作出了明确规定，是加强安全生产、管理的重要法律依据。学习和贯彻《安全生产法》的有关规定，对于进一步搞好安全生产工作，具有十分重要的意义。《安全生产法》共7章97条，下面分章进行介绍。

第一章"总则"共15条，是对这部法律若干重要原则问题的规定，对作为分则的其他各章的规定具有概括和指导作用。它分别对本法的立法目的、适用范围、安全生产管理的基本方针、生产经营单位确保安全生产的基本义务、生产经营单位主要负责人对本单位安全生产的责任、生产经营单位的从业人员在安全生产方面的权利和义务、工会在安全生产方面的基本职责、各级人民政府在安全生产方面的基本职责、安全生产监督管理体制、有关劳动安全卫生标准的制定和执行、为安全生产提供技术服务的中介机构、生产安全事故责任追究制度、国家鼓励和支持、提高安全生产科学技术水平、对在安全生产方面作出显著成绩的单位个人给予奖励等问题作了规定。

第二章"生产经营单位的安全生产保障"共28条。本章是《安全生产法》的核心内容，主要规定了对生产经营单位安全生产条件的基本要求；生产经营单位主要负责人的安全生产责任；对生产经营单位安全生产投入的要求；生产经营单位安全生产机构的设置及安全生产管理人员的配备；对生产经营单位主要负责人及安全生产管理人员任职的资格要求；生产经营单位对从业人员进行安全生产教育和培训的义务；对生产经营单位特种作业人员的特殊资质要求；生产经营单位建设工程项目的安全设施与主体工程的"三同时"要求以及对危险性较大的行业的建设项目进行安全条件论证和安全评价的特殊要求；对建设项目安全设施的设计、施工、竣工验收的要求；对生产经营单位设施、设备、生产经营场所、工艺的安全要求；对危险物品生产、经营、运输、储存、使用以及危险性作业的特殊要求；生产经营单位对从业人员负有的义务；对两个以上生产经营单位共同作业的安全生产管理特别规定；对生产经营单位发包、出租的特别规定以及生产经营单位发生重大事故时对主要负责人的要求等。

第三章"从业人员的权利和义务"共9条，主要规定了生产、经营单位从业人员在安全生产方面的权利和义务。包括了解其作业场所和工作岗位存在的危险因素、防范措施及事故应急措施的权利；对本单位的安全生产工作提出建议的权利；对本单位安全生产工作中存在的问题提出批评、检举、控告的权利；拒绝违章指挥和强令冒险作业的权利；发现直接危及人身安全的紧急情况时，停止作业或者在采取可以的应急措施后撤离作业场所的权利；因生产事故受到损害时要求赔偿的权利；享受工伤社会保险的权利；在作业过程中，严格遵守本单位的安全生产规章制度和操作规程，服从管理，正确佩戴和使用劳动防护用品的义务；接受安全生产教育和培训的义务；及时报告事故隐患或者其他不安全因素的义务。

此外，本章还对生产经营单位不得与从业人员订立"生死合同"，以及工会在安全生产管理中的权利与职责等作出了规定。

第四章"安全生产的监督管理"共15条，从不同方面规定了安全生产的监督管理。从根本上说，生产经营单位是生产经营活动的主体，在安全生产工作中居于关键地位，生产经营单位的安全生产管理是做好安全生产工作的内因。但是，强化外部的监督管理同样不可缺少。由于安全生产关系到各类生产经营单位和社会的方方面面，涉及面极广，做好安全生产的监督管理工作，仅靠政府及其有关部门是不够的，必须走专门机关和群众相结合的道路，充分调动和发挥社会各界的积极性，齐抓共管，群防群治，才能建立起经常性的、有效的监督机制，从根本上保障生产经营单位的安全生产。因此，本章的"监督"是广义上的监督，既包括政府及其有关部门的监督，也包括社会力量的监督。具体有七个方面：县级以上地方人民政府的监督管理、负有安全生产监督管理职责的部门的监督、监察机关的监督、社会中介机构的监督、社会公众的监督、基层群众的监督、新闻媒体的监督。

第五章"生产安全事故的应急救援与调查处理"共9条，主要规定了安全生产事故的应急救援以及安全生产事故的调查处理两方面的内容。具体包括县级以上地方各级人民政府应当组织有关部门制定特大安全生产事故应急救援预案，建立应急救援体系；有关生产经营单位应当建立应急救援组织，指定应急救援人员，配备、维护应急救援器材、设备；发生安全生产事故时，生产经营单位负责人应当迅速采取有效措施，组织抢救，防止事故扩大，并按规定上报政府有关部门；有关地方人民政府及负有安全生产监督管理职责的部门负责人应当立即赶到重大事故现场，组织、指挥事故抢救。关于生产事故的调查处理，主要是在事故发生后，及时、准确地查清事故的原因，查明事故性质和责任，还有追究失职、渎职的行政部门的法律责任。对依法进行的事故调查处理，任何单位和个人不得阻挠和干涉。此外，本章还规定了负责安全生产监督管理的部门应当定期统计分析本行政区域内发生的生产安全事故，并定期向社会公布。

第六章"法律责任"共 19 条，主要规定了负有安全生产监督管理职责的部门的工作人员，承担安全评价、认证、检验、检测的中介服务机构及工作人员，各级人民政府工作人员以及生产经营单位及其负责人和其他有关人员、从业人员违反本法所应承担的法律责任。

第七章"附则"共 2 条，对本法用语"危险物品""重大危险源"作了解释，并规定了该法的实施时间。

二、《安全生产许可证条例》

为了严格规范安全生产条件，进一步加强安全生产监督管理，防止和减少生产安全事故，根据《安全生产法》的有关规定，制定了该条例。

《安全生产许可证条例》于 2004 年 1 月 13 日公布并实施。

1. 安全生产许可证的发放和管理

国家对矿山企业、建筑施工企业和危险化学品、烟花爆竹、民用爆破器材生产企业（以下统称企业）实行安全生产许可制度。

企业未取得安全生产许可证的，不得从事生产活动。

该条例第三条规定：国务院安全生产监督管理部门负责中央管理的非煤矿矿山企业和危险化学品、烟花爆竹生产企业安全生产许可证的颁发和管理。

省、自治区、直辖市人民政府安全生产监督管理部门负责前款规定以外的非煤矿矿山企业和危险化学品、烟花爆竹生产企业安全生产许可证的颁发和管理，并接受国务院安全生产监督管理部门的指导和监督。

国家煤矿安全监察机构负责中央管理的煤矿企业安全生产许可证的颁发和管理。

在省、自治区、直辖市设立的煤矿安全监察机构负责前款规定以外的其他煤矿企业安全生产许可证的颁发和管理，并接受国家煤矿安全监察机构的指导和监督。

该条例第四、五条规定：国务院建设主管部门负责中央管理的建筑施工企业安全生产许可证的颁发和管理。

省、自治区、直辖市人民政府建设主管部门负责前款规定以外的建筑施工企业安全生产许可证的颁发和管理，并接受国务院建设主管部门的指导和监督。

国务院国防科技工业主管部门负责民用爆破器材生产企业安全生产许可证的颁发和管理。

2. 企业取得安全生产许可证应具备的条件

该条例第六条规定，企业取得安全生产许可证，应当具备下列安全生产条件：

（1）建立、健全安全生产责任制，制定完备的安全生产规章制度和操作规程。

（2）安全投入符合安全生产要求。

（3）设置安全生产管理机构，配备专职安全生产管理人员。

（4）主要负责人和安全生产管理人员经考核合格。

（5）特种作业人员经有关业务主管部门考核合格，取得特种作业操作资格证书。

（6）从业人员经安全生产教育和培训合格。

（7）依法参加工伤保险，为从业人员缴纳保险费。

（8）厂房、作业场所和安全设施、设备、工艺符合有关安全生产法律、法规、标准和规程的要求。

（9）有职业危害防治措施，并为从业人员配备符合国家标准或者行业标准的劳动防护用品。

（10）依法进行安全评价。

（11）有重大危险源检测、评估、监控措施和应急预案。

（12）有生产安全事故应急救援预案、应急救援组织或者应急救援人员，配备必要的应急救援器材、设备。

（13）法律、法规规定的其他条件。

3. 申请领取安全生产许可证的规定

企业进行生产前，应当依照该条例的规定向安全生产许可证颁发管理机关申请领取安全生产许可证，并提供该条例第六条规定的相关文件、资料。安全生产许可证颁发管理机关应当自收到申请之日起45日内审查完毕，经审查符合本条例规定的安全生产条件的，颁发安全生产许可证；不符合该条例规定的安全生产条件的，不予颁发安全生产许可证，书面通知企业并说明理由。

4. 安全生产许可证的有效期限

安全生产许可证由国务院安全生产监督管理部门规定统一的式样。

安全生产许可证的有效期为3年。有效期满需要延期的，企业应当于期满前3个月向原安全生产许可证颁发管理机关办理延期手续。

企业在安全生产许可证有效期内，严格遵守有关安全生产的法律法规，未发生死亡事故的，安全生产许可证有效期满时，经原安全生产许可证颁发管理机关同意，不再审查，安全生产许可证有效期延期3年。

5. 违反《安全生产许可证条例》的处罚规定

（1）该条例第十九条规定：违反本条例规定，未取得安全生产许可证擅自进行生产的，责令停止生产，没收违法所得，并处10万元以上50万元以下的罚款；造成重大事故或者其他严重后果，构成犯罪的，依法追究刑事责任。

（2）安全生产许可证有效期满未办理延期手续，继续进行生产的，责令停止生产，限期补办延期手续，没收违法所得，并处5万元以上10万元以下的罚款；逾期仍不办理延期手续，继续进行生产的，依照该条例第十九条的规定处罚。

（3）转让安全生产许可证的，没收违法所得，处 10 万元以上 50 万元以下的罚款，并吊销其安全生产许可证；构成犯罪的，依法追究刑事责任；接受转让的，依照该条例第十九条的规定处罚。

冒用安全生产许可证或者使用伪造的安全生产许可证的，依照该条例第十九条的规定处罚。

该条例施行前已经进行生产的企业，应当自该条例施行之日起 1 年内，依照该条例的规定向安全生产许可证颁发管理机关申请办理安全生产许可证；逾期不办理安全生产许可证，或者经审查不符合该条例规定的安全生产条件，未取得安全生产许可证，继续进行生产的，依照该条例第十九条的规定处罚。

该条例规定的行政处罚，由安全生产许可证颁发管理机关决定。

第四节　焊接从业人员安全生产的权利与义务

《安全生产法》规定："生产经营单位的从业人员有依法获得安全生产保障的权利，并应当依法履行安全生产方面的义务。"

一、从业人员的安全生产基本权利

各类生产经营单位的所有制形式、规模、行业、作业条件和管理方式多种多样。法律不可能也不需要对其从业人员所有的安全生产权利都作出具体规定，《安全生产法》主要规定了各类从业人员必须享有的、有关安全生产和人身安全的最重要、最基本的权利。这些基本安全生产权利，可以概括为以下五项。

1. 享受工伤保险和伤亡求偿权

从业人员在生产经营作业过程中是否依法享有获得工伤社会保险和民事赔偿的权利。法律赋予从业人员这项权利并保证其行使。《中华人民共和国合同法》虽有关于从业人员与生产经营单位订立劳动合同的规定，但没有载明关于保障从业人员劳动安全、享受工伤社会保险的事项，没有关于从业人员可依法获得民事赔偿的规定。一旦发生事故，不是生产经营单位拿不出钱来，就是开支没有合法依据，只好东挪西凑；或者是推托搪塞，拖欠补偿款项，迟迟不能善后；或者是企业经营亏损，无钱补偿；或者是企业负责人一走了之；或者是"要钱没有，要命有一条"，许多民营企业老板逃避法律责任，把"包袱"甩给政府，最终受害的是从业人员。

《安全生产法》明确赋予了从业人员享有工伤保险和获得伤亡赔偿的权利，同时规定了生产经营单位的相关义务。《安全生产法》第四十四条规定："生产经营单位与从业人员订立的劳动合同，应当载明有关保障从业人员劳动安全、防止职业危害的事项，以及依法为从业人员办理工伤社会保险的事项。生产经营单位不得以任何形式与从业人员订立协议，免除或者减轻其对从业人员因生产安全事故伤亡依法应当承担的责任。"第四十八条规定："因生产安全事故受到损害的人员，除依法享有获得工伤社会保险外，依照有关民事法律尚有获得赔偿的权利的，有权向本单位提出赔偿要求。"第四十三条规定："生产经营单位必须依法参加工伤社会保险，为从业人员缴纳保险费。"此外，法律还对生产经营单位与从业人员订立协议，免除或者减轻其从业人员因生产安全事故伤亡依法应承担的责任，规定该协议无效。

（1）从业人员依法享有工伤保险和伤亡求偿的权利。法律规定这项权利必须以劳动合同必要条款的书面形式加以确认。没有依法载明或者免除或者减轻生产经营单位对从业人员因生产安全事故伤亡依法应承担的责任的，是一种非法行为，应当承担相应法律责任。

（2）依法为从业人员缴纳工伤社会保险费并给予民事赔偿，是生产经营单位的法律义务。生产经营单位不得以任何形式免除该项义务，不得变相以抵押金、担保金等名义强制从业人员缴纳工伤社会保险费。

（3）发生生产安全事故后，从业人员首先依照劳动合同和工伤社会保险合同的约定，享有相应的赔付金。如果工伤保险金不足以补偿受害者的人身损害及经济损失的，依照有关民事法律应当给予赔偿的，从业人员或其亲属有要求生产经营单位给予赔偿的权利，生产经营单位必须履行相应的赔偿义务。否则，受害者或其亲属有向人民法院起诉和申请强制执行的权利。

（4）从业人员获得工伤社会保险赔付和民事赔偿的金额标准、领取和支付程序，必须符合法律、法规和国家的有关规定。从业人员和生产经营单位均不得自行确定标准，不得非法提高或者降低标准。

2. 危险因素和应急措施的知情权

生产经营单位特别是从事矿山、建筑、危险物品生产经营和公众聚集场所，往往存在着一些对从业人员生命和健康带有危险、危害的因素，譬如接触粉尘、顶板、突水、火险、瓦斯、高处坠落、有毒有害、放射性、腐蚀性、易燃易爆等场所、工种、岗位、工序、设备、原材料、产品，都有发生人身伤亡事故的可能。直接接触这些危险因素的从业人员往往是生产安全事故的直接受害者。许多生产安全事故从业人员伤亡严重的教训之一，就是法律既没有赋予从业人员危险因素以及发生事故时应当采取的应急措施的知情权。如果从业人员知道并且掌握有关安全知识和处理办法，就可以消除许多不安全因素和事故隐患，避免事故发生或者减少人身伤亡。所以，《安全生产法》规定，生产经营单位从业人员有权了解其作业场所和工作场所及工作岗位存在的危险因素及事故应急措施。要保证从业人员这项权利的行使，生产经营单位就有义务事前告知有关危险因素和事故应急措施。否则，生产经营单位就侵犯了从业人员的权利，并对由此产生的后果承担相应的法律责任。

3. 安全管理的批评、控告权

从业人员是生产经营单位的主人，他们对安全生产情况，尤其是安全管理中的问题和事故隐患最了解、最熟悉，具有他人不能替代的作用。只有依靠他们并且赋予必要的安全生产监督权利和自我保护权，才能做到预防为主，防患于未然，才能保障他们的人身安全和健康。关注安全，就是关爱生命、关心企业。一些生产经营单位的主要负责人不重视安全生产，对安全问题熟视无睹，不听取从业人员的正确意见和建议，使本来可以发现、及时处理的事故隐患不断扩大，导致事故和人员伤亡；有的竟然对批评、检举、控告生产经营单位安全生产问题的从业人员进行打击报复。《安全生产法》针对某些生产经营单位存在的不重视甚至剥夺从业人员对安全管理监督权利的问题，规定从业人员有权对本单位的安全生产工作提出建议；有权对本单位安全生产工作存在的问题提出批评、检举、控告。

4. 拒绝违章指挥和强令冒险作业权

在生产经营活动中，经常出现企业负责人或者管理人员违章指挥和强令从业人员冒险作业的现象，由此导致事故发生，造成人员大量伤亡。因此，法律赋予从业人员拒绝违章指挥和强令冒险作业的权利，不仅是为了保护从业人员的人身安全，也是为了警示生产经营单位负责人和管理人员必须照章指挥，保证安全，并不得因从业人员拒绝违章指挥和强令冒险作业而对其进行打击报复。《安全生产法》第四十六条规定："生产经营单位不得因从业人员对本单位安全生产工作提出批评、检举、控告或者拒绝违章指挥，强令冒险作业而降低其工资、福利等待遇或者解除与其订立的劳动合同。"

5. 紧急情况下的停止作业和紧急撤离权

由于生产经营场所的自然和人为的危险因素的存在，经常会在生产经营过程中发生一些意外的或人为的直接危及从业人员人身安全的危险情况，将会或者可能会对从业人员造成人身伤害。比如从事矿山、建筑、危险物品生产作业的从业人员，一旦发现将要发生透水、瓦斯爆炸、煤和瓦斯突出、冒顶、片帮坠落、倒塌、危险物品泄漏、燃烧、爆炸等紧急情况并且无法避免时，最大限度地保护现场作业人员的生命安全是第一位的，法律赋予他们享有停止作业和紧急撤离的权利。《安全生产法》第四十七条规定："从业人员发现直接危及人身安全的紧急情况时，有权停止作业或者在采取可能的应急措施后撤离作业现场。生产经营单位不得因从业人员在前款紧急情况下停止作业或者采取紧急撤离措施而降低其工资、福利等待遇或者解除与其订立的劳动合同。"从业人员在行使这项权利的时候，必须明确以下四点：

（1）危及从业人员人身安全的紧急情况必须有确实可靠的直接根据，凭借个人猜测而实际并不属于危及人身安全的紧急情况除外，该项权利也不能滥用。

（2）紧急情况必须直接危及人身安全，间接或者可能危及人身安全的情况不应撤离，而应采取有效处理措施。

（3）出现危及人身安全的紧急情况时，首先是停止作业，然后要采取可能的应急措施；采取应急措施无效时，再撤离作业场所。

（4）该项权利不适用于某些从事特殊职业的从业人员，比如飞行人员、船舶驾驶人员、车辆驾驶人员等，根据有关法律、国际公约和职业惯例，在发生危及人身安全的紧急情况下，他们不能或者不能先行撤离从业场所或者岗位。

二、从业人员的安全生产义务

《安全生产法》关于从业人员的安全生产义务主要有四项：

1．遵章守纪，服从管理的义务

《安全生产法》第四十九条规定："从业人员在从业过程中，应当严格遵守本单位的安全生产规章制度和操作规程，服从管理……"根据《安全生产法》和其他有关法律、法规和规章的规定，生产经营单位必须制定本单位安全生产的规章制度和操作规程。从业人员必须严格依照这些规章制度和操作规程进行生产经营作业。安全生产规章制度和操作规程是从业人员从事生产经营，确保安全的具体规范和依据。从这个意义上说，遵守规章制度和操作规程，实际上就是依法进行安全生产。事实表明，从业人员违反规章制度和操作规程，是导致生产安全事故的主要原因。违反规章制度和操作规程，必然发生生产安全事故。生产经营单位的负责人和管理人员有权依照规章制度和操作规程进行安全管理，监督检查从业人员遵章守纪的情况。对这些安全生产管理措施，从业人员必须接受并服从管理。依照法律规定，生产经营单位的从业人员不服从管理，违反安全生产规章制度和操作规程的，由生产经营单位给予批评教育，依照有关规章制度给予处分，造成重大事故，构成犯罪的，依照刑法有关规定追究刑事责任。

2．佩戴和使用劳动防护用品的义务

按照法律、法规的规定，为保障人身安全，生产经营单位必须为从业人员提供必要的、合格的劳动防护用品，以避免或者减轻作业和事故中的人身伤害。但实践中由于一些从业人员缺乏安全知识，认为佩戴和使用劳动防护用品没有必要，往往不按规定佩戴或者不能正确佩戴和使用劳动防护用品，由此引发的人身伤害时有发生，造成不必

要的伤亡。比如煤矿矿工下井作业时必须佩戴矿灯用于照明，从事高处作业的工人必须佩戴安全带以防坠落等。另外，有的从业人员虽然佩戴和使用劳动防护用品，但由于不会或者没有正确使用而发生人身伤害的案例也很多。因此，这是保障从业人员人身安全和生产经营单位安全生产的需要。从业人员不履行该项义务而造成人身伤害的，生产经营单位不承担法律责任。

3. 接受培训，掌握安全生产技能的义务

不同行业、不同生产经营单位、不同工作岗位和不同的生产经营设施、设备具有不同的安全技术特性和要求。随着生产经营领域的不断扩大和高新安全技术装备的大量使用，生产经营单位对从业人员的安全素质要求越来越高。从业人员的安全生产意识和安全技能的高低，直接关系到生产经营活动的安全可靠性。特别是从事矿山、建筑、危险物品生产作业和使用高科技安全技术装备的从业人员，更需要有系统的安全知识，熟练的安全生产技能，以及对不安全因素和事故隐患、突发事故的预防、处理的经验。要适应生产经营活动对安全生产技术知识和能力的需要，必须对新招聘、转岗的从业人员进行专门的安全生产教育和业务培训。许多国有和大型企业一般比较重视安全培训工作，从业人员的安全素质比较高。但是许多非国有和中小企业不重视或者不搞安全培训，有的没有经过专门的安全生产培训，或者简单应付了事，其中部分从业人员不具备应有的安全素质，因此违章违规操作，酿成事故的比比皆是。所以，为了明确从业人员接受培训、提高安全素质的法定义务，《安全生产法》第五十条规定："从业人员应当接受安全生产教育和培训，掌握本职工作所需的安全生产的知识，提高安全生产技能，增强事故预防和应急处理能力。"这对提高生产经营单位从业人员的安全意识、安全技能，预防、减少事故和人员伤亡，具有积极意义。

4. 发现事故隐患及时报告的义务

从业人员直接进行生产经营作业，他们是事故隐患和不安全因素的第一当事人。许多生产安全事故是由于从业人员在作业现场发现事故隐患和不安全因素后，没有及时报告，以至于延误了采取措施进行

紧急处理的时机，发生重大、特大事故。如果从业人员尽职尽责，及时发现并报告事故隐患和不安全因素，许多事故能够得到及时报告并得到有效处理，完全可以避免事故发生和降低事故损失。所以，发现事故隐患并及时报告是贯彻预防为主的方针，是加强事前防范的重要措施。为此，《安全生产法》第五十一条规定："从业人员发现事故隐患或者其他不安全因素，应当立即向现场安全生产管理人员或者本单位负责人报告，接到报告的人员应当及时予以处理。"这就要求从业人员必须具有高度的责任心，防微杜渐，防患于未然，及时发现事故隐患和不安全因素，预防事故发生。

第二章　焊接与切割基础知识

第一节　焊接与切割概述

在机器和金属结构的制造中，经常需要将各零件连接在一起。连接的方法很多，如螺栓连接、键连接、铆接和焊接等，如图2—1所示。

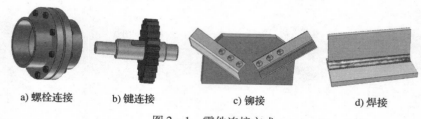

a) 螺栓连接　　b) 键连接　　　　c) 铆接　　　　　d) 焊接

图2—1　零件连接方式

焊接就是通过加热或加压，或两者并用，使用或不用填充材料，使焊件达到原子结合的一种加工工艺方法。随着焊接技术的迅速发展及广泛应用，焊接已成为金属构件的主要永久性连接方法，并取代了铆接。

一、焊接分类和应用

按照焊接过程中金属所处的状态和工艺特点，可以把焊接方法分为熔焊、压焊和钎焊三类。每大类又可按不同的焊接方法细分为若干小类，如图2—2所示。

1. 熔焊

熔焊是在焊接过程中，将焊件接头加热至熔化状态，不加压力完

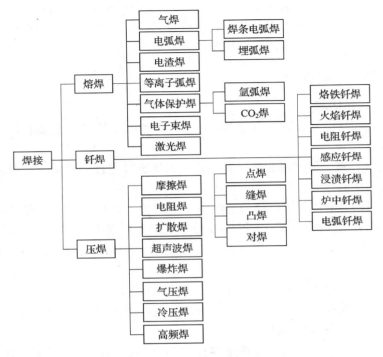

图 2—2 焊接方法的分类

成焊接的方法。被焊金属加热至熔化状态形成液态熔池，再经过冷却凝固，便可形成牢固的焊接接头。常见的气焊、电弧焊、气体保护电弧焊等都属于熔焊。

2. 压焊

压焊是在焊接过程中，必须对焊件施加压力（加热或不加热），以完成焊接的方法。如电阻焊、摩擦焊、气压焊、冷压焊、爆炸焊等。

3. 钎焊

钎焊是采用比母材熔点低的金属材料作钎料，将焊件和钎料加热到高于钎料熔点、低于母材熔点的温度，利用液态钎料润湿母材，填充接头间隙，并与母材相互扩散实现连接焊件的方法。常见的钎焊方法有烙铁钎焊、火焰钎焊、感应钎焊等。

焊接技术的应用几乎涉及国民经济的各个领域，各种梁、柱、压力容器、桁架、船舶以及汽车、人造卫星、航天飞机和空间站的主要部件的制造，广泛采用了焊接技术。

二、切割分类和应用

1. 热切割

利用热能使金属材料分离的工艺称热切割。热切割主要有以下两种方法。

（1）将金属材料加热到尚处于固相状态时进行的切割，目前应用最为广泛的是气割。

气割是利用气体燃烧的火焰将钢材的切割处加热到着火点（此时金属尚处于固态），然后切割处的金属在氧气射流中剧烈燃烧，而将切割件分离的加工工艺。常用氧—乙炔火焰作为气体火焰，也称氧—乙炔气割。

可燃气体亦可采用液化石油气、雾化汽油等。

（2）将金属材料加热到熔化状态时进行的切割，亦称熔割，目前广泛应用的是电弧切割。

电弧切割是利用电弧热量熔化切割处的金属以实现切割的方法。此外还有氧气（或空气）电弧切割、碳弧切割、等离子弧切割、激光切割等。

2. 冷切割

冷切割是在分离金属材料过程中不对材料进行加热的切割方法。目前应用较多的是高压水射流切割，其原理是将水增压至超高压（100～400 MPa）后，经节流小孔（$\phi 0.15 \sim 0.4$ mm）流出，使水压势能转变为射流动能（流速高达 900 m/s），用这种高速高密集度的水射流进行切割。磨料水流切割则是再往水射流中加入磨料粒子，其射流动能更大，切割效果更好。

切割工艺在生产中具有广泛的应用，如备料、改变材料的尺寸、制成不同形状的工件（或毛坯）、切割铸件的浇冒口、拆卸旧设备（如解体旧的金属结构、旧的船只）等。

第二节　金属学及热处理基本知识

一、金属学的基本知识

金属学不仅研究金属及合金的成分、组织和性能，以及它们三者之间的关系，同时还研究金属及合金的组织和性能与外界条件（如温度、加热及冷却速度等）之间的关系。

1. 金属结构

在物质内部，凡是原子呈有序、有规则排列的称为晶体。大多数金属和合金都属于晶体。

晶体内部原子是按一定的几何规律排列的，如图2—3所示。为了形象地表示晶体中原子排列的规律，可以将原子简化成一个点，用假想的线将这些点联结起来，就构成了有规律的空间格子。这种表示原子在晶体中排列规律的空间格架叫晶格，如图2—4a所示。由图可见，晶格是由许多形状、大小相同的最小几何单元重复堆积而成的。能够完整地反映晶格特征的最小几何单元称为晶胞，如图2—4b所示。

图2—3　晶体内部原子排列示意图

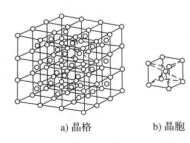

a) 晶格　　　　b) 晶胞

图2—4　晶格和晶胞示意图

金属的晶格类型很多，但绝大多数（占85%）金属属于下面三种晶格。

（1）体心立方晶格。它的晶胞是一个立方体，原子位于立方体的八个顶角上和立方体的中心，如图2—5所示。属于这种晶格类型的金属有铬、钒、钨、钼、α-Fe、δ-Fe 等。

（2）面心立方晶格。它的晶胞也是一个立方体，原子位于立方体八个顶上和立方体六个面的中心，如图 2—6 所示。属于这种晶格类型的金属有铝、铜、铅、镍、γ-Fe 等。

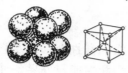

图 2—5　体心立方晶格

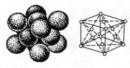

图 2—6　面心立方晶格

（3）密排六方晶格。它的晶胞是个正六方柱体，原子排列在柱体的每个角顶上和上、下底面的中心，另外三个原子排列在柱体内，如图 2—7 所示。属于这种晶格类型的金属有镁、铍、镉及锌等。

图 2—7　密排六方晶格

2. 金属的结晶及晶粒度对力学性能的影响

金属由液态转变为固态的过程叫结晶。这一过程是原子由不规则排列的液体逐步过渡到原子规则排列的晶体的过程。金属的结晶过程由晶核产生和长大这两个基本过程组成。

在金属的结晶过程中，每个晶核起初都自由地生长，并保持比较规则的外形。但当长大到互相接触时，接触处的生长就停止，只能向尚未凝固的液体部分伸展，直到液体全部凝固。这样，每一颗晶核就形成一颗外形不规则的晶体。这些外形不规则的晶体通常称为晶粒。晶粒的大小对金属的力学性能影响很大。晶粒越细，金属的力学性能越好。相反，若晶粒粗大，金属的力学性能就差。

3. 同素异构转变

（1）同素异构转变。有些金属在固态下，存在着两种以上的晶格形式。这类金属在冷却或加热过程中，随着温度的变化，其晶格形式也要发生变化。金属在固态下随温度的改变，由一种晶格转变为另一种晶格的现象，称为同素异构转变。具有同素异构转变的金属有铁、钴、钛、锡、锰等。以不同的晶格形式存在的同一金属元素的晶体称为该金属的同素异构晶体。

（2）纯铁的同素异构转变。液态纯铁在 1 538℃进行结晶，得到具有体心立方晶格的 δ – Fe，继续冷却到 1 394℃时发生同素异构转变，δ – Fe 转变为具有面心立方晶格的 γ – Fe，再冷却到912℃时又发生同素异构转变，γ – Fe 转变为具有体心立方晶格的 α – Fe 直到室温，晶格的类型不再发生变化。

$$\delta – Fe \xrightleftharpoons{1\ 394℃} \gamma – Fe \xrightleftharpoons{912℃} \alpha – Fe$$
（体心立方晶格）　　（面心立方晶格）　　（体心立方晶格）

金属的同素异构转变是一个重结晶过程，遵循着结晶的一般规律：有一定的转变温度；转变时需要过冷；有潜热产生；转变过程也是由晶核形成和晶核长大来完成的。但同素异构转变属于固态转变，又有本身的特点：例如转变需要较大的过冷度，晶格的变化伴随着体积的变化，转变时会产生较大的内应力。

4. 合金的组织结构类型

合金是一种金属元素与其他金属元素或非金属，通过熔炼或其他方法结合成的具有金属特性的物质。与组成合金的纯金属相比，合金除具有更好的力学性能外，还可以调整组成元素之间的比例，以获得一系列性能各不相同的合金，而满足生产的要求。

组成合金最基本的独立物质称为组元，简称元。组元可以是金属元素、非金属元素或稳定的化合物。根据合金中组元的数目，合金可分为二元合金、三元合金和多元合金。

在合金中具有相同的物理和化学性能并与其他部分以界面分开的一种物质部分称为相。液态相称为液相，固态物质称为固相。在固态下，物质可以是单相的，也可以是多相组成的。由数量、形态、大小和分布方式不同的各种相组成了合金的组织。

（1）固溶体。固溶体是合金中一组元溶解于其他组元，或组元之间相互溶解而形成的一种均匀固相。在固溶体中保持原子晶格不变的组元叫溶剂，而分布在溶剂中的另一组元叫溶质。根据溶质原子在溶剂晶格中所处位置不同，可分为：

1）间隙固溶体。溶质原子分布于溶剂晶格间隙之中而形成的固溶体（见图2—8a）。由于溶剂晶格的空隙尺寸有限，故能够形成间隙固溶体的溶质原子，其尺寸都比较小。当原子直径的比值（$D_{质}/D_{剂}$）<0.59时，才有可能形成间隙固溶体。间隙固溶体一般都是有限固溶体。

2）置换固溶体。溶质原子置换了溶剂晶格中某些结点位置上的溶剂原子而形成的固溶体，称为置换固溶体（图2—8b）。形成这类固溶体的溶质原子其大小必须与溶剂原子相近。置换固溶体可以是无限固溶体，也可以是有限固溶体。

在固溶体中溶质原子的溶入而使溶剂晶格发生畸变，这种现象称为固溶强化。它是提高金属材料力学性能的重要途径之一。

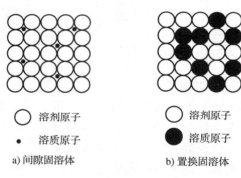

a) 间隙固溶体   b) 置换固溶体

图2—8　固溶体示意图

（2）金属化合物。合金组元间发生相互作用而形成一种具有金属特性的物质称为金属化合物。金属化合物的晶格类型和性能完全不同于任一组元。可用化学分子式来表示。一般其特点是熔点高、硬度高、脆性大，因此不宜直接使用。金属化合物存在于合金中一般起强化相作用。

（3）混合物。两种或两种以上的相按一定质量分数组成的物质称为混合物。混合物中各组成部分，仍保持自己原来的晶格。混合物的性能取决于各组成相的性能，以及它们分布的形态、数量和大小。

二、钢的显微结构和铁—碳合金平衡状态图

钢和铸铁都是铁碳合金，其中含碳量小于2.11%的铁碳合金，称

为钢；含碳量 2.11% ~ 6.67% 的铁碳合金称为铸铁。工业上用的钢，含碳量很少超过 1.4%，而其中用于制造焊接结构的钢，含碳量需要更低些。因为随着含碳量提高，钢的塑性和韧性变差，致使钢的加工性能降低。特别是焊接性能，随着结构钢含碳量的提高而变得较差。

1. 钢的常见显微结构

不同含碳量的钢具有不同的力学性能，这主要是由于含碳量不同则钢的微观组织亦不同的缘故。钢的微观组织主要有铁素体、渗碳体、奥氏体、珠光体、马氏体、莱氏体和魏氏组织等。

（1）铁素体。碳溶解在 α - Fe 中形成的间隙固溶体为铁素体，用符号 F 来表示。由于 α - Fe 是体心立方晶格，晶格间隙较小，所以碳在 α - Fe 中溶解度较低，在 727℃ 时，α - Fe 中最大溶碳量仅为 0.021 8%，并随温度降低而减少；室温时，碳的溶解度降到 0.008%。由于铁素体的含碳量低，所以铁素体的性能与纯铁相似，即具有良好的塑性和韧性，强度和硬度也较低。

（2）渗碳体。渗碳体是含碳量为 6.69% 的铁与碳的金属化合物。其分子式为 Fe_3C，常用符号 C_m 表示。渗碳体具有复杂的斜方晶体结构，它与铁和碳的晶体结构完全不同。按计算，其熔点为 1 227℃，不发生同素异构转变。渗碳体的硬度很高，塑性很差，是一个硬而脆的组织。在钢中，渗碳体以不同形态和大小的晶体出现于组织中，对钢的力学性能影响很大。

（3）奥氏体。碳溶解在 γ - Fe 中所形成的间隙固溶体，称为奥氏体，用符号 A 来表示。由于 γ - Fe 是面心立方晶格，晶格的间隙较大，故奥氏体的溶碳能力较强。在 1 148℃ 溶碳量可达 2.11%，随着温度下降，溶解度逐渐减少，在 727℃ 时，溶碳量为 0.77%。

奥氏体的强度和硬度不高，但具有良好的塑性，是绝大多数钢在高温进行锻造和轧制时所要求的组织。

（4）珠光体。珠光体是铁素体和渗碳体的混合物，用符号 P 表示。它是渗碳体和铁素体片层相间、交替排列而成的混合物。在缓慢冷却条件下，珠光体的含碳量为 0.77%。由于珠光体是由硬的渗碳体和软的铁素体组成的混合物，所以，其力学性能决定于铁素体和渗碳体的性质和它们各自的特点，大体上是两者的平均值。故珠光体的强度较高，硬度适中，具有一定的塑性。

（5）马氏体。马氏体是碳在 α - Fe 中的过饱和固溶体，一般可分为低碳马氏体和高碳马氏体。马氏体的体积比相同质量的奥氏体的体积大，因此，由奥氏体转变为马氏体时体积要膨胀，局部体积膨胀后引起的内应力往往导致零件变形、开裂。高碳淬火马氏体具有很高的硬度和强度，但是脆性大，延展性很低，几乎不能承受冲击载荷。低碳回火马氏体则具有相当高的强度和良好的塑性与韧性相结合的特点。

（6）莱氏体。莱氏体是含碳量为 4.3% 的合金，在 1 148℃ 时从液相中同时结晶出来的奥氏体和渗碳体的混合物，用符号 L_d 表示。由于奥氏体在 727℃ 时还将转变为珠光体，所以在室温下的莱氏体由珠光体和渗碳体组成，这种混合物仍叫莱氏体，用符号 L_d' 来表示。

莱氏体的力学性能和渗碳体相似，硬度高，塑性很差。

（7）魏氏组织。魏氏组织是一种过热组织，是由彼此交叉约 60° 的铁素体针嵌入基体的显微组织。碳钢过热，晶粒长大后，高温下晶粒粗大的奥氏体以一定速度冷却时，很容易形成魏氏组织。粗大的魏氏组织使钢材的塑性和韧性下降，使钢变脆。

2. 铁—碳合金平衡状态图

以上各种组织结构并不同时出现在组织结构中。它们各自出现的条件除取决于钢中的含碳量外，还取决于钢本身所处的温度范围。为了全面了解不同含碳量的钢在不同温度下所处的状态及所具有的组织结构，现用铁碳合金状态图来表示这种关系。

铁碳合金状态图是表示在平衡状态下，不同成分的铁碳合金在不同温度下所得到的晶体结构和显微组织的图形，因此又称为铁碳平衡图，如图 2—9 所示。

图中纵坐标表示温度，横坐标表示铁碳合金中碳的含量数。例如，在横坐标左端，含碳量为零，即为纯铁；在右端，含碳量为 6.67%，全部为渗碳体（Fe_3C）。

图中 ACD 线为液相线，在 ACD 线以上的合金呈液态。这条线说明纯铁在 1 534℃ 凝固，随含量碳的增加，合金凝固点降低。C 点合金的凝固点最低，为 1 147℃。含碳量大于 4.3% 以后，随含碳量的增加，凝固点增高。

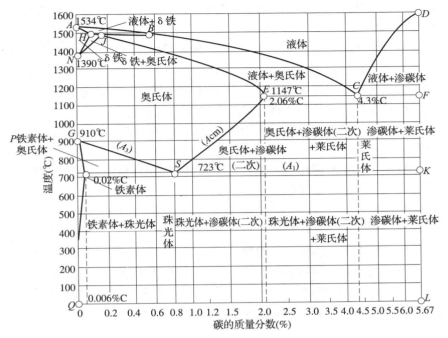

图 2—9 Fe–C 平衡状态图

AHJEF 线为固相线。在 *AHJEF* 线以下的合金呈固态。在液相线和固相线之间的区域为两相（液相和固相）共存。

GS 线又称 A_3 线，表示含碳量低于 0.8% 的钢在缓慢冷却时由奥氏体开始析出铁素体的温度。

ECF 水平线，温度为 1 147℃，为共晶反应线。液体合金缓慢冷却至该温度时，发生共晶反应，生成莱氏体组织。

PSK 水平线，温度为 723℃，为共析反应线，又称 A_1 线，表示铁碳合金在缓慢冷却时，奥氏体转变为珠光体的温度。

ES 线为 A_{cm} 线，是从奥氏体中析出渗碳体的开始线。

E 点是碳在奥氏体中最大溶解度点，也是区分钢与铸铁的分界点，其温度为 1 147℃，含碳量为 2.11%。

S 点为共析点，温度为 723℃，含碳量为 0.8%。*S* 点成分的钢是共析钢，其室温组织全部为珠光体。*S* 点左边的钢为亚共析钢，室温

组织为铁素体 + 珠光体；S 点右边的钢为过共析钢，其室温组织为渗碳体 + 珠光体。

C 点为共晶点，温度为 1 147℃，含碳量为 4.3%。C 点成分的合金为共晶铸铁，组织为莱氏体。含碳量在 2.11% ~ 4.3% 之间的合金为亚共晶铸铁，组织为莱氏体 + 珠光体 + 渗碳体；含碳量在 4.3% ~ 6.67% 的合金为过共晶铸铁，组织为莱氏体 + 渗碳体。

莱氏体组织在常温下是珠光体 + 渗碳体的机械混合物，其性质硬而脆。

铁碳合金状态图对钢的热处理，包括焊件的焊后热处理、焊接工艺选择等，有重要的指导意义。

三、钢的热处理基础知识

钢在固态下加热到一定温度，在这个温度下保持一定时间，然后以一定冷却速度冷却到室温，以获得所希望的组织结构和工艺性能，这种加工方法称为热处理。热处理在机械制造业中占有十分重要的地位。

热处理之所以能使钢的性能发生变化，其根本原因是由于铁有同素异构转变，从而使钢在加热和冷却过程中，其内部发生了组织与结构变化。

根据加热、冷却方法的不同钢的热处理可分为退火、正火、淬火、回火等。

1. 退火

（1）定义。将钢加热到适当温度并保持一定时间，然后缓慢冷却（一般随炉冷却）的热处理工艺称为退火。

（2）目的。降低钢的硬度，提高塑性，以利于切削加工及冷变形加工；细化晶粒，均匀钢的组织及成分，改善钢的性能或为以后的热处理作准备；消除钢中的残余内应力，以防止变形和开裂。

将钢加热到略低于 A_1 的温度（一般取 600 ~ 650℃），经保温缓慢冷却即可。在去应力退火中，钢的组织不发生变化，只是消除内应力。

2. 正火

（1）定义。将钢材或钢件加热到 Ac_3 或 Ac_{cm} 以上 30 ~ 50℃，保温

适当的时间后，在静止的空气中冷却的热处理工艺称为正火。

（2）目的。正火与退火两者的目的基本相同，但正火的冷却速度比退火稍快，故正火钢的组织较细，它的强度、硬度比退火钢高。

正火主要用于普通结构零件，当力学性能要求不太高时可作为最终热处理。

3. 淬火

（1）定义。将钢件加热到 Ac_3 或 Ac_1 以上某一温度，保持一定时间，然后以适当速度冷却（达到或大于临界冷却速度），以获得马氏体或贝氏体组织的热处理工艺称为淬火。

（2）目的。是把奥氏体化的钢件淬火成马氏体，从而提高钢的硬度、强度和耐磨性，更好地发挥钢材的性能和潜力。但淬火马氏体不是热处理所要求的最终组织。因此在淬火后，必须配以适当的回火。淬火马氏体在不同的回火温度下，可以获得不同的力学性能，以满足各类工具或零件的使用要求。

4. 回火

（1）定义。钢件淬火后，再加热到 Ac_1 点以下的某一温度，保温一定时间，然后冷却到室温的热处理工艺称为回火。

淬火处理所获得的淬火马氏体组织很硬、很脆，并存在大量的内应力，而容易突然开裂。因此，淬火后的钢件必须经回火热处理才能使用。

（2）目的。减小或消除工件淬火时产生的内应力，防止工件在使用过程中的变形和开裂；通过回火提高钢的韧性，适当调整钢的强度和硬度，使工件达到所要求的力学性能，以满足各种工件的需要；稳定组织，使工件在使用过程中不发生组织转变，从而保证工件的形状和尺寸不变，保证工件的精度。

第三节　常用金属材料的一般知识

在机械制造中，大量的零件是用金属材料制造的。由于各种零件的工作条件不同，这就要求合理地选择使用材料，了解各种材料的性能，达到既节约金属又保证产品质量的目的。

一、常用金属材料的物理性能

1. 密度

某种物质单位体积的质量称为该物质的密度。金属的密度即是单位体积金属的质量。表达式如下：

$$\rho = m/V$$

式中　ρ——某种物质的密度，kg/m^3；

　　　m——某种物质的质量，kg；

　　　V——某种物质的体积，m^3。

密度是金属材料的特性之一。金属材料的密度直接关系到由它所制成设备的自重和效能。一般密度小于 $5 \times 10^3 \ kg/m^3$ 的金属称为轻金属，密度大于 $5 \times 10^3 \ kg/m^3$ 的金属称为重金属。常见金属的密度见表 2—1。

表 2—1　　　　　　　　常用金属的物理性能

金属名称	符号	密度 ρ (20℃) (kg/m^3)	熔点 (℃)	热导率 λ 〔W/(m·K)〕	线膨胀系数 α_t (0~100℃) ($\times 10^{-6}/℃$)	电阻率 ρ (0℃) ($\times 10^{-6}\Omega \cdot cm$)
银	Ag	10.49×10^3	960.8	418.6	19.7	1.5
铜	Cu	8.96×10^3	1 083	393.5	17	1.67~1.68(20℃)
铝	Al	2.7×10^3	660	221.9	23.6	2.655
镁	Mg	1.74×10^3	650	153.7	24.3	4.47
钨	W	19.3×10^3	3 380	166.2	4.6 (20℃)	5.1
镍	Ni	4.5×10^3	1 453	92.1	13.4	6.84
铁	Fe	7.87×10^3	1 538	75.4	11.76	9.7
锡	Sn	7.3×10^3	231.9	62.8	2.3	11.5
铬	Cr	7.9×10^3	1 903	67	6.2	12.9
钛	Ti	4.508×10^3	1 677	15.1	8.2	42.1~47.8
锰	Mn	7.43×10^3	1 244	4.98 (-192℃)	37	185 (20℃)

2. 熔点

纯金属和合金从固态向液态转变时的温度称为熔点。纯金属都有固定的熔点，见表2—1。合金的熔点决定于它的成分，例如钢和生铁虽然都是铁和碳的合金，但由于含碳量不同，熔点也不同。熔点对于金属和合金的冶炼和焊接都是重要的工艺参数。

3. 导热性

金属材料传导热量的性能称为导热性。导热性的大小通常用热导率来衡量。热导率符号是 λ，热导率越大，金属的导热性越好。银的导热性最好，铜、铝次之。常见金属导热性见表2—1。合金的导热性比纯金属差。

导热性是金属材料的重要性能之一，在制定焊接和热处理工艺时，必须考虑材料的导热性，防止金属材料在加热或冷却过程中形成过大的内应力，以免金属材料变形或破坏。

4. 热膨胀性

金属材料随着温度变化而膨胀、收缩的特性称为热膨胀性。一般来说金属受热时膨胀而体积增大，冷却时收缩而体积缩小。

热膨胀的大小用线膨胀系数 α_l 和体膨胀系数 α_v 表示。计算公式如下：

$$\alpha_l = (l_2 - l_1) / \Delta t l_2$$

式中　　α_l——线膨胀系数，$1/K$ 或 $1/℃$；

　　　　l_1——膨胀前长度，m；

　　　　l_2——膨胀后长度，m；

　　　　Δt——温度变化量，$\Delta t = t_2 - t_1$，K 或℃。

体膨胀系数近似为线膨胀系数的3倍。常用金属的线膨胀系数见表2—1。

在实际工作中考虑热膨胀性的地方很多，例如异种金属焊接时要考虑它们的热膨胀系数是否接近，否则会因热膨胀系数不同，使金属构件变形，甚至损坏。

5. 导电性

金属材料传导电流的性能称为导电性。衡量金属材料导电性的指

标是电阻率 ρ，电阻率越小，金属导电性越好。金属导电性以银为最好，铜、铝次之。常见金属的电阻率见表2—1。合金的导电性比纯金属差。

6. 磁性

金属材料在磁场中受到磁化的性能称为磁性。根据金属材料在磁场中受到磁化程度的不同，可分为铁磁材料（如铁、钴等）、顺磁材料（如锰、铬等）、抗磁性材料（如铜、锌等）三类。铁磁材料在外磁场中能强烈地被磁化；顺磁材料在外磁场中只能微弱地被磁化；抗磁材料能抗拒或削弱外磁场对材料本身的磁化作用。工程上实用的强磁性材料是铁磁材料。

磁性与材料的成分和温度有关，不是固定不变的。当温度升高时，有的铁磁材料的磁性会消失。

二、常用金属材料的力学性能

所谓力学性能是指金属在外力作用时表现出来的性能，包括强度、塑性、硬度、韧性及疲劳强度等。

表示金属材料各项力学性能的具体数据是通过在专门试验机上试验和测定而获得的。

1. 强度

强度是指材料在外力作用下抵抗塑性变形和破裂的能力。抵抗能力越大，金属材料的强度越高。强度的大小通常用应力来表示，根据载荷性质的不同，强度可分为抗拉强度、抗压强度、抗剪强度、抗扭强度和抗弯强度。在机械制造中常用抗拉强度作为金属材料性能的主要指标。

（1）屈服强度。钢材在拉伸过程中，当载荷不再增加甚至有所下降时，仍继续发生明显的塑性变形现象，称为屈服现象。材料产生屈服现象时的应力，称为屈服强度，用符号 σ_s 表示。

其计算方法如下：

$$\sigma_s = F_s / S_o$$

式中　F_s——材料屈服时的载荷，N；

S_o——试样的原始截面积，mm^2。

有些金属材料（如高碳钢、铸钢等）没有明显的屈服现象，测定 σ_s 很困难。在此情况下，规定以试样长度方向产生 0.2% 塑性变形时的应力作为材料的"条件屈服强度"，或称屈服极限，用 $\sigma_{0.2}$ 表示。

屈服强度标志着金属材料对微量变形的抗力。材料的屈服强度越高，表示材料抵抗微量塑性变形的能力越大，允许的工作应力也越高。因此，材料的屈服强度是机械设计计算时的主要依据之一，是评定金属材料质量的重要指标。

（2）抗拉强度。钢材在拉伸时，材料在拉断前所承受的最大应力，称为抗拉强度，用符号 σ_b 表示。其计算方法如下：

$$\sigma_b = F_b / S_o$$

式中　F_b——试样破坏前所承受的最大拉力，N；

　　　S_o——试样原始横截面积，mm^2。

抗拉强度是材料在破坏前所能承受的最大应力。σ_b 的值越大，表示材料抵抗拉断的能力越大，它也是衡量金属材料强度的重要指标之一。其实用意义是：金属结构件所承受的工作应力不能超过材料的抗拉强度，否则会产生断裂，甚至造成严重事故。

2. 塑性

断裂前金属材料产生永久变形的能力称塑性。一般用拉伸试棒的延伸率和断面收缩率来衡量。

（1）延伸率。试样拉断后的标距长度伸长量与试样原始标距长度的比值的百分率，称为延伸率，用符号 δ 来表示。其计算方法如下：

$$\delta = （L_1 - L_0） / L_0 \times 100\%$$

式中　L_1——试样拉断后的标距长度，mm；

　　　L_0——试样原始标距长度，mm。

（2）断面收缩率。试样拉断后截面积的减小量与原截面积之比值的百分率，用符号 ψ 表示。其计算方法如下：

$$\psi = （S_0 - S_1） / S_0 \times 100\%$$

式中　S_0——试样原始截面积，mm^2；

　　　S_1——试样拉断后断口处的截面积，mm^2。

δ 和 ψ 的值越大，表示金属材料的塑性越好。这样的金属可以发生大量塑性变形而不破坏。

（3）冷弯试验。在船舶、锅炉、压力容器等工业部门，由于有大量的弯曲和冲压等冷变形加工，因此常用冷弯试验来衡量材料在室温时的塑性。将试样在室温下按规定的弯曲半径进行弯曲，在发生断裂前的角度，叫作冷弯角度，用 α 表示，其单位为（°）。

冷弯角度越大，则钢材的塑性越好。弯曲试验在检验钢材和焊接接头性能、质量方面有重要意义。它不仅能考核钢材和焊接接头的塑性，而且还可以发现受拉面材料中的缺陷以及焊缝、热影响区和母材三者的变形是否均匀一致。钢材和焊接接头的弯曲试验，根据其受拉面所处位置不同，有面弯、背弯和侧弯试验。

3. 硬度

材料抵抗局部变形，特别是塑性变形、压痕或划痕的能力称为硬度。硬度是衡量钢材软硬的一个指标，根据测量方法不同，其指标可分为布氏硬度（HBS）、洛氏硬度（HR）、维氏硬度（HV）。依据硬度值可近似地确定抗拉强度值。

4. 冲击韧性

金属材料抵抗冲击载荷不致被破坏的性能，称为韧性。它的衡量指标是冲击韧性值。冲击韧性值指试样冲断后缺口处单位面积所消耗的功，用符号 a_k 表示。a_k 值越大，材料的韧性越好；反之，脆性越大。材料的冲击韧性值与温度有关，温度越低，冲击韧性值越小。

5. 疲劳强度

金属材料在无数次重复交变载荷作用下，而不致破坏的最大应力，称为疲劳强度。实际上并不可能作无数次交变载荷试验，所以，一般试验时规定，钢在经受 $10^6 \sim 10^7$ 次，有色金属经受 $10^7 \sim 10^8$ 次交变载荷作用时不产生破裂的最大应力，称为疲劳强度，符号是 σ_{-1}。

6. 蠕变

在长期固定载荷作用下，即使载荷小于屈服强度，金属材料也会逐渐产生塑性变形的现象称蠕变。蠕变极限值越大，材料的使用越可靠。温度越高或蠕变速度越大，蠕变极限就越小。

三、碳素结构钢分类、牌号和用途

碳素钢简称碳钢，是指含碳量小于 2. 11% 的铁碳合金。碳钢中除含有铁、碳元素外，还有少量硅、锰、硫、磷等杂质。碳素钢比合金钢价格低廉，产量大，具有必要的力学性能和优良的金属加工性能等，在机械工业中应用很广。

1. 碳素结构钢分类

常用的分类方法有以下几种：

（1）按钢的含碳量分类

1）低碳钢。含碳量≤0. 25% 。

2）中碳钢。含碳量 0. 25% ~0. 60% 。

3）高碳钢。含碳量≥0. 60% 。

（2）按钢的质量分类

根据钢中有害杂质硫、磷含量可分为：

1）普通钢。S≤0. 05% ，P≤0. 045% 。

2）优质钢。S≤0. 035% ，P≤0. 035% 。

3）高级优质钢。S≤0. 025% ，P≤0. 025% 。

（3）按钢的用途分类

1）结构钢。主要用于制造各种机械零件和工程结构件，其含碳量一般都小于 0. 70% 。

2）工具钢。主要用于制造各种刀具、模具和量具，其含碳量一般都大于 0. 70% 。

碳素结构钢的杂质和非金属夹杂物较多，但冶炼容易，工艺性好，价格便宜，产量大，在性能上能满足一般工程结构及普通零件的要求，因而应用普遍。碳素结构钢通常轧制成钢板和各种型材（圆钢、方钢、扁钢、角钢、槽钢、工字钢、钢筋等），用于厂房、桥梁、船舶等建筑结构或一些受力不大的机械零件（如铆钉、螺钉、螺母等）。

2. 碳素结构钢的牌号和用途

碳素结构钢的牌号由代表屈服强度的汉语拼音字母"Q"、屈服强度数值、质量等级符号和脱氧方法符号四个部分按顺序组成。质量等级符号用字母 A，B，C，D 表示，其中 A 级的硫、磷含量最高，D 级的硫、磷含量最低。脱氧方法符号用 F，b，Z，TZ 表示，F 是沸腾钢；b 是半镇静钢；Z 是镇静钢；TZ 是特殊镇静钢。Z 与 TZ 符号在钢号组成表示方法中予以省略。例如 Q235—A. F，为屈服强度为 235 MPa 的 A 级沸腾钢。

优质碳素结构钢一般用来制造重要的机械零件，使用前一般都要经过热处理来改善力学性能。

优质碳素结构钢的牌号用两位数字表示，这两位数字表示该钢平均含碳量的万分之几，例如 45 表示平均含碳量为 0.45% 的优质碳素结构钢。

优质碳素结构钢根据钢中含锰量不同，分为普通含锰钢（Mn < 0.80%）和较高含锰量钢（Mn = 0.70% ~ 1.20%）两组。较高含锰量钢在牌号后面标出元素符号"Mn"或汉字"锰"。若为沸腾钢或为了适应各种专门用途的某些专用钢，则在牌号后面标出规定的符号。

08 ~ 25 钢含碳量低，属低碳钢。这类钢的强度、硬度较低，塑性、韧性及焊接性良好，主要用于制作冲压件，焊接结构件及强度要求不高的机械零件及渗碳件。

30 ~ 55 钢属于中碳钢。这类钢具有较高的强度和硬度，其塑性和韧性随含碳量的增加而逐步降低，切削性能良好。这类钢经调质后，能获得较好的综合性能，主要用来制造受力较大的机械零件。

60 钢以上的牌号属高碳钢。这类钢具有较高的强度、硬度和弹性，但焊接性不好，切削性稍差，冷变形塑性低，主要用来制造具有较高强度、耐磨性和弹性的零件。

含锰量较高的优质碳素结构钢，其用途和上述相同牌号的钢基本相同，但淬透性稍好，可制作截面稍大或要求力学性能稍高的零件。

四、合金钢的分类、牌号和用途

合金钢是在碳钢的基础上，为了获得特定的性能，有目的地加入一种或多种合金元素的钢。加入的元素有硅、锰、铬、镍、钨、钼、钒、钛、铝及稀土等元素。

1. 合金钢的分类和用途

（1）合金结构钢。用于制造机械零件和工程结构的钢。

（2）合金工具钢。用于制造各种加工工具的钢。

（3）特殊性能钢。具有某种特殊物理、化学性能的钢，如不锈钢、耐热钢、耐磨钢等。

（4）低合金钢。合金元素总含量 <5%。

（5）中合金钢。合金元素总含量 5%～10%。

（6）高合金钢。合金元素总含量 >10%。

2. 合金钢的牌号

我国合金钢牌号采用碳含量、合金元素的种类及含量、质量级别来编号，简单明了，比较实用。

合金结构钢的牌号采用两位数字（碳含量）＋元素符号（或汉字）＋数字表示。前面两位数字表示钢的平均含碳量的万分数；元素符号（或汉字）表明钢中含有的主要合金元素，后面的数字表示该元素的含量。合金元素含量小于 1.5% 时不标，平均含量为 1.5%～2.5%，2.5%～3.5%…时，则相应地标以 2，3…

例如 40Cr 钢为合金结构钢，平均含碳量为 0.40%，主要合金元素为铬，其含量在 1.5% 以下。

60Si2Mn 钢为合金结构钢，平均含碳量为 0.60%，主要合金元素锰含量小于 1.5%，平均含硅量为 2%。

合金工具钢的牌号和合金结构钢的区别仅在于碳含量的表示方法，它用一位数字表示平均含碳量的千分数，当碳含量大于等于 1.0% 时，则不予标出。

如 9SiCr 钢为合金工具钢，平均含碳量为 0.90%，主要合金元素为硅、铬，含量均小于 1.5%。Cr12MoV 钢为合金工具钢，平均含碳量大于等于 1.0%，主要合金元素铬的平均含量为 12%，钼和钒的含量均小于 1.5%。

高速钢平均含碳量小于 1.0% 时，其含碳量也不予标出，如 W18Cr4V 钢的平均含碳量为 0.7%～0.8%。

特殊性能钢的牌号和合金工具钢的表示方法相同，如不锈钢

2Cr13 表示含碳量为 0.20%，平均含铬量为 13%。当含碳量为 0.03% ~ 0.10% 时，含碳量用 0 表示，含碳量小于等于 0.03% 时，用 00 表示。如 0Cr18Ni9 钢的平均含碳量为 0.03% ~ 0.10%，00Cr30M02 钢的平均含碳量小于 0.03%。

除此以外，还有一些特殊专用钢，为表示钢的用途，在钢的牌号前面冠以汉语拼音字母字头，而不标含碳量，合金元素含量的标注也和上述有所不同。

例如滚动轴承钢前面标"G"（"滚"字的汉语拼音字母字头），如 GCr15。这里应注意牌号中铬元素后面的数字是表示含铬量千分数，其他元素仍按百分数表示，如 GCr15SiMn 表示含铬量为 1.5%，硅、锰含量均小于 1.5% 的滚动轴承钢。

五、金属材料的焊接性能及评价

1. 焊接性

焊接性是指一种金属材料采用某种焊接工艺获得优良焊缝的难易程度。焊接性包含焊接接头出现焊接缺陷的可能性，以及焊接接头在使用中的可靠性（如耐磨、耐热、耐腐蚀等）。

2. 影响金属材料焊接性的因素

影响金属焊接性的因素很多，主要有材料、工艺、设计和服役条件等，例如，含碳量、合金元素及其含量、采用的焊接工艺。低碳钢的焊接要比铸铁的焊接容易，铝和不锈钢用焊条电弧焊时，焊接性较差，而改用氩弧焊时，焊接性则较好。由此可见，金属材料的焊接性不仅决定于被焊金属本身固有的性质，而且还与采用的焊接方法有关。

设计因素主要指焊接结构及焊接接头形式、接头断面的过渡、焊缝的位置、焊缝的集中程度等。

服役条件因素主要指焊接结构的工作温度，受载类型（如动载、静载、冲击或高速等）和工作环境（如化工区、沿海及腐蚀介质等）。

3. 焊接性的评价——碳当量法

各种钢材所含合金元素的种类和含量不同，其焊接性也就有差别。但是，生产实践的经验证明，钢中含碳量对焊接性影响很大。碳当量法就是把钢中各种元素都分别按照相当于若干含碳量的办法总合起来，作为判断钢材焊接性的标志。如钢中每增加含锰量0.6%，则相当于增加含碳量0.1%对钢材焊接性的影响效果，这样，就可以把锰的含量以1/6计入碳当量。

由国际焊接学会推荐的碳当量法计算公式如下：

$$C_E = C + \frac{Mn}{6} + \frac{Cr + Mo + V}{5} + \frac{Ni + Cu}{15} \; (\%)$$

式中，C，Mn，Cr，Mo，V，Ni，Cu为钢中该元素含量的百分数。

按照碳当量可以把钢材的焊接性分成良好、一般和低劣。

（1）$C_{当量}$ < 0.4%，焊接性良好。一般不必采取预热等措施，就可以获得优良的焊缝。低碳钢和低合金钢（如15Cr、20Cr、15Mn等）属于这一类。

（2）$C_{当量}$ = 0.4% ~ 0.6%，焊接性一般。这类钢材在焊接过程中淬硬倾向逐渐明显，通常需采用焊前预热（150~200℃），焊后缓冷等措施。中碳钢和某些合金钢（如18CrNiMo、20CrMnSi、40Cr、30CrMnSi等）属于这一类。

（3）$C_{当量}$ > 0.6%，焊接性差。这类钢材产生裂纹倾向严重，不论周围气温高低，焊件刚性和厚度如何，必须预热到200~450℃。焊后应采取热处理等措施，如弹簧钢等。

4. 碳素钢的焊接特点

低碳钢是焊接钢结构中应用最广的材料。它具有良好的焊接性，可采用交直流焊机进行全位置焊接，工艺简单，使用各种焊接方法施焊都能获得优质的焊接接头。不过，在低温（低于零下10℃）和焊厚件（大于30 mm）以及焊接含硫磷较多的钢材时，有可能产生裂纹，应采取适当预热等措施。

中碳钢和高碳钢在焊接时，常发生下列困难：①在焊缝中产生气孔；②在焊缝和近缝区产生淬火组织甚至出现裂缝。这是由于中碳钢和高碳钢的含碳量较高，焊接时，若熔池脱氧不足，FeO与碳作用生成CO，形成CO气孔。

另外，由于钢的含碳量大于0.28%时容易淬火，因此焊接过程中，可能出现淬火组织。有时由于高温停留时间过长，在这些区域还会出现粗大的晶粒，这是塑性较差的组织。当焊接厚件或刚性较大的构件时，焊接内应力就可能使这些区域产生裂缝。

焊接碳素钢时应加强对熔池的保护，防止空气中的氧侵入熔池，可在药皮中加入脱氧剂等。焊接含碳量较高的碳素钢时，为防止出现淬硬组织和裂纹，应采取焊前预热和焊后缓冷等措施。

5. 合金钢的焊接特点

主要特点是，在热影响区有淬硬倾向和出现裂纹，随着强度等级的提高，或采用过快的焊接速度、过小的焊接电流；或在寒冷、大风的作业环境中焊接，都会促使淬硬倾向和裂纹的增加。

因此，焊接合金钢时，应尽可能减缓焊后冷却速度和避免不利的工作条件。用电弧焊接时，最好进行 100~200℃ 的低温预热，采用多层焊。要尽可能采取前述减小应力的措施，特别重要的工件可以在焊后进行热处理。

第四节 焊接与切割工艺基础

一、焊接接头及坡口

1. 焊接接头形式

在机械制造业生产的金属构件，如梁、柱、桁架和容器等焊接结构（见图 2—10），均是由若干个焊接接头组成的。

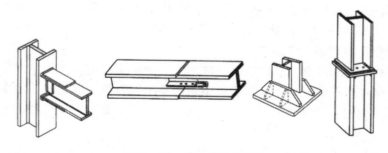

图 2—10 焊接结构的种类

由于焊件的结构形状、厚度及技术要求不同，其焊接接头的形式及坡口形式也不相同。焊接接头的基本形式可分为对接接头、T形接头、角接接头、搭接接头四种，如图 2—11 所示。

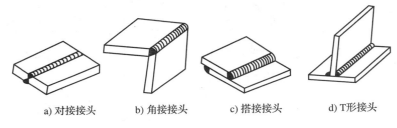

a) 对接接头　　　b) 角接接头　　　c) 搭接接头　　　d) T形接头

图 2—11　焊接接头的形式

（1）对接接头。两焊件端面相对平行的接头称为对接接头。对接接头从受力的角度看是比较理想的接头形式，在焊接结构中采用的最多。

（2）T形接头。一焊件的端面与另一焊件表面构成直角或近似直角的接头，称为 T 形接头。这种接头的用途仅次于对接接头，特别在造船厂船体中约 70% 是这种接头形式。

（3）角接接头。两焊件端面间构成大于 30°，并小于 135°夹角的接头，称为角接接头。角接接头一般用于不重要的焊接结构，较少开坡口。

（4）搭接接头。两焊件重叠构成的接头称为搭接接头。搭接接头的重叠部分为 3~5 倍的板厚，可采用双面焊接。这种接头的装配要求不高，易于装配，但承载能力低，只用于不重要的结构。

2. 焊缝形式及焊接位置

金属结构中的焊缝，按其结构形式常见的有对接焊缝（见图 2—12）、角接焊缝（见图 2—13）；在其空间位置有平焊、立焊、横焊和仰焊焊缝；按断续情况有定位焊缝、连续焊缝和断续焊缝。

3. 坡口及加工方法

根据设计或工艺需要，将焊件的待焊部位加工成一定几何形状的沟槽称为坡口。

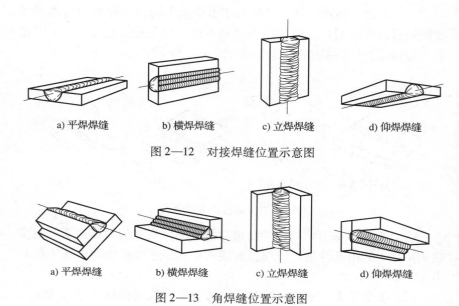

a) 平焊焊缝　　　b) 横焊焊缝　　　c) 立焊焊缝　　　d) 仰焊焊缝

图 2—12　对接焊缝位置示意图

a) 平焊焊缝　　　b) 横焊焊缝　　　c) 立焊焊缝　　　d) 仰焊焊缝

图 2—13　角焊缝位置示意图

　　焊接不同板厚或壁厚的焊接接头时，往往需要把焊件的边缘加工成各种形式的坡口再进行焊接。常用的坡口形式有 I 形坡口、V 形坡口、X 形坡口和 U 形坡口（见图 2—14）。坡口的几何尺寸如图 2—15所示。

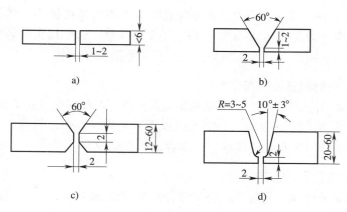

图 2—14　对接接头坡口形式

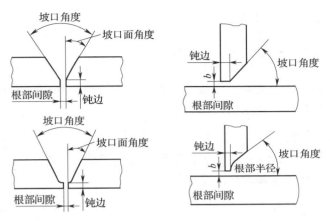

图 2—15 坡口的几何尺寸

坡口的作用是保证焊缝根部焊透，使焊缝能满足焊接接头的质量要求。同时，还能起到调节基体金属与填充金属比例的作用。

选择坡口一般遵循以下原则：能够保证焊件焊透，且便于焊接操作。如在容器内部不便焊接的情况下，要采用单面坡口在容器的外面焊接；坡口形状要便于加工；尽可能提高焊接生产率和节约焊条；焊件焊后变形尽可能小。

坡口的加工方法可根据焊件的尺寸、形状及加工条件来选择，一般有以下加工方法。

1. 剪切

不开坡口的薄件可用剪切机加工。加工方便，效率高，一般剪切后就可进行装配焊接。

2. 刨削

用刨边机或刨床加工 V 形或 Y 形、双 Y 形坡口，加工后坡口较平直，适用于焊接试件或自动焊的焊件加工。

3. 车削

用车床或车管机可加工管类构件及圆形杆件的坡口。

4. 热切割

用氧—乙炔焰或等离子弧手工切割或自动、半自动切割机加工坡口。可切割出 V 形或 Y 形、双 Y 形坡口。

5. 碳弧气刨

可以使用不同截面形状的碳棒加工出所需要的坡口形式，尤其使用圆形碳棒加工 U 形坡口很便利。碳弧气刨还可以用于清理焊根，如压力容器的焊接广泛采用。

6. 铲削或磨削

用手工、风动工具铲削坡口或使用角向砂轮机磨削坡口，此法效率较低，多用于缺陷返修时的坡口加工。

二、常见焊接缺陷

焊接过程中，由于焊工操作技能、焊接工艺参数、焊接材料的选用等方面因素的影响，往往会在焊接接头区域内产生不符合设计、工艺文件要求的焊接缺陷。由于焊接缺陷的存在，会直接影响焊接产品的使用性能和安全程度。

焊接缺陷按其在焊接接头中的位置不同，可分为内部缺陷和外部缺陷。

焊缝外部缺陷通常位于焊缝表面，用肉眼或低倍放大镜就可看到，主要包括焊缝尺寸不符合要求、咬边、焊瘤、根部未焊透、表面裂纹、弧坑和烧穿等缺陷。

焊缝内部缺陷主要包括气孔、夹渣、未熔合、未焊透和内部裂纹，其检验主要是通过无损检测和破坏性检验的方法。

1. 焊缝尺寸不符合要求

焊缝尺寸不符合要求不但直接影响焊缝的外观成形，而且对焊接质量产生不良影响。如焊缝宽度太窄，使焊接接头强度降低；焊缝宽度过大，不仅浪费焊接材料，还会增加焊件的应力和变形；焊缝余高过大，会造成焊接接头的应力集中而减弱结构的工作性能。

2. 咬边

由于焊接工艺参数选择不正确和操作不当，在沿焊趾的母材部位烧熔形成的沟槽或凹陷称为咬边。

咬边主要发生在板对接立、横、仰焊以及角焊和管道的焊接，它不仅减小了母材的有效面积，使焊接接头强度降低，而且会在咬边处产生应力集中，容易引起裂纹。

3．焊瘤

在焊接过程中，熔化金属流淌到焊缝之外未熔化的母材上所形成的金属瘤称为焊瘤。

焊瘤多发生在仰位、立位、横位焊缝表面及打底层背面的焊缝表面。焊瘤不仅影响焊缝的成形，而且也容易导致裂纹的产生。

4．未焊透

焊接时，焊接接头根部未完全熔透的现象称为未焊透。

单面焊时，未焊透一般产生在焊件的根部，双面焊时主要产生在焊件中部。未焊透处会造成应力集中，并容易产生裂纹，重要的焊接接头不允许有未焊透的缺陷存在。

5．未熔合

熔焊时，焊道与母材之间或焊道与焊道之间，未完全熔化结合部分称为未熔合。

未熔合可能发生在焊件根部，也可能发生在表面焊缝边缘或焊层间。未熔合的危害仅次于裂纹缺陷，是焊接接头中不允许存在的。

6．烧穿

焊接过程中，熔化金属坡口背面流出形成穿孔的缺陷称为烧穿。

烧穿使单面焊和双面成形焊接中背面焊缝无法成形，是一种不允许存在的缺陷，应及时进行补焊。

7．气孔

焊接时，熔池中的气体在凝固时未能逸出而残留下来所形成的空穴称为气孔。

气孔是一种常见的焊接缺陷，有内部气孔和外部气孔。气孔的存在对焊缝质量影响很大，它使焊缝的有效工作截面积减小，降低了焊缝力学性能，特别是对塑性和冲击韧性影响很大，同时也破坏了焊缝的致密性。连续的气孔还会导致焊接结构的破坏。

8. 夹渣

夹渣是指焊后残留在焊缝中的熔渣。

夹渣的存在将减小焊缝的有效截面积，降低焊接接头的塑性和韧度。在夹渣的尖角处会造成应力集中，因而对淬硬倾向较大的焊缝金属，容易在此处扩展出裂纹。

9. 弧坑

焊缝收尾处产生的下陷部分叫作弧坑。它不仅削弱了该处焊缝的强度，而且还会产生弧坑裂纹。

10. 焊接裂纹

焊接裂纹是指在焊接应力及其他致脆因素作用下，焊接接头中局部区域因开裂而产生的缝隙。

裂纹是焊缝中最危险的缺陷，大部分焊接结构的破坏都是由裂纹引起的。因此，裂纹在焊缝中是绝对不允许存在的。

11. 夹钨

在氩弧焊中，钨极的熔化使焊缝金属局部含钨量升高的现象称为夹钨。

夹钨会使局部焊缝硬度提高而产生脆化，并成为裂纹产生的根源。因此，氩弧焊接时，应根据焊件的材质、厚度及坡口形式选择合适的焊接电流及钨极直径，并且在操作过程中，钨极不得触及焊丝和熔池，而且应该经常修磨钨极端部，以避免夹钨缺陷的产生。

第三章　焊接与切割安全基础知识

第一节　概　　述

在现代焊接与切割技术中，利用化学能转变为热能和利用电能转变为热能来加热金属的方法，已得到了普遍的应用。但是在焊接操作中，一旦对它们失去控制，就会酿成灾害。目前广泛应用于生产中的各种焊接与切割方法，在操作过程中都存在某些有害因素。按有害因素的性质，可分为化学因素——焊接烟尘、有毒气体；物理因素——弧光、高频电磁辐射、射线、噪声、热辐射等。

一、焊接与切割发生工伤事故的主要类别

在焊接与切割操作过程中发生的工伤事故主要有以下几类。

1. 火灾和爆炸

操作者经常需要与可燃易爆危险物品接触，如乙炔、电石、液化石油气、压缩纯氧等。在检修焊补化工和燃料容器管道时，会接触到油蒸气、煤气、氢气和其他可燃气体和蒸气；其次是需要接触压力容器和燃料容器，如氧气瓶、乙炔发生器、油罐和管道等；再次是在大多数情况下，焊接采用明火，如气焊的火焰、焊接的电弧、焊接过程中熔渣和火星的四处飞溅等。这就容易构成火灾和爆炸的条件，导致火灾和爆炸事故的发生。

2. 触电

操作者接触电的机会比较多，例如，更换焊条、调节焊接电流等带电操作，当绝缘防护不好或违反安全操作规则时，有可能发生触电

伤亡事故。

3. 灼烫

在焊割火焰或电弧高温作用下，以及作业环境存在有易燃易爆危险品时，有可能发生灼烫伤亡事故。焊接现场的调查情况表明，灼烫是焊接操作中常见的工伤事故。

4. 急性中毒

焊割过程会产生一些有害气体，如一氧化碳，碱性焊条 E5015 会产生氟化氢气体，氩弧焊会产生臭氧、氮氧化物等；焊接有色金属铅，也会产生氧化铅等有毒的金属蒸气。当作业环境狭小，如在锅炉、船舱或车间矮小而又通风不良的条件下作业，有害气体和金属蒸气的浓度较高，有可能引起急性中毒事故。在检修焊补装盛有毒物质的容器管道时，也可能发生这类事故。

5. 高处坠落

在登高焊割作业时，如高层建筑、桥梁、石油化工设备的安装检修等，有可能发生高处坠落伤亡事故。

6. 物体打击

移动或翻转笨重焊件、在金属结构或机器设备底下的仰焊操作、高处焊割作业下方以及水下气割作业等，有可能发生物体打击事故。

二、焊接与切割作业的职业危害

不同的焊割工艺方法其有害因素亦有所不同。大体上说，焊割作业的职业危害有以下几个特点。

1. 焊割劳动卫生的主要研究对象是熔化焊，而其中以明弧焊的劳动卫生问题最大，埋弧焊、电渣焊的问题最小。

2. 药皮焊条电弧焊、碳弧气刨的主要有害因素是焊割过程中产生的烟尘——焊接烟尘。如果长期在作业空间狭小的环境里（锅炉、船舱、密闭容器和管道等）操作，而且是在卫生防护不好的条件下，焊工的呼吸系统会受到伤害，严重时会患焊工尘肺、锰中毒等。

3. 有毒气体是气体保护电弧焊和等离子弧焊的一种主要有害因

素，浓度较高时会使焊工出现中毒症状。其中特别是臭氧和氮氧化物，它们是电弧的光辐射和高温辐射作用于空气中的氧和氮而产生的。

4. 弧光辐射是所有明弧焊共同的有害因素，由此引起的电光性眼病是明弧焊的一种特殊职业病。

弧光辐射还会伤害皮肤，使焊工患皮炎、红斑和小水泡等皮肤疾病。此外，还会损坏棉织纤维。

5. 钨极氩弧焊和等离子弧焊接与切割，由于焊机设置有高频振荡器帮助引弧，所以存在高频电磁场辐射。特别是高频振荡器工作时间较长的焊机（如某些工厂自制的氩弧焊机），高频电磁场辐射会使焊工患神经系统和血液的疾病。

此外，使用钍钨棒电极时，由于钍是放射性物质，所以存在有害放射线（α、β 和 γ 射线）。在钍钨棒储存的场所和磨尖的砂轮机周围，有可能造成放射性危害。

6. 等离子弧焊接、喷涂和切割时，产生强烈噪声，在防护不好的条件下，会损伤焊工的听觉神经。

7. 有色金属气焊时的主要有害因素是熔融金属蒸发于空气中形成的金属氧化物烟尘（如氧化铅等）和来自焊剂的毒性气体。

各种焊割工艺方法在作业过程中，除了主要有害因素外，还会有上述若干其他有害因素同时存在。必须指出，同时有几种有害因素存在，比起只有单一有害因素，其对人体的毒性作用会倍增。这是对某些看来并不超过卫生标准规定的有害因素，亦应当采取必要的卫生防护措施的缘故。

三、焊接与切割作业人员安全培训与考核的重要性

通过对焊接与切割常用能源的危险性以及焊接职业危害的讨论，我们可以清楚地了解，焊割发生的工伤事故（如爆炸、火灾）不仅会伤害焊工本人，而且还会危及在场的其他生产人员的安全，同时会使国家财产蒙受巨大损失，会严重影响生产的顺利进行。同样，焊割过程中产生的各种有害气体，如焊接烟尘、有毒气体等，不仅会使焊工本人受害，作业点周围的其他生产人员也会受到危害，甚至也患上职业病。

因此，焊接与切割作业属于特种作业（即对操作者本人，尤其对他人和周围设施的安全有重大危险有害因素的作业）的范畴，直接从事焊接与切割作业的工人属特种作业人员。国家要求对特种作业人员的安全技术培训及安全技术考核进行严格的管理。

（1）焊接与切割人员在独立上岗作业前，必须经过国家规定的专门的安全技术理论和实际操作培训、考核。考核合格取得相应操作证者，方准独立作业；做到持证上岗，严禁无证操作。

（2）安全技术培训应实行理论与实际操作技能训练相结合的原则，重点提高作业人员安全技术知识、安全操作技能和预防各类事故的实际能力。

焊接与切割作业人员考核包括安全技术考核与实际操作技能考核两部分。经考核成绩合格后，方具备发证资格。凡属新培训的特种作业人员经考核合格后，一律领取国家安全生产监督管理局统一制发的特种作业操作证（IC 卡）。

（3）焊接与切割作业人员变动工作单位，由所在单位收缴其操作证，并报发证部门注销。离开焊接与切割作业岗位一年以上的人员，须重新进行安全技术考核，合格者方可从事原作业。特种作业人员操作证不得伪造、涂改和转借。焊接与切割作业人员违章作业，应视其情节，给予批评教育或吊扣、吊销其操作证，造成严重后果的，应按有关法规进行处罚。

特种作业人员通过安全技术培训及安全技术考核，了解和掌握焊割安全技术理论知识，熟知在焊割过程中可能发生不幸事故和职业危害的原因，从而能够采取有效的安全防护措施，这将显得十分重要。

第二节　焊接与切割作业安全用电

在电弧焊操作时，接触电的机会较多，在整个工作过程中需要经常接触电气装置，如在更换焊条时，焊工的手会直接触及焊条，有时还要站在焊件上操作。这样，电就在手上、身边和脚下。尤其是在容器、管道、船舱，锅炉内和钢结构上的操作，周围都是金属，如果没有良好的操作习惯，稍有不慎，就可能造成触电事故。

一、电流对人体的伤害形式

电流对人体的伤害有三种形式，包括电击、电伤和电磁场生理伤害。

电击是指电流通过人体内部，破坏人的心脏、肺及神经系统的正常功能所造成的伤害。

电伤是指电流的热效应、化学效应或机械效应对人体的伤害，主要是指电弧烧伤、熔化金属溅出烫伤等。

电磁场生理伤害是指在高频电磁场的作用下，使人出现头晕、乏力、记忆力减退、失眠、多梦等神经系统的症状。

人们通常所说的触电事故，基本上是指电击，绝大多数触电死亡主要是电击造成的。

二、影响电击严重程度的因素

在1 000 V以下的低压系统中，电流会引起人的心室颤动而导致触电死亡。心脏好比是一个促使血液循环的泵，当外来电流通过心脏时，原有的正常工作受到破坏，由正常跳动变为每分钟数百次以上细微的颤动。这种细微颤动使心脏不能再压送血液，导致血液终止循环，大脑缺氧发生窒息死亡。

焊接作业的触电事故的危险程度与通过人体的电流大小、持续作用时间、途径、频率及人体的健康状况等因素有关。

1. 触电的危险程度主要决定于触电时流经人体电流的大小。根据实验研究，人体在触及工频（50 Hz）交流电后能自主摆脱电源的最大电流约为10 mA，这时人体有麻痹的感觉。若达20~25 mA则会出现麻痹和剧痛、呼吸困难的症状，随着人体电流的增加、致死的时间就会缩短。

夏季人体多汗、皮肤潮湿，或沾有水、皮肤有损伤、有导电粉尘时，人体电阻值（1 000 Ω以上）均会降低，因此极易发生触电伤亡事故。超过摆脱电流人体就不能自主地摆脱电源，在无救援情况下，也会立即造成死亡，国内发生过36 V电压电击死人的事故。所以，在多汗、潮湿、狭小空间内更要重视用电安全，采取针对性安全措施，预防焊接触电事故发生。

2. 电流流经人体持续时间越长，对人体危害越大。因此，发生触电时，应立即使触电者迅速地与带电体脱离。

3. 电流通过人体的心肌、肺部和中枢神经系统的危险性大，从手到脚的电流途径最为危险，因为沿这条途径有较多的电流通过心脏、肺部和脊髓等重要器官，其次是从一只手到另一只手的电流途径，再者是从一只脚到另一只脚的电流途径。后者还容易因剧烈痉挛而摔倒，导致电流通过全身或摔伤、坠落等严重的二次事故。

4. 直流电流、高频电流和冲击电流对人体都有伤害作用，直流电的危险性相对小于交流电。然而，通常电器设备都采用工频（50 Hz）交流电，这对人来说是最危险的频率。

5. 人体的健康状况，对触电的危险性有很大关系。凡患有心脏病、肺病和神经系统等疾病的操作者，触电会产生极大的危险性。

三、人体触电方式

按照人体触及带电体的方式和电流通过人体的途径，电击可以分为下列几种情况：

1. 低压单相触电

人体在地面或其他接地导体上，人体的某一部位触及一相带电体的触电事故。大部分触电事故都是单相触电事故。

2. 低压两相触电

人体两处同时触及两相带电体的触电事故。这时由于人体受到的电压可高达 220 V 或 360 V，所以危险性很大。

3. 跨步电压触电

当带电体接地有电流流入地下时，电流在接地点周围土壤中产生电压降，人在接地点周围，两脚之间出现的电压即为跨步电压。由此引起的触电事故称为跨步电压触电。高压故障接地处或有大电流流过的接地装置附近，都可能出现较高的跨步电压。

4. 高压电击

对于 1 000 V 以上的高压电气设备，当人体过分接近它时，高压电能将空气击穿使电流通过人体，此时还伴有高温电弧，能把人烧伤。

四、安全电压

通过人体的电流越大，致命危险越大，持续时间越长，死亡的可能性越大。能引起人感觉到的最小电流值称为感知电流，交流为 1 mA，直流为 5 mA；人触电后能自己摆脱的最大电流称为摆脱电流，交流为 10 mA，直流为 50 mA；在较短的时间内危及生命的电流称为致命电流，交流为 50 mA。在有防止触电保护装置的情况下，人体允许通过的电流一般可按 30 mA 考虑。

通过人体的电流大小决定于外加电压高低和人体电阻大小，在一般情况下人体电阻可按 1 000 ~ 1 500 Ω 考虑，在不利的情况下人体电阻会降低到 500 ~ 650 Ω。不利的情况是指皮肤出汗，身上带有导电性粉尘，加大与带电体的接触面积和压力等，这些都会降低人体电阻。通常流经人体的电流大小是不可能事先计算出来的，因此，在确定安全条件时，一般不计安全电流而用安全电压表示，这个安全电压数值与工作环境有关，由于在不同环境条件下人体电阻相差很大，而电对人体的作用是以电流大小来衡量的，所以不同环境条件下的安全电压各不相同。

对于触电危险性较大但比较干燥的环境（如在锅炉里焊接），人体电阻可按 1 000 ~ 1 500 Ω 考虑，流经人体的允许电流可按 30 mA 考虑，则安全电压 $U = 30 \times 10^{-3} \times$ （1 000 ~ 1 500） = 30 ~ 45 V，我国规定为 36 V。凡危险及特别危险环境里的局部照明行灯、危险环境里的手提灯、危险及特别危险环境里的携带式电动工具，均应采用 36 V 安全电压。

对于触电危险性较大而又潮湿的环境（如阴雨天在金属容器里的焊接），人体电阻应按 650 Ω 考虑，则安全电压 $U = 30 \times 10^{-3} \times 650 = 19.5$ V，则我国规定在潮湿、窄小而触电危险性较大的环境中，安全电压为 12 V。凡特别危险环境里以及在金属容器、矿井、隧道里的手提灯，均应采用 12 V 安全电压。

对于在水下或其他由于触电会导致严重二次事故的环境，流经人体的电流应按不引起强烈痉挛的 5 mA 考虑，则安全电压 $U = 5 \times 10^{-3} \times 650 = 3.25$ V。我国尚无规定，国际电工标准会议规定为 2.5 V 以下。安全电压能限制触电时通过人体的电流在较小的范围内，从而在一定程度上保障人身安全。

五、焊接与切割作业发生触电事故的原因及防范措施

1. 发生触电的危险因素

（1）焊割作业场所经常变动，如在高处焊割作业时，工作环境周围的高压或低压电网，裸导线等；在水下焊接或切割（如喷水式水下电弧切割）时，人体电阻显著降低；阴雨天在室外焊割作业或在地沟里站在泥泞潮湿地等的焊割作业，都增加了触电的危险性。

（2）焊接电源是与 220/380 V 电力网路连接的，人体一旦接触这部分电气线路（如焊机的插座、开关或破损的电源线等），就很难摆脱。

（3）焊机的空载电压大多超过安全电压，但由于电压不是很高，使人容易忽视。另一方面，由于焊工在操作中与这部分电气线路接触的机会较多（如焊钳或焊枪、焊件、工作台和电缆等），因此它是焊接触电伤亡事故的主要危险因素。为了说明其危险性，我们以焊条电弧焊机空载电压（70 V 左右）来作分析。在更换焊条时，如果焊工的手触及焊钳口，则通过一只手和两只脚形成一个回路。假如焊工的手与焊钳口接触良好（接触面积大，手抓得紧），人体电阻 R_r 约为 1 000 Ω，此时通过人体的电流 I_r 为：

$$I_r = U/R_r = 70/1\ 000 = 0.07\ A = 70\ mA$$

但是一般情况下电流强度达不到这个值，因为焊工的手不可能抓得很紧和达到大面积接触，而且还要加上鞋袜的接地电阻。如果是模压底干燥安全鞋，电阻可达 10 000 Ω，两只鞋平行，并联电阻为 5 000 Ω，加上人体电阻 1 000 Ω，则通过人体的电流为：

$$I_r = U/R_r = 70/6\ 000 \approx 0.012\ A = 12\ mA$$

这时焊工手部会感到轻度抽搐，但能够扔掉焊钳。

焊接触电伤亡事故大多是发生于下列不利情况：夏天身上出汗或

在潮湿地操作，鞋袜潮湿，鞋底又薄等。此时的电阻将降为 1 600 Ω 左右，焊工的手一旦接触焊钳口，通过人体的电流则为：

$$I_r = U/R_r = 70/1\ 600 \approx 0.044\ A = 44\ mA$$

这时焊工的手部会发生痉挛，甚至不能摆脱，这样就会有生命危险。

应当强调指出，登高的焊工作业者还会因触电发生痉挛、麻木和惊慌等，从高处跌落，造成二次事故。

（4）焊机和电缆由于经常性的超负荷运行，粉尘和酸碱等蒸气的腐蚀，以及室外工作时常受风吹、日晒、雨淋等，绝缘易老化变质，容易出现焊机和电缆的漏电现象，而发生触电事故。

2. 工作环境按触电危险性分类

焊工需要在不同的工作环境中操作，因此应当了解和考虑到工作环境，如潮汽、粉尘、腐蚀性气体或蒸气、高温等条件的不同，选用合适的工具和不同电压的照明灯具等，以提高安全可靠性，防止发生触电。按照触电的危险性，工作环境可分为以下三类：

（1）普通环境。这类环境的触电危险性较小，一般应具备的条件为：

1）干燥（相对湿度不超过75%）。

2）无导电粉尘。

3）有木料、沥青或瓷砖等非导电材料铺设的地面。

4）金属物品所占面积与建筑物面积之比小于20%。

（2）危险环境。凡具有下列条件之一者，均属危险环境。

1）潮湿（相对湿度超过75%）。

2）有导电粉尘。

3）用泥、砖、湿木板、钢筋混凝土、金属或其他导电材料制成的地面。

4）金属物品所占面积与建筑物面积之比大于20%。

5）炎热、高温（平均温度经常超过30℃）。

6）人体能够同时接触接地导体和电器设备的金属外壳。

（3）特别危险环境。凡具有下列条件之一者，均属特别危险环境。

1）特别潮湿（相对湿度接近100％）。

2）有腐蚀性气体、蒸气、煤气或游离物。

3）同时具有上列危险环境的两个以上条件。

锅炉房、化工厂的大多数车间、机械厂的铸工车间、电镀车间和酸洗车间等，以及在容器、管道内和金属构架上的焊接操作，均属于特别危险环境。

3. 焊接发生触电事故的原因

触电是各种焊接工艺和电弧切割、碳弧气刨、等离子弧焊接与切割等的共同的主要危险。焊接发生触电事故的情况往往比较复杂，可能在室内或室外，在高空或容器、地沟、船舱里，在更换焊条时或调节焊接电流、转移工作地点时等。但总起来说，焊接的触电事故发生于下述两种情况：一是触及焊接设备正常运行时的带电体，如接线柱、焊枪或焊钳口等，或者靠近高压电网所发生的电击，即所谓直接电击；另一种是触及意外带电体所发生的电击，即所谓间接电击。意外带电体是指正常情况下不带电，由于绝缘损坏或电器线路发生故障而意外带电的导电体，如漏电的焊机外壳、绝缘外皮破损的电缆等。

（1）焊接发生直接电击事故的原因

1）在焊工操作中，手或身体某部位接触到焊条、电极、焊枪或焊钳的带电部分，而脚和身体的其余部位对地和金属结构无绝缘防护；在金属容器、管道、锅炉里及金属结构上的焊接，或在阴雨天、潮湿地的焊接，比较容易发生这种触电事故。

2）在接线或调节焊接电流时，手或身体某部位碰触接线柱、极板等带电体。

3）登高焊接作业触及低压电网、裸导线、接触或靠近高压电网引起的触电事故等。

（2）焊接发生间接电击事故的原因

1）人体碰触漏电的焊机外壳。

2）弧焊变压器的一次绕组对二次绕组之间的绝缘损坏时，变压器反接或错接在高压电源时，手或身体某部位触及二次回路的裸导体。

3）操作过程中触及绝缘破损的电缆、胶木闸盒破损的接线柱、开关等。

4）由于利用厂房的金属结构、轨道、天车、吊钩或其他金属物体代替焊接电缆而发生的触电事故。

4. 预防触电事故通常采取的措施

为了防止在焊接操作中人体触及带电体，一般可采取绝缘、屏护、间隔、自动断电、保护性接地（接零）和个人防护等安全措施。

（1）绝缘。绝缘是防止触电事故发生的重要措施。但是，绝缘在强电场等因素的作用下会有可能被击穿。除击穿破坏外，由于腐蚀性气体、蒸气、潮汽、粉尘的作用和机械损伤，也会降低绝缘的可靠性能或导致绝缘损坏。所以，焊接设备或线路的绝缘必须符合安全规则的要求并与所采用电压等级相配合，必须与周围环境和运行条件相适应。电工绝缘材料的电阻率一般在 $10^9 \, \Omega \cdot cm$ 以上。橡胶、胶木、瓷、塑料、布等都是焊接设备和工具常用的绝缘材料。

（2）屏护。屏护是采用遮栏、护罩、护盖、箱闸等把带电体同外界隔绝开来。对于焊接设备、工具和配电线路的带电部分，如果不便包以绝缘或绝缘不足以保证安全时，可以采用屏护措施。例如，闸刀开关以及接线柱等一般不能包以绝缘，而需要屏护。

屏护装置不直接与带电体接触，因此，如开关箱、胶木盒等对所用材料的电性能没有严格要求。但是，屏护装置所用材料应当有足够的机械强度和良好的耐火性能。凡用金属材料制成的屏护装置，为了防止屏护装置意外带电造成触电事故，必须将屏护装置接地或接零。

（3）间隔。间隔就是为了防止人体触及焊机、电线等带电体，或为了避免车辆及其他器具碰撞带电体，或为防止因火灾和各种短路等造成的事故，在带电体和地面之间、带电体与其他设施和设备之间、带电体与带电体之间均需保持一定的安全距离。这在焊接设备和电缆布设等方面都有具体规定。

（4）焊机的空载自动断电保护装置。

（5）个人防护用品：绝缘鞋、皮手套、干燥的帆布工作服，橡胶绝缘垫等。

（6）为防止焊工操作时人体接触意外带电体发生事故，焊机外壳必须采取保护性接地或保护性接零等安全措施。

六、焊接与切割设备的安全要求

无论是焊条电弧焊、氩弧焊还是 CO_2 气体保护焊等，在焊接操作中，人体不可避免地会碰触到焊接设备，当焊接设备的绝缘损坏时外壳带电，就有发生触电事故的可能。为保证安全，焊接设备必须采取保护性接地或接零装置。

所有交流、直流焊接设备的外壳都必须接地。在电网为三相四线制中性点接地的供电系统中，焊机必须装设保护性接零装置；在三相三线制对地绝缘的供电系统中，焊机必须装设保护性接地装置。

1. 焊接设备保护性接地与接零

（1）焊接设备保护性接地。在不接地的低压系统中，当一相与机壳短路而人体触及机壳时，事故电流 I_d，通过人体和电网对地绝缘阻抗 Z 形成回路，如图 3—1 所示。

保护性接地的作用在于用导线将弧焊机外壳与大地连接起来，当外壳漏电时，外壳对地形成一条良好的电流通路，当人体碰到外壳时，相对电压就大大降低，如图 3—2 所示，从而达到防止触电的目的。

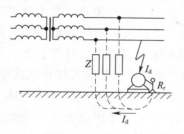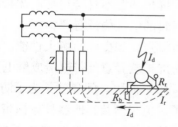

图 3—1　弧焊机不接地　　　　图 3—2　弧焊机保护接地原理图
　　　　的危险性示意图

电源为三相三线制或单相制系统时，弧焊机外壳和二次绕组引出线的一端，应设置保护接地线。

接地装置可以广泛应用自然接地极，如与大地有可靠连接的建筑物的金属结构，敷设于地下金属管道，但氧气与乙炔等易燃易爆气体及可燃液体管道，严禁作为自然接地极。

（2）焊接设备保护性接零。安全规则规定所有交流、直流焊接设备的外壳都必须接地。电源为三相四线制中性点接地系统中，应安设保护接零线。

如果在三相四线制中性点接地供电系统上的焊接设备，不采取保护性接零措施，如图 3—3 所示，当一相带电部分碰触弧焊机外壳，人体触及带电的壳体时，事故电流 I_d 经过人体和变压器工作接地构成回路，对人体构成威胁。

保护性接零装置很简单，它是由一根导线的一端连接焊接设备的金属外壳；另一端接到电网的零线上，如图 3—4 所示。

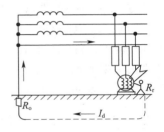
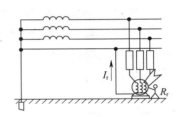

图 3—3　弧焊机不接零　　　　图 3—4　弧焊机保护性接零原理图
　　　的危险性示意图

保护性接零装置的作用是当一相的带电部分碰触焊机外壳时，通过焊机外壳形成该相对零线的单相短路，强大的短路电流立即促使线路上的保护装置迅速动作（如保险丝熔断），外壳带电现象立刻终止，从而达到保护人身和设备安全的目的。这种把焊接设备正常时不带电的机壳同电网的零线连接起来的安全装置，称为保护性接零装置。

（3）焊接设备接地与接零安全要求

1）接地电阻。根据有关安全规程（GB 9448—1999《焊接与切割安全》）的规定，焊机接地装置的接地电阻不得大于 4 Ω。

2）接地体。焊机的接地极可用打入地里深度不小于 1 m，接地电阻小于 4 Ω 的铜棒或无缝钢管。

自然接地极电阻超过 4 Ω 时，应采用人工接地极。否则除可能发生触电危险外，还可能引起火灾事故。

3）接地或接零的部位。所有交流、直流弧焊机外壳，均必须装设保护性接地或接零装置，弧焊变压器的二次线圈与焊件相接的一端也必须接地（或接零）。当一次线圈与二次线圈的绝缘击穿，高压窜到二次回路时，这种接地（或接零）装置就能保证焊工及其助手的安全。

4）不得同时存在接地或接零。必须指出，如果焊机二次线圈的一端接地或接零时，则焊件不应接地或接零。否则，一旦二次回路接触不良，大的焊接电流可能将接地线或接零线熔断，不但使人身安全受到威胁，而且易引起火灾。为此规定：凡是在有接地或接零装置的焊件上（如机床的部件）进行焊接时，都应将焊件的接地线（或接零线）暂时拆除，焊完后再恢复。在焊接与大地紧密相连的焊件（如自来水管路、房屋的金属立柱等）时，如果焊件的接地电阻小于 4 Ω，则应将焊机二次线圈一端的接地线或接零线暂时拆除，焊完后再恢复。总之，变压器二次端与焊件不应同时存在接地或接零装置。

焊机与焊件的正确与错误的保护性接地与接零关系如图 3—5。

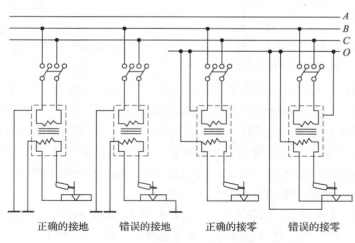

图3—5　正确与错误的接地或接零

5）接地或接零的导线要有足够的截面积。接地线截面积一般为相线截面积的 1/3～1/2；接零线截面积的大小，应保证其容量（短路电流）大于离焊机最近处的熔断器额定电流的 2.5 倍，或者大于相应的自动开关跳闸电流的 1.2 倍。采用铝线、铜线和钢丝的最小截面积，分别不得小于 6 mm^2，4 mm^2，12 mm^2；接地或接零线必须用整根的，中间不得有接头。与焊机及接地体的连接必须牢靠，用螺栓拧紧。在有振动的地方，应当采用弹簧垫圈、防松螺母等防松动措施。固定安装的焊机，上述连接应采用焊接。

6）所有焊接设备的接地（或接零）线，都不得串联接入接地体或零线干线。

7）接线顺序。连接接地线或接零线时，应首先将导线接到接地体上或零线干线上，然后将另一端接到焊接设备外壳上。拆除接地线或接零线的顺序则恰好与此相反，应先将接地（或接零）线从设备外壳上拆下，然后再解除与接地体或零线干线的连接，不得颠倒顺序。

2. 焊机空载自动断电保护装置

电弧焊接时，焊工更换焊条需要在焊机处于空载电压的条件下进行，这是一件经常性的操作。为避免焊工在更换焊条时接触二次回路的带电体造成触电事故，可以安装电焊机空载自动断电保护装置，使更换焊条的操作在安全的电压下进行，避免触电危险，同时还可节省电力消耗。安全规则规定，焊机一般都应该装设空载自动断电保护装置；还特别规定，凡是在高处、水下、容器管道内或船舱等处的焊接作业，焊机必须安装空载自动断电装置。

3. 焊机的维护和检修

焊机必须平稳安放在通风良好、干燥的地方，焊机的工作环境应防止剧烈震动和碰撞。安放于室外的焊机，必须有防雨雪的棚罩等防护设施。焊机必须保持清洁干净，要经常清扫尘埃，避免损坏绝缘。在有腐蚀性气体和导电性尘埃的场所，焊机必须作隔离维护。受潮的焊机应用人工干燥方法进行维护，受潮严重时必须进行检修。焊机应半年进行一次例行维修保养，发现绝缘损坏、电刷磨损或损坏等应及时检修。

应当避免和减少焊机的超负荷运行。我们知道，焊接设备铭牌中都标有"额定负载持续率"和"额定焊接电流"，这是避免焊机超载和安全使用的重要技术数据。负载持续率的计算方法如下：

$$负载持续率 = \frac{在选定的工作时间内焊机负荷的时间}{选定的工作时间周期} \times 100\%$$

我国有关标准规定，对于 500 A 以下的焊机，选定的工作时间周期为 5 min。计算负载持续率时，在实际焊接过程中，每个 5 min 内测量出焊机输出焊接电流的时间（即电弧燃烧时间），代入上式而得出负载持续率。此外，还规定焊条电弧焊机的负载持续率为 60%。铭牌上规定的额定电流，也是在额定负载持续率负荷状态下使用的焊接电流。

七、焊接与切割工具安全要求

1. 焊接电缆安全要求

焊接电缆是连接焊机和焊钳（或焊枪）、焊件等的绝缘导线，应具备下列安全要求：

（1）应具备良好的导电能力和绝缘外层。一般是用紫铜芯线外包胶皮绝缘套制成。绝缘电阻不得小于 1 MΩ。

（2）应轻便柔软，能任意弯曲和扭转，便于操作。因此，电缆芯必须用多股细线组成。如果没有电缆，可用相同导电能力的硬导线代替，但在焊钳连接端至少要用长度为 2~3 m 的软线连接，否则不便于操作。

（3）焊接电缆应具有较好的抗机械性损伤能力，耐油、耐热和耐腐蚀等性能，以适应焊接工作的特点。

（4）要有适当的长度。焊机与配电盘连接的电源线（一次线或动力线）由于其电压较高，除应保证良好绝缘外，长度不得超过 2~3 m。如确需用较长的电源线时，应采取间隔的安全措施，即应离地面 2.5 m 以上沿墙用瓷瓶布设，严禁将电源线拖在现场地面上。

焊机与焊钳（或焊枪）和焊件连接导线的长度，应根据工作时的具体情况决定。太长会增大电压降，太短则不便于操作，一般以 20~30 m 为宜。

（5）要有适当的截面积。焊接电缆的截面积应根据焊接电流的大小，按规定选用，以保证导线不致过热而损坏绝缘层。焊接电缆的过度超载是绝缘损坏的重要原因之一。具体规格见表 3—1。

表 3—1　焊接电缆截面积与最大焊接电流和电缆长度的关系

最大焊接电流（A） ＼ 电缆长度（m）／导线截面面积（mm²）	15	30	45
200	30	50	60
300	50	60	80
400	50	80	100
600	60	100	—

（6）焊接电缆中间不应有接头。如需用短线接长时，则接头不应超过2个，接头应采用铜材料做成，必须连接牢固可靠，保证绝缘良好。

（7）严禁利用厂房的金属结构、管道、轨道或其他金属构件搭接起来作为导线使用。

（8）不得将焊接电缆放在电弧附近或炽热的焊缝金属旁，避免高温烧坏绝缘层。横穿道路或马路时，应加保护套或遮盖，避免碾压磨损等。

（9）焊接电缆的绝缘应定期进行检查，一般为每半年检查一次。

2. 焊钳和焊枪安全要求

焊钳和焊枪是焊条电弧焊、气体保护电弧焊、等离子弧焊的主要工具。它与焊工操作的安全有直接关系，必须符合下列安全要求：

（1）焊钳和焊枪与电缆的连接必须简便牢靠，接触良好。否则长时间的大电流通过，连接处易发生高热。连接处不得外露，应有屏护装置或将电缆的部分长度深入到握柄内部，以防触电。

（2）有良好的绝缘性能和隔热能力。由于电阻热往往使焊把发热烫手，因此，手柄要有良好的绝热层。气体保护焊的焊枪头应用隔热材料包覆保护。焊钳由夹焊条处至握柄连接处止，间距为152 mm。

（3）结构轻便、易于操作。焊条电弧焊焊钳的质量不应超过600 g。

（4）等离子弧焊焊枪应保证水冷系统密封，不漏气、不漏水。

（5）焊条电弧焊焊钳应保证在任何斜度下都能夹紧焊条，而且更换焊条方便，能使焊工不必接触带电部分即可迅速更换焊条。

八、触电急救

从事电焊操作的人员，有必要进行对触电者进行抢救的基本方法的教育和训练。运用有效的紧急抢救措施，有可能把焊工从遭受致命电击的死亡边缘上抢救回来。

焊工在地面、水下和登高作业时，可能发生低压（1 000 V 以下）和高压（1 000 V 以上）的触电事故。触电者的生命能否得救，在绝大多数情况下取决于能否迅速脱离电源和救护是否得法。下面着重讨论触电急救的要领。

1. 解脱电源

触电事故发生后，严重电击引起的肌肉痉挛有可能使触电者从线路或带电的设备上摔下来，但有时可能"冻结"在带电体上，电流则不断通过人体。为抢救后一种触电者，迅速解脱电源是首要措施。

（1）低压触电事故

1）电源开关或插座在触电地点附近时，可立即拉开开关或拔出插头，断开电源。但必须注意，拉线开关和平开开关只能断开一根线，此时有可能因没有切断相线，而不能断开电源。

2）如果电源开关或插座在远处，可用有绝缘柄的电工钳等工具切断电线（断开电源），或用干木板等绝缘物插入触电者身下，以隔断电流。

3）若电线搭落在触电者身上或被压在身下，可用干燥的绳索、木棒等绝缘物作为工具，拉开触电者或拨开电线，使触电者脱离电源。

4）如果触电者的衣服是干燥的，又没有紧缠在身上，可以用一只手抓住触电者的衣服，使其脱离电源。但因触电者的身体是带电的，鞋的绝缘也可能遭到破坏，救护人不得接触触电者的皮肤，也不能抓住他的鞋。

（2）高压触电事故

1）立即通知有关部门停电。

2）带上绝缘手套，穿上绝缘靴，采用相应电压等级的绝缘工具拉开开关或切断电线。

3）采用抛、掷、搭、挂裸金属线使线路短路接地，迫使保护装置动作，断开电源。但必须注意，金属线的一端应先可靠接地，然后抛掷另一端。抛掷的另一端不可触及触电者和其他人。

（3）注意事项。上述使触电者脱离电源的方法，应根据具体情况，以迅速而安全可靠为原则来选择采用，同时要遵循以下注意事项：

1）防止触电者脱离电源后可能的摔伤，特别是触电者在登高作业的情况下，应考虑防摔措施。即使在地面，也要考虑触电者倒下的方向，防止摔伤。

2）夜间发生触电事故时，应迅速解决照明问题，以利于抢救，并避免扩大事故。

3）救护人在任何情况下都不可直接用手或其他金属或潮湿的物件作为救护工具，而必须使用适当的绝缘工具。救护人最好用一只手操作，以防自己触电。

2. 救治方法

触电急救最主要的、有效的方法是人工氧合，它包括人工呼吸和心脏挤压（即胸外心脏按摩）两种方法。

（1）人工呼吸法。人工呼吸法是在触电者伤势严重，呼吸停止时应用的急救方法。各种人工呼吸法中，以口对口（鼻）人工呼吸法效果最好，而且简单易学，容易掌握。其操作要领是：

1）使触电者仰卧，将其头部侧向一边，张开触电者的嘴，清除口中的血块、假牙、呕吐物等异物；解开衣领使其呼吸道畅通；然后使头部尽量后仰，鼻孔朝天，下颚尖部与前胸部大致保持在一条水平线上。

2）使触电者鼻孔紧闭，救护人深吸一口气后紧贴触电者的口向内吹气，为时约2 s。

3）吹气完毕，立即离开触电者的口并松开触电者的鼻孔，让他自行呼气，为时约3 s。如此反复进行。

（2）心脏挤压法。如果触电者呼吸没停而心脏跳动停止了，则应当进行胸外心脏挤压。应使触电者仰卧在比较坚实的地面或木板上，与上述人工呼吸法的姿势相同，操作方法如下：

1）救护人跪在触电者腰部一侧或骑跪在他身上，两手相叠。手掌根部放在离心窝稍高一点的地方，即两乳头间稍下一点，胸骨下三分之一处。

2）掌根用力向下（脊背方向）挤压，压出心脏里面的血液。对成年人应压下 3~4 mm，每秒钟挤压一次，每分钟挤压 60 次为宜。

3）挤压后掌根迅速全部放松，让触电者胸廓自动复原，血液充满心脏，放松时掌根不必完全离开胸廓。如此反复进行。

触电急救工作贵在坚持不懈，切不可轻率中止。急救过程中，如果触电者身上出现尸斑或僵冷，经医生作出无法救活的诊断后，方可停止人工氧合。

第三节　焊接与切割防火防爆

焊接与切割操作时常与可燃易爆物质和压力容器接触，同时又使用明火，存在着发生火灾和爆炸的危险性。这类事故不仅炸毁设备、容易造成重大伤亡事故，有时甚至引起厂房倒塌，影响生产的顺利进行，使国家在经济上遭受重大损失。因此，预防焊接与切割发生的爆炸火灾事故，对保护工人安全和国家财产具有重要意义。

一、燃烧与火灾

1. 燃烧现象

我们知道，燃烧是一种放热发光的氧化反应，例如：

$$2H_2 + O_2 \xrightarrow{\text{燃烧}} 2H_2O + Q （热量）$$

最初，氧化被认为仅是氧气与物质的化合，但现在则被理解为：凡是可使被氧化物质失去电子的反应，都属于氧化反应，例如氯和氢的化合中，氯从氢中取得一个电子，因此，氯在这种情况下即为氧化剂。

$$H_2 + Cl_2 \xrightarrow{\text{燃烧}} 2HCl + Q （热量）$$

这就是说，氢被氯所氧化，并放出热量和呈现出火焰，此时虽然没有氧气参与反应，但发生了燃烧。又如铁能在硫中燃烧，铜能在氯中燃烧等。然而，物质和空气中的氧所起的反应毕竟是最普遍的，是发生火灾和爆炸事故最主要的原因。

2. 火灾

在生产过程中，凡是超出有效范围的燃烧都称为火灾。例如气焊时或烧火做饭时，将周围的可燃物（油棉丝、汽油等）引燃，进而燃毁设备、家具和建筑物，烧伤人员等，这就超出了气焊和做饭的有效范围。在消防部门有火灾和火警之分，其共同点都是超出了有效范围的燃烧，不同点是火灾主要指造成人身和财产的一定损失，否则称为火警。

二、燃烧的类型

燃烧可分为自燃、闪燃和着火等类型，每一种类型的燃烧都有其各自的特点。我们研究防火技术，就必须具体地分析每一类型燃烧发生的特殊原因，这样才能针对性地采取有效的防火与灭火措施。

1. 自燃

可燃物质受热升温而不需明火作用就能自行着火的现象称为自燃。引起自燃的最低温度称为自燃点，例如煤的自燃点为320℃，氨为780℃。自燃点越低，则火灾危险性越大。

根据促使可燃物质升温的热量来源不同，自燃可分为受热自燃和本身自燃。

（1）受热自燃。可燃物质由于外界加热，温度升高至自燃点而发生自行燃烧的现象，称为受热自燃。例如火焰隔锅加热引起锅里油的自燃。

（2）本身自燃。可燃物质由于本身的化学反应、物理或生物作用等所产生的热量，使温度升高至自燃点而发生自行燃烧的现象，称为本身自燃。本身自燃与受热自燃的区别在于热的来源不同，受热自燃的热来自外部加热，而本身自燃的热是来自可燃物质本身化学或物理的热效应，所以亦称自热自燃。

由于可燃物质的本身自燃不需要外来热源，所以在常温下或甚至在低温下也能发生自燃。因此，能够发生本身自燃的可燃物质比其他可燃物质的火灾危险性更大。

在一般情况下，本身自燃的起火特点是从可燃物质的内部向外炭化、延烧，而受热自燃往往是从外向内延烧。

能够发生本身自燃的物质主要有油脂、煤、硫化铁和植物产品等。

2. 闪燃

燃性液体的温度越高，蒸发出的蒸气亦越多。当温度不高时，液面上少量的可燃蒸气与空气混合后，遇着火源而发生一闪即灭（延续时间少于 5 秒）的燃烧现象，称为闪燃。

燃性液体蒸发出的可燃蒸气足以与空气构成一种混合物，并在与火源接触时发生闪燃的最低温度，称为该燃性液体的闪点。闪点越低，则火灾危险性越大，如乙醚的闪点为 $-45℃$，煤油为 $28 \sim 45℃$。这说明乙醚比煤油的火灾危险性大，并且还表明乙醚具有低温火灾危险性。

3. 着火

可燃物质在某一点被着火源引燃后，若该点上燃烧所放出的热量，足以把邻近的可燃物层提高到燃烧所必需的温度，火焰就蔓延开。因此，所谓着火是可燃物质与火源接触而燃烧，并且在火源移去后仍能保持继续燃烧的现象。可燃物质发生着火的最低温度称为着火点或燃点，例如木材的着火点为 $295℃$，纸张为 $130℃$ 等。

可燃液体的闪点与燃点的区别是，在燃点时，燃烧的不仅是蒸气、而且是液体（即液体已达到燃烧温度，可提供保持稳定燃烧的蒸气）；在闪点时，移去火源后闪燃即熄灭，而在燃点时则能连续维持燃烧。

控制可燃物质的温度在燃点以下，是预防火灾发生的措施之一。在火场上，如果有两种燃点不同的物质处在相同的条件下，受到火源作用时，燃点低的物质首先着火。所以，存放燃点低的物质方位通常是火势蔓延的主要方向。用冷却法灭火，其原理就是将燃烧物质的温度降低到燃点以下，使燃烧停止。

三、爆炸及其种类

在气焊操作中一旦乙炔罐发生爆炸，人们会忽然听到一声巨响，会看到炸坏的罐体带着高温爆炸气体、火光和浓烟腾空而起。如爆炸发生于室内还会有建筑物的破片向四处飞去……由于爆炸事故是在意想不到的时候突然发生的，因此，人们往往认为爆炸是难以预防的，从而产生一种侥幸心理。实际上，只要认真研究爆炸过程及其规律，采取有效防护措施，那么，生产和生活中的这类事故是可以预防的。

1. 爆炸现象

广义地说，爆炸是物质在瞬间以机械功的形式释放出大量气体和能量的现象。爆炸发生时的主要特征是压力的急剧升高和巨大声响。

上述所谓"瞬间"就是说，爆炸的发生是在极短的时间内，例如乙炔罐里的乙炔与氧气混合气发生爆炸时，是在大约 0.01 s 内完成下列化学反应的：

$$2C_2H_2 + 5O_2 = 4CO_2 + 2H_2O + Q$$

同时释放出大量热量和二氧化碳、水蒸气等气体，能使罐内压力升高 10 ~ 13 倍，其爆炸威力可以使罐体上升 20 ~ 30 m。

爆炸克服地心引力将重物移动一段距离，即具有机械功。

2. 爆炸的分类

爆炸可分为物理性爆炸和化学性爆炸两类：

（1）物理性爆炸。由物理变化（温度、体积和压力等因素）引起。物理性爆炸的前后，爆炸物质的性质及化学成分均不改变。

物理性爆炸是蒸汽和气体膨胀力作用的瞬时表现，它们的破坏性取决于蒸汽或气体的压力。氧气钢瓶受热升温，引起气体压力增高，当压力超过钢瓶的极限强度时发生的爆炸，就是物理性爆炸。

（2）化学性爆炸。物质在短时间内完成化学变化，形成其他物质，同时产生大量气体和能量的现象。例如用来制作炸药的硝化棉在爆炸时放出大量热量，同时生成大量气体（CO_2、H_2 和水蒸气等），爆炸时的体积会突然增大 47 万倍，燃烧在几万分之一秒内完成。

在焊接操作中经常遇到的可燃物质与空气混合物的燃烧爆炸物质。这类物质一般称为可燃性混合物，例如一氧化碳与空气的混合物，具有发生化学性爆炸危险性，其反应式为：

$$2CO + O_2 + 3.76N_2 = 2CO_2 + 3.76N_2 + Q$$

通常称可燃性混合物为有爆炸危险的物质，因为它们只是在适当的条件下，才变为危险的物质，这些条件包括可燃物质的含量，氧化剂含量以及点火能源等。

四、爆炸极限

1. 定义

可燃物质（可燃气体、蒸气和粉尘）与空气（或氧气）必须在一定的浓度范围内均匀混合，形成预混气，遇着火源才会发生爆炸，这个浓度范围称为爆炸极限（或爆炸浓度极限）。例如，氢与空气混合物的爆炸极限为4%～75%（体积分数），乙炔与空气混合物的爆炸极限为2.2%～81%（体积分数）等。

可燃物质的爆炸极限受诸多因素的影响。温度越高、压力越大、氧含量越高、火源能量越大，可燃气体的爆炸极限越宽。

2. 单位

可燃气体和蒸气爆炸极限的单位，是以可燃气体和蒸气在混合物中所占体积的百分数（%）即体积分数来表示的。

例如由一氧化碳与空气构成的混合物，在火源作用下的燃爆情况见表3—2。

表3—2　　CO与空气的混合物在火源作用下的燃爆情况

CO在混合气中所占体积	燃爆情况
小于12.5%	不燃不爆
12.5%	轻度燃爆
大于12.5%、小于29%	燃爆逐渐加强
等于29%	燃爆最强烈
大于29%、小于80%	燃爆逐渐减弱
80%	轻度燃爆
大于80%	不燃不爆

从上面所列的混合比例及其相对应的燃爆情况，清楚地说明可燃性混合物有一个发生燃烧和爆炸的浓度范围，如一氧化碳与空气混合物的爆炸极限为12.5%～80%（体积分数）。这两者有时亦称为着火下限和着火上限，在低于爆炸下限和高于爆炸上限浓度时，可燃性混

合物不爆炸，也不着火。混合物中的可燃物只有在这两个浓度界限之间，遇着火源，才会有燃爆危险。

应当指出，可燃性混合物的浓度高于爆炸上限时，虽然不会着火和爆炸，但当它从容器或管道里逸出，重新接触空气时却能燃烧，仍有着火的危险。

五、发生火灾爆炸事故原因及防范的基本理论

1. 火灾爆炸事故的一般原因

发生火灾和爆炸事故的原因具有复杂性。但焊割作业过程中发生的这类事故主要是由于操作失误、设备的缺陷、环境和物料的不安全状态、管理不善等引起的。因此，发生火灾和爆炸事故的主要原因基本上可以从人、设备、环境、物料和管理等方面加以分析。

（1）人的因素。对焊割作业发生的大量火灾与爆炸事故的调查和分析表明，有不少事故是由于操作者缺乏有关的科学知识，在火灾与爆炸险情面前思想麻痹、存在侥幸心理、不负责任、违章作业等引起的。在企业中一些设备本身存在易燃、易爆、有毒、有害物质，在动火前没有对设备进行全面吹扫、置换、蒸煮、水洗、抽加盲板等程序处理，或虽经处理而没达到动火条件，没进行检测分析或分析不准，而盲目动火，发生火灾、爆炸事故。

（2）设备的原因。例如，气割、焊时所使用的氧气瓶、乙炔瓶都是压力容器，设备本身都具有较大的危险性，若使用不当，氧气瓶、乙炔瓶受热或漏气都易发生着火、爆炸事故；弧焊机回线（地线）乱接乱搭或电线接电线，以及电线与开关、电灯等设备连接处的接头不良，接触电阻增大，就会强烈发热，使温度升高引起导线的绝缘层燃烧，导致附近易燃物起火。

（3）物料的原因。例如，焊割设备（乙炔瓶、氧气瓶等）在运输装卸时受剧烈震动、撞击、可燃物质的自燃、各种危险物品的相互作用，致使发生火灾、爆炸事故。

（4）环境的原因。例如，焊割作业现场杂乱无章，在电弧或火焰附近以及登高焊割作业点下方（周围 10 m 内）存放可燃易爆物品、高温、通风不良、雷击等。

（5）管理的原因。规章制度不健全，没有合理的安全操作规程，没有设备的计划检修制度；焊割设备和工具年久失修；生产管理人员不重视安全，不重视宣传教育和安全培训等。

2. 防火防爆技术基本理论

（1）防火技术的基本理论。根据燃烧必须是可燃物、助燃物和着火源这三个基本条件相互作用才能发生的原理，采取措施，防止燃烧三个基本条件的同时存在或者避免它们的相互作用，这是防火技术的基本理论。

例如，在汽油库里或操作乙炔发生器时，由于有空气和可燃物（汽油或乙炔）存在，所以规定必须严禁烟火。又如，安全规则规定气焊操作点（火焰）与乙炔发生器之间的距离必须在 10 m 以上，乙炔发生器与氧气瓶之间的距离必须在 5 m 以上等。采取这些防火技术措施都是为了避免燃烧三个基本条件的相互作用。

（2）防爆技术的基本理论

可燃物质爆炸的条件。可燃物质（可燃气体、蒸气和粉尘）发生爆炸需同时具备下列三个基本条件：

1）存在着可燃物质，包括可燃气体、蒸气或粉尘。

2）可燃物质与空气（或氧气）混合并且在爆炸极限范围内，形成爆炸性混合物。

3）爆炸性混合物在火源作用下。

对于每一种爆炸性混合物，都有一个能引起爆炸的最小点火能量，低于该能量，混合物就不爆炸。例如，氢气的最小点火能量为 0.017 mJ，乙炔为 0.019 mJ，丙烷为 0.305 mJ 等。

在焊割作业过程中，接触的可燃气体、蒸气和粉尘的种类繁多，而且操作过程情况复杂，因此，需要根据不同的条件采取各种相应的防护措施。防止可燃物质爆炸的三个基本条件同时存在，是防爆技术的基本理论。

六、火灾爆炸事故紧急处理方法

1. 扑救初起火灾和爆炸事故的安全原则

（1）及时报警、积极主动扑救。焊割作业地点及其他任何场所一旦发生着火或爆炸事故，都要立即报警。在场的作业人员不应惊慌，而应沉着冷静，利用事故现场的有利条件（如灭火器材、干沙、水池等）积极主动地投入扑救工作，消防队到达后，亦应在统一指挥下协助和配合。

（2）救人重于救火的原则。火灾爆炸现场如果有人被围困时，首要的任务就是把被围困的人员抢救出来。

（3）疏散物质、建立空间地带。将受到火势威胁的物质疏散到安全地带，以阻止火势的蔓延，减少损失。抢救顺序是，先贵重物质，后一般物质。

（4）扑救工作应有组织地有秩序地进行，并且应特别注意安全，防止人员伤亡。

2. 电气火灾的紧急处理

焊割作业场所发生电气火灾时的紧急处理方法主要有：

（1）禁止无关人员进入着火现场，以免发生触电伤亡事故。特别是对于有电线落地、已形成了跨步电压或接触电压的场所，一定要划分出危险区域，并有明显的标志和专人看管，以防误入而伤人。

（2）迅速切断焊割设备和其他设备的电源，保证灭火的顺利进行。其具体方法是：通过各种开关来切断电源，但关掉各种电气设备和拉闸的动作要快，以免拉闸过程中产生的电弧伤人；通知电工剪断电线来切断电源，对于架空线，应在电源来的方向断电。

（3）正确选用灭火剂进行扑救。扑救电气火灾的灭火剂通常有干粉、卤代烷、二氧化碳等，在喷射过程中要注意保持适当距离。

（4）采取安全措施，防止带电进行灭火。用室内消火栓灭火是常用的重要手段。为此，要采取安全措施，即扑救者要穿戴绝缘手套、胶靴，在水枪喷嘴处连接接地导线等，以保证人身安全和有效地进行灭火。在未断电或未采取安全措施之前，不得用水或泡沫灭火器救火，否则容易触电伤人。

3. 气焊与气割设备着火的紧急处理

（1）氧气瓶着火时，应迅速关闭氧气阀门，停止供氧，使火自行熄灭。如邻近建筑物或可燃物失火，应尽快将氧气瓶搬出，转移到安全地点，防止受火场高热影响而爆炸。

（2）液化石油气瓶在使用或储运过程中，如果瓶阀漏气而又无法制止时，应立即把瓶体移至室外安全地带，让其逸出，直到瓶内气体排尽为止。同时，在气态石油气扩散所及的范围内，禁止出现任何火源。

如果瓶阀漏气着火，应立即关闭瓶阀。若无法靠近时，应立即用大量冷水喷注，使气瓶降温，抑制瓶内升压和蒸发，然后关闭瓶阀，切断气源灭火。

七、火灾爆炸事故紧急救护

1. 一般烧伤的紧急救护

一般烧伤会造成体液丧失，当受伤面暴露时，伤员易发生休克、感染等严重后果，甚至危及生命。所以应及时、正确地进行现场急救以减缓伤害，为医院抢救和治疗创造条件。

发生烧伤时，应沉着冷静，若周围无其他人员，应立即自救，首先把烧着的衣服迅速脱下；若一时难以脱下，应就地到水龙头下或水池（塘）边，用水浇或跳入水中；周围无水源时，应用手边的材料灭火，防止火势扩散。自救时切忌乱跑，也不要用手扑打火焰，以免引起面部、呼吸道和双手烧伤。

（1）小面积或轻度烧伤。烧伤可根据伤及皮肤深度分为 3 度。1度为表皮烧烫伤，表现为局部干燥、微红肿，无水泡、有灼痛和感觉过敏。2 度可分为浅 2 度和深 2 度：伤及表皮和真皮层，局部红肿，且有大小不等的水泡，为浅 2 度；皮肤发白或呈棕色，感觉迟钝，温度较低，为深 2 度。3 度为全皮层皮肤烧烫伤，有的深达皮下脂肪、肌层，甚至骨骼。

小面积烧伤约为人体表面积的 1%，深度为浅 2 度。小面积烧伤时可进行如下应急处理。

1）立即将伤肢用冷水冲淋或浸泡在冷水中，以降低温度，减轻疼痛与肿胀，如果局部烧烫伤较脏和污染时，可用肥皂水冲洗，但不可用力擦洗。如果眼睛被烧伤，应将面部浸入冷水中，并做睁眼、闭眼活动，浸泡时间至少在 10 min 以上。如果是身体躯干烧伤，无法用冷水浸泡时，可用冷湿毛巾敷患处。

2）患处冷却后，用灭菌纱布或干净布巾覆盖包扎。视情况待其自愈或转送医院进行进一步治疗。不要用紫药水、红药水、消炎粉等药物处理。

（2）大面积或中度烧伤

1）局部冷却后对创面覆盖包扎。包扎时要稍加压力，紧贴创面不留空腔，如烧伤后出现水泡破裂，又有脏物，可用生理盐水（冷开水）冲洗，并保护创面，包扎时范围要大一些，防止污染伤口。

2）注意保持呼吸道畅通。

3）注意及时对休克伤员的抢救。

4）注意处理其他严重损伤，如止血、骨折固定等。

5）在救护的同时迅速转送医院治疗。

（3）呼吸道烧伤的抢救

1）保持呼吸道畅通。

2）颈部用冰袋冷敷，口内也可含冰块，以期收缩局部血管，减轻呼吸道梗阻。

3）立即转送医院进行进一步抢救。

2. 化学性烧伤的紧急抢救

（1）化学烧伤

1）强酸烧伤。烧伤局部最初呈现黄色或棕色，以后表现为棕褐色或黑绿色，皮肤发硬、皮肤出现焦痂。

2）强碱烧伤。烧伤局部皮肤黏滑或如肥皂样感觉，有时出现水泡，疼痛较剧烈。

3）磷烧伤。由于磷颗粒在皮肤上自燃，所以常起白烟，并呈蓝色火焰，伤处剧烈疼痛，皮肤出现焦痂。

（2）体表烧伤的救护

1）立即脱下浸有强碱、强酸液的衣物。

2）立即用大量自来水或清水冲洗烧伤部位。反复冲洗直至干净，一般需冲洗 15～30 min，也可用温水冲洗。切忌在不冲洗的情况下就用酸性（或碱性）液中和，以免产生大量热加重烧伤程度。

3）如果被生石灰、电石灰等烧伤，应先将局部擦拭干净，然后再用大量清水冲洗。切忌在未清除干净就直接用水冲洗或泡入水中，以免遇水产热，加重烧伤。

4）可用中和剂中和，然后再用清水冲洗干净。如果被强碱类物质烧伤，可用食醋、3%～5%醋酸、5%稀盐酸、3%～5%硼酸等中和。如果被强酸类物质烧伤，用5%碳酸氢钠、1%～3%氨水，石灰水上清液等中和清洗。

（3）眼睛烧伤的急救。在作业中，如果发生化学性眼睛烧伤，伤者或现场人员应立即急救，不得拖延，具体方法如下。

1）眼睛中溅入酸液或碱液，由于这两种物质都有较强的腐蚀性，对眼角膜和结膜会造成不同程度的化学烧伤，发生急性炎症。这时千万不要用手揉眼睛，应立即用大量清水冲洗，冲洗时，可直接用水冲，也可将眼部浸入水中，双眼睁开或用手分开上、下眼皮，摆动头部或转动眼球3～5 min。水要勤换，以彻底清洗残余的化学物质。

2）如有颗粒状化学物质进入眼睛，应立即拭去，同时用水反复冲洗。

3）伤眼冲洗应立即进行，越快越好，越彻底越好。不要因为过分强调水质而延误时机，从而加重受伤程度。

（4）穿化纤服烧伤的急救。穿化纤服烧伤后，必须迅速妥善清理燃烧物，不留灰痕。因为化纤燃烧物粘在皮肤上，不易从人体皮肤上脱落，必然造成严重伤害（烧伤或中毒）。

3. 刺激性气体中毒的急救

（1）发生刺激性气体泄漏中毒事故应立即呼救，向上级有关部门报告并尽快组织疏散。

（2）对中毒人员立即组织抢救，进入现场的抢救人员应戴上防毒面具，以免自己中毒。

（3）立即将中毒者转移至空气新鲜和流通的地方。

（4）立即脱去污染衣物，并用大量清水冲洗受污染皮肤。

（5）如有眼烧伤或皮肤烧伤，应按化学性烧伤的救护方法积极抢救。

（6）必要或有条件时应及早使用皮质激素，以减轻肺水肿。

（7）由于中毒者的主要危险是肺水肿以及喉头痉挛、水肿等，所以抢救人员应密切注意中毒者呼吸情况，采取一切措施保持呼吸道畅通。

（8）迅速送医院进行进一步抢救治疗。

4. 窒息性气体中毒的急救

窒息性气体是指能使血液的运氧能力或组织的利用氧的能力发生障碍，造成组织缺氧的有害气体。在生产和生活过程中较常见的窒息气体有一氧化碳、氮气、硫化氢和氰化物等。

（1）一氧化碳中毒的急救

1）在可能发生一氧化碳中毒的场所，如感到头晕、头痛等不适，应立即意识到可能是一氧化碳中毒，要迅速自行脱离现场到空气新鲜的室外休息。

2）如发现室内有人一氧化碳中毒时，应迅速打开门窗，并立即进行紧急处理，如关闭泄漏管道阀门等。

3）如发现有较重伤员，迅速将其移到空气新鲜的室外。

4）抢救者进入高浓度一氧化碳的场所要特别注意自我保护（开启门窗和送风等，以改善室内空气条件）；尽量压低身体或匍匐进入，因一氧化碳较空气密度小，往往浮在上层，抢救者要戴防毒面具或采取其他安全措施（在现场严禁使用明火，预防激发能量引起爆炸事故）。

5）立即给中毒者吸氧。

6）如中毒者呼吸停止，应立即进行人工呼吸。

7）有条件时给伤员注射呼吸兴奋剂。

8）迅速将伤员转送到医院进行进一步急救治疗，尽可能将伤员送至有高压氧舱的医院，这是治疗一氧化碳中毒的最有效方法之一。

（2）硫化氢中毒的急救

1）当发现有人在硫化氢中毒现场昏倒，应意识到硫化氢中毒，不可盲目进入，应设法迅速将中毒者救出中毒现场，移到空气新鲜、通风良好的地方。

2）对呼吸、心跳停止者，立即进行口对口人工呼吸和胸外心脏按压。

3）有条件时给伤员吸氧或注射呼吸兴奋剂。

4）眼受刺激可用弱碱液体冲洗。

5）迅速护送医院，进行进一步抢救治疗。

（3）氰化物中毒的急救

1）立即脱离现场，迅速将中毒者移到空气新鲜的地方。

2）进入高浓度氰化物气体现场的抢救者必须戴防毒面具。

3）如中毒者呼吸停止，应立即进行口对口人工呼吸帮助心脏复苏。

4）立即让中毒者吸入有关急救药品，并按要求使用。

5）立即给中毒者吸氧。

6）有条件时立即采用静脉注射的特效疗法。

7）对皮肤灼伤者可用高锰酸钾溶液冲洗，再用硫化铵溶液洗涤。

8）经口摄入者应立即用 1∶5 000 高锰酸钾水溶液洗胃。

9）在抢救的同时应迅速转送医院进行进一步急救治疗。

第四节　化学品的安全使用

化学品多具有燃烧、爆炸、毒害、腐蚀等有害性，在生产制备、运输、储存、使用等过程中经常造成财产损失甚至危害生命的安全事故。

一、危险化学品的分类

109 种化学元素，通过不同的组合形成约 60 余万种化学品，可分为无毒无害的食用化学品、一般化学品和危险化学品，其中危险化学品约有 3 万余种，有明显或潜在的危险性。按其危险特性，分为以下 8 大类：

第一类为爆炸品，指在外界作用下（如受热、受压、撞击等），能发生剧烈的化学反应，瞬间产生大量的气体和热量，使周围压力急骤上升，发生爆炸，对周围环境造成破坏的物品。

第二类压缩气体和液化气体，指压缩、液化或加压溶解的气体。

第三类易燃液体，指易燃的液体、液体混合物或含有固体物质的液体。

第四类易燃固体、自燃物品和遇湿易燃物品，指燃点低，对热、撞击、摩擦敏感，易被外部火源点燃，燃烧迅速，并可能散发出有毒烟雾或有毒气体的固体物质。

第五类氧化剂和有机过氧化剂，指处于高氧化态具有强氧化性，易分解并放出氧和热量的物质。

第六类有毒品，指进入机体后，累积达一定的量，能与体液和器官组织发生生物化学作用或生物物理反应，扰乱或破坏机体的正常生理功能，引起某些器官和系统暂时性或永久性的病理改变，甚至危及生命的物品。

第七类放射性物品，指活度大于 7.4×10^4 Bq/kg 的物品。

第八类腐蚀品，指能灼伤人体组织并对金属等物品造成损坏的固体或液体。

二、常用危险化学品的特性和安全措施

1. 强酸类

（1）盐酸（HCL）

1）盐酸的性质。盐酸是氯化氢气体的水溶液，常用的盐酸溶液约含 35% 的氯化氢，密度是 1.19 g/cm^3。纯净的浓盐酸是没有颜色的透明液体，有刺激性气味。工业级的浓盐酸常因含有杂质而带黄色。浓盐酸在空气里会生成白雾，这是因为从盐酸挥发出来的氯化氢气体跟空气里的水汽接触，形成盐酸小液滴的缘故。盐酸有很重的酸味和很强的腐蚀性。

2）危险情况。浓度为 30%~35% 的盐酸会引致灼伤、刺激呼吸系统、皮肤、眼睛等。

3）安全措施。如沾及眼睛或皮肤，立即用大量清水清洗，如觉不适，应尽快就医诊治。

（2）硫酸（H$_2$SO$_4$）

1）硫酸的性质。纯净的浓硫酸是没有颜色、黏稠、油状的液体，不容易挥发。常用的浓硫酸浓度是 98%，密度是 1.84 g/cm^3。浓硫酸具有很强的吸水性，跟空气接触，能吸收空气里的水分，所以它常用作某些气体的干燥剂。浓硫酸也能够夺取纸张、木材、衣物、皮肤（它们都是碳水化合物）里的水分，使它们碳化。所以，浓硫酸对皮肤、衣物等有很强的腐蚀性。

硫酸很容易溶解于水，同时释放出大量的热，所以我们平时配制硫酸溶液时，溶液温度会升得很高。如果把水倒进浓硫酸里，水的密度比硫酸小，水就会浮在硫酸的上面，溶解时放出的大量热量会使水立刻沸腾，使硫酸液滴向四周飞溅。

2）危险情况。遇水即产生强烈反应，引致严重灼伤，并刺激呼吸系统、眼睛及皮肤。

3）安全措施。操作时穿戴适当的防护衣物、防护手套及面具。

为了防止发生事故，在稀释浓硫酸时，必须是把浓硫酸沿着器壁慢慢地注入水里，并不断搅拌，使产生的热量迅速扩散。切忌将水直接加进浓硫酸里。

如果不慎在皮肤或衣物上沾上硫酸，应立即用布拭去，再用大量的清水冲洗，并尽快就医诊治。

（3）硝酸（HNO_3）

1）硝酸的性质。纯净的硝酸是一种无色的液体，具有刺激性气味。常用的浓硝酸浓度是 68%，密度是 1.4 g/cm^3。跟盐酸相似，在空气里也能挥发出 HNO_3 气体，跟空气里的水汽结合成硝酸小液滴，形成白雾。硝酸也会强烈腐蚀皮肤和衣物，使用硝酸的时候，要特别小心。

2）危险情况。若与可燃物接触可能引起火警，并引致严重灼伤。

3）安全措施。操作过程中，穿戴适当的防护衣物、防护手套及面具。切勿吸入烟雾、蒸气、喷雾，如沾及眼睛或皮肤，立即用大量清水清洗，并尽快就医诊治，并且必须将所有受污染的衣物立即脱掉。

2. 强碱类

（1）氢氧化钠（NaOH）

1）氢氧化钠的性质。纯净的氢氧化钠是一种白色固体，极易溶解于水，溶解时放出大量的热量。氢氧化钠的水溶液有涩味和滑腻感，暴露在空气里的氢氧化钠容易吸收水汽而潮解。因此，氢氧化钠可用作某些气体的干燥剂。氢氧化钠有强烈的腐蚀性。因此，它又叫苛性钠、火碱或烧碱。

2）危险情况。如果操作不当，会引致严重灼伤，刺激呼吸道、皮肤及眼睛。

3）安全措施。在接触氢氧化钠的化学品时，一定要穿戴适当的防护衣物、防护手套及面具。操作时，必须十分小心，防止氢氧化钠与皮肤、衣物的直接接触。如果不慎沾及皮肤或眼睛，立即用大量清水清洗，并尽快就医诊治。并将所有受污染的衣物立即脱掉，防止引致灼伤。

（2）氨水（NH_4OH）

1）氨水的性质。纯净的氨水是无色液体，工业级制品因含杂质而呈浅黄色，常用氨水的浓度工业级一般为 20% ~ 25%，试剂级为 28% ~ 30%。氨水易分解、挥发，放出氨气，氨气是一种有强刺激性的气体。氨水在浓度大、温度高时，分解挥发得更快。氨水对多种金属有腐蚀作用。

2）危险情况。工作中，若操作不当会引致严重灼伤，有刺激呼吸系统、眼睛及皮肤的危险。

3）安全措施。在运输和储存氨水时，一般要用橡皮桶、陶瓷坛或内涂沥青的铁桶等耐腐蚀的容器，且容器必须上盖。避免接触皮肤和眼睛，如果沾及皮肤和眼睛，应立即用大量清水清洗，并尽快就医诊治。

3. 强氧化剂类

常用的强氧化剂有过氧化氢（双氧水）、高锰酸钾、过硫酸盐等。这些强氧化剂对皮肤具有强腐蚀性，且气味刺激性大，使用时必须佩戴防护用品，同时，大多数强氧化剂是易燃品，使用和储存都应注意远离火源。

（1）危险情况。强氧化剂与可燃物接触会引致严重灼伤，可能引起火警。如果吞食会对人体造成伤害。

（2）安全措施。装有强氧化剂的容器，应有标签标识，使用时必须佩戴防护手套，穿着适当的防护衣物和面具。如果沾及眼睛或皮肤，应立即用大量清水清洗，并尽快就医诊治；误吞食后应立即就医诊治。

4. 有机溶剂类

有机溶剂多属有毒物质，常见的有机溶剂有亚司通、洗网水、防白水、开油水、丙酮、异丙醇等，其挥发性强、刺激性气味大，通过皮肤接触或呼吸道吸入可能会导致过敏甚至中毒。

（1）危险情况。有机溶剂具有极强的刺激性气味，如果吸入呼吸道，会导致中毒；若接触皮肤会出现过敏病症。由于有机溶剂具有很强的挥发性和可燃性，因而高度易燃。

（2）安全措施。有机溶剂为易燃物品，容器必须盖紧，并存放在通风地方，平时要在低温条件下储存，切勿靠近火源或高温区。储存有机溶剂地域必须设有不准吸烟标志。

三、危险化学药品的安全使用原则

1. 劳动防护用品主要是用来防护人员的眼睛、呼吸道和皮肤直接受到有害物质的伤害。常用的劳动防护用品有：耐酸碱橡胶手套、耐酸碱胶鞋、护目镜、面罩、胶围裙、防尘口罩、防毒口罩等。

2. 使用有强腐蚀性、强氧化性的化学品时，必须穿耐酸胶鞋、佩戴好耐酸碱胶手套、护目镜、面罩和胶围裙等劳动防护用品。倒药水时，容器口不能正对自己和他人。

3. 使用有挥发性、刺激性和有毒的化学品时，必须佩戴好耐酸碱胶手套和防毒口罩，并打开门窗，使现场通风良好。

4. 使用不明性质的任何化学品时，不能直接用手去拿，不能直接用鼻去闻，更不能用口去尝。

5. 储存时，酸碱要分开。具有强氧化性和具有还原性的物质要分开，易燃物质要远离火源和热源。搬运化学药品时，需先检查运输车是否完好，液体化学品必须单层摆放，工作人员也必须穿戴耐酸碱手套、围裙，穿耐酸胶鞋等劳动防护用品。

6. 在使用过程中，如发现有头晕、乏力、呼吸困难等症状，即表示可能有中毒现象，应立刻离开现场到通风的地方，必要时送医院诊治。

四、化学性烧伤的现场处理

危险化学品具有易燃、易爆、腐蚀、有毒等特点，在生产、储存、运输和使用过程中容易发生意外。由于热力作用，化学刺激或腐蚀造成皮肤、眼睛的烧伤，有的化学物质还可以从创面吸收甚至引起全身性中毒，所以，化学烧伤比开水烫伤或火焰烧伤更值得重视。

1．化学性皮肤烧伤现场处理

（1）立即移离现场，迅速脱去被化学品污染的衣物等。

（2）无论酸碱或其他化学物烧伤，立即用大量流动自来水或清水冲洗创伤面 15～30 min。

（3）新鲜创面上不要任意涂上油膏或红药水、紫药水，不要用脏布包裹。

2．化学性眼睛烧伤的现场处理

（1）迅速在现场用流动清水冲洗，千万不要未经冲洗处理而急于送医院。

（2）冲洗时眼皮一定要翻开，如无冲洗设备，也可把头部浸入盛有清洁水的盆中，把眼皮翻开，眼球来回转动进行洗涤。

（3）生石灰、烧碱颗粒溅入眼内，应先用棉签去除颗粒后，再用清水冲洗。

五、标识危险性质和危险标签

对于储存有危险化学品的容器、现场以及装有危险化学品的运输车辆等，应有针对性的标识危险性质和危险标签（见表 3—3），以进行安全提示。

表 3—3　　　　　　　　常见危险性质和危险标签

危险性质	危险标签
爆炸性 　　一种遇火焰便会爆炸或震荡和摩擦有较二硝基苯更强烈反应的反应物质	
助燃 　　一种和其他物质特别是易燃物质接触便会引起强烈放热反应的物质	

续表

危险性质	危险标签
易燃 拥有以下特性的物质 1. 没有使用任何能源的情况下，与周围空气接触便会转热，结果着火 2. 遇火源很容易着火，并且移离火源后继续燃烧或耗用的固体 3. 常压下，于空气中引起过热或燃烧的气体 4. 与水或湿汽接触便会产生高度易燃气体，这种气体足以产生危险 5. 一种闪点低于66℃的液体	FLAMMABLE 易燃
有毒 将这种物质吸入、咽下或经皮肤透入体内，可能对健康构成急性或慢性的危害，甚至死亡	TOXIC 有毒
有害 将这种物质吸入、咽下或经皮肤透入体内，可能对健康产生一定的影响	HARMFUL 有害
腐蚀性 如果接触这种物质，可能会严重破坏细胞组织	CORROSIVE 腐蚀性
刺激性 一种非腐蚀性物质，如果这种物质直接、长期或重复和皮肤或黏膜接触，便会引致发炎	IRRITANT 刺激性

第五节 特殊焊接与切割作业安全技术

在化工、石油、建筑、造船、沿海大陆架开发和海上打捞工程中，需要在特殊的作业环境如水下或高处进行焊割操作；在焊接加工对象具有易燃易爆等特殊危险性时，如油罐、燃气管道等的检修焊补，必须采取相应的措施，以确保焊补过程的安全。下面介绍化工燃料容器与管道焊补、登高焊割作业和水下焊割作业等的安全措施。

一、化工及燃料容器管道焊补安全技术

化工企业的许多设备如燃料容器和管道等，在工作中因为承受内部介质的压力、温度、化学与电化学腐蚀的作用，以及结构材料的缺陷等，会出现裂纹、穿孔等影响正常生产的问题，在生产检修时，需要动火焊补。由于化工生产具有高度连续性的特点，这类焊接操作往往是在任务急、时间紧、处于易燃易爆易中毒的环境中，有时还要在高温高压下进行，稍有疏忽就极易发生爆炸、火灾和中毒事故。某些情况下这类事故往往可引起整座厂房或整个燃料供应系统爆炸着火，后果极为严重。因此，掌握燃料容器、管道检修的安全技术是十分必要的。

目前，对于化工燃料容器的焊补，在防火灾爆炸理论的指导下，主要有置换动火焊补法与带压不置换动火焊补法两种。

1. 置换动火焊补法

置换动火是指在动火检修前，用水、蒸气或惰性气体将设备、管道里的可燃性或有毒性气体彻底排除。使设备管道内的可燃物含量达到安全要求，经确认不会形成爆炸性混合物后，才动火焊补的方法。

置换动火是人们从长期生产实践中总结出来的经验，它将爆炸的条件减到最少，是比较安全妥善的办法，在设备、管道的检修工作中一直被广泛采用。但是采用置换法时，设备或管道需暂停使用，需要用惰性介质进行置换；置换过程中要不断取样分析，直至合格后才能动火；动火以后还要再置换。这样的方法手续多，置换作业耗费时间长，影响生产。此外，如系统设备管道中弯头死角多，往往不易置换干净而留下事故隐患。若置换不彻底，仍有发生爆炸的危险。

为确保安全，必须采取下列安全技术措施，才能有效防止爆炸着火事故的发生。

（1）可靠隔离。燃料容器与管道停工后，通常是采用盲板将与之连接的出入管路截断，使焊补的容器管道与生产的部分完全隔离。为了有效防止爆炸事故的发生，盲板除必须保证严密不漏气外，还应保证能耐管路的工作压力，避免盲板受压破裂。

（2）严格控制可燃物含量。焊补前，通常采用蒸汽蒸煮并用置换介质吹净等方法将容器内部的可燃物质和有毒性物质置换排出。

（3）严格清洗工作。检修动火前，设备管道的里外都必须仔细清洗。有些可燃易爆介质被吸附在容器、管道内表面的积垢或外表面的保温材料中，由于温差和压力变化的影响，置换后也还能陆续散发出来，导致操作中气体成分发生变化，即动火条件发生变化而造成爆炸失火事故。

（4）空气分析和监视。在置换作业过程中和检修动火开始前半小时内，必须从容器内外的不同地点取混合气样品进行化验分析，检查合格后才可开始动火焊补。在动火过程中，还要用仪表监视。由于可能从保温材料中陆续散发出可燃气体或虽经清水或碱水清洗，但由于焊接的热量把底脚泥或桶底卷缝中的残油赶出来，可蒸发成可燃蒸气，所以，焊补过程中需要继续用仪表监视。仪表监视可及时发现可燃气浓度的上升，达到危险浓度时，要立即暂停动火，再次清洗直到合格为止。

（5）增加泄压面积。动火焊补时应打开容器的人孔、手孔、清扫孔和放散管等。严禁焊补未开孔洞的密封容器。进入容器内采用气焊动火时，点燃和熄灭焊枪的操作均应在容器外部进行，防止过多的乙炔气聚集在容器内。

（6）安全组织措施。在检修动火前必须制订计划。计划中应包括进行检修动火作业的程序、安全措施和施工草图。施工前应与生产人员和救护人员联系并应通知厂内消防队；在工作地点周围 10 m 内应停止其他用火工作，并将易燃物品移到安全场所。弧焊机二次回路线及气焊设备乙炔胶管要远离易燃物，防止操作时因线路发生火花或乙炔胶管漏气造成起火；检修动火前除应准备必要的材料，工具外，还需准备好消防器材。在黑暗处所或夜间工作，应有足够的照明，并准备好带有防护罩的手提低压（12 V）行灯等。

2. 带压不置换动火焊补法

燃料容器的带压不置换动火，目前主要用于可燃液体和可燃气体容器管道的焊补。它要求严格控制氧的含量，使工作场所不能形成达到爆炸范围的混合气，在燃料容器或管道处于正压状态条件下进行焊补。通过对含氧量的控制，使可燃气体含量大大超过爆炸上限，然后让它以稳定不变的速度，从设备或管道的裂缝处逸出，与周围空气形成一个燃烧系统。点燃可燃性气体，并以稳定的条件保持这个燃烧系统，控制气体在燃烧过程中不致发生爆炸。

带压不置换法不需要置换原有的液体或气体，有时可以在不停车的情况下进行（如焊补气柜）。只要有专人负责控制关键岗位气体中氧的含量和压力符合要求并保持稳定即可。它的手续少，作业时间短，有利于生产。但是它的应用有一定的局限性，只能在连续保持一定压力的情况下进行。另外，这种方法只能在设备管道外面动火，如果需要在设备管道内动火，仍必须采取置换作业法。

带压不置换动火在理论上和技术上都是可行的。只要严格遵守安全操作规程，同样也是安全可靠的。但与置换动火比较，其安全性稍差，同时有关理论尚需进一步研究。目前安全规则规定，禁止采用这种动火方法。

为确保带压不置换动火的安全性，操作时必须注意下列几点：

（1）严格控制氧含量。带压动火焊补之前，必须分析容器内气体的成分，以保证其中氧的体积分数不超过安全值。所谓安全值就是在混合气中，当氧的体积分数小于某一极限值时（氧的体积分数以不超过1%作为安全值），不会形成达到爆炸极限的混合气，也就不会发生爆炸。

在动火前和整个焊补操作过程中，都要始终稳定控制系统中氧的体积分数低于安全数值。这就要求生产负荷要平衡，前后工段要加强统一调度，关键岗位要有专人把关。要加强气体成分分析（可安置氧气自动分析仪），发现系统中氧的体积分数增高时，应尽快找出原因及时排除。氧的体积分数超过安全值时应立即停止焊接。

（2）正压操作。焊补前和整个操作过程中，设备、管道必须连续保持稳定的正压。这是带压不置换动火安全程度的关键。一旦出现负压，空气进入动火的设备或管道，就难免会发生爆炸。

压力大小的选择，一般以不猛烈喷火为宜。压力太大，气体流量、流速也大，喷出的火焰很大、很猛，焊条熔滴容易被气流冲走，给焊接操作造成困难；压力太小，易造成压力波动，使空气漏入设备或管道，形成爆炸性混合气。因此，在选择压力时，要有一个较大的安全系数，一般可控制在 0.001 47~0.004 9 MPa。在这个范围内，根据设备管道损坏的程度和容器本身可能降低的压力等情况，以喷火不猛烈为原则，具体选定压力大小。但是，绝对不允许在负压下焊接。压力一般用 U 形压力计显示，压力计接在被焊接的设备取样管上，要随时监视。

（3）严格控制动火点周围可燃气的含量。在室内或室外进行容器的带压不置换动火焊补时，还必须分析动火点周围滞留空间的可燃物含量，以小于爆炸下限的 1/4~1/3 为合格。应根据可燃气的性质（如相对密度、挥发性）和厂房建筑的特点等正确选择取样部位。应注意检测数据的准确性和可靠性，确认安全可靠时再动火焊补。

3. 置换动火与带压不置换动火焊补作业的利弊

（1）置换动火焊补是人们从长期生产实践中总结出来的经验，它将爆炸的条件减到最少，是比较安全妥善的办法，在设备、管道的生产检修工作中一直被广泛采用。但是采用置换法时，设备或管道需暂停使用，需要用惰性气体或其他介质进行置换，置换过程中要不断取样分析，直至合格后才能动火；动火以后还要再置换。这样的方法手续多，置换作业耗费时间长，影响生产。此外，如系统设备管道中弯头死角多，往往不易置换干净而留下事故隐患。若置换不彻底，仍有发生爆炸的危险。

（2）带压不置换焊补，不需要置换原有的液体或气体，有时可以在不停产的情况下进行。只要有专人负责控制关键岗位气体中氧的含量和压力符合要求并保持稳定即可。它的手续少，作业时间短，有利于生产。但是，它的应用有一定的局限性，只能在连续保持一定压力的情况下进行。

另外，这种方法只能在设备管道外面动火，如果需要在设备管道内动火，仍必须采取置换作业法。

二、水下焊接与切割

水下焊接与切割的热源目前主要采用电弧的热量（如水下电弧焊接、电弧熔割、电弧氧气切割等）以及可燃气体与氧气的燃烧热量

（如水下氧氢焰气割）。使用可燃易爆气体和电流本来就具有危险性，再加上水下条件特殊，则危险性更大，需特别强调安全问题。

1.　工伤事故及其原因

（1）爆炸。被焊割构件存在有危险化学品、弹药等，焊割未经安全处理的燃料容器与管道，气割过程中形成爆炸性混合气等都是引起爆炸事故的主要原因。

（2）灼烫。炽热金属熔滴或回火易造成烧伤、烫伤；烧坏供气管、潜水服等潜水装具，易造成潜水病或窒息。

（3）电击。由于绝缘损坏漏电或直接触及电极等带电体可引起触电，触电痉挛可引起溺水二次事故。

（4）物体打击。水下结构物件的倒塌坠落，导致挤伤、压伤、碰伤和砸伤等机械伤亡事故。

（5）其他。作业环境的不安全因素如风浪等引起的溺水事故等。

2.　准备工作的安全要求

焊割炬在使用前应作绝缘、水密性和工艺性能的检查，需先在水面进行实验。氧气胶管使用前应当用 1.5 倍工作压力的蒸汽或水进行清洗，胶管的内外不得黏附油脂。供电电缆必须检验绝缘性能。热切割的供气胶管和电缆每隔 0.5 m 间距应捆扎牢固。

水下焊割前应查明作业区的周围环境，调查了解作业水深、水文、气象和被焊割物件的结构等情况。必须强调，应当让潜水焊割工有一个合适的工作位置，禁止在悬浮状态下进行操作。潜水焊割工可停留在构件上工作，或事先安装设置操作平台，从而使操作时不必为保持自身处于平衡状态而分神。否则，某种事故的征兆可能引起潜水焊割工仓促行动，而造成身体触及带电体，或误使割枪、电极（电焊条）触及头盔等事故。

潜水焊割工应备有话筒，以便随时同水面上的支持人员取得联系。不允许在没有任何通信联络的情况下进行水下焊割作业。

潜水焊割工入水后，在其作业点的水面上，半径相当于水深的区域内，禁止其他作业同时进行。

在水下焊割开始操作前应仔细检查整理供气胶管、电缆、设备、工具和信号绳等，在任何情况下，都不得使这些装具和焊割工本身处于熔渣溅落和流动的路线上。水下焊工应当移去操作点周围的障碍物，将自身置于有利的安全位置上，然后向支持人员报告，取得同意后方可开始操作。

水下焊割作业点所处的水流速度超过 0.1~0.3 m/s，水面风力超过 6 级时，禁止水下焊割作业。

3. 预防爆炸的安全措施

水下焊割工作前，必须清除被焊割结构内部的可燃易爆物质，这类物质即使在水下已若干年，遇明火或熔融金属也会引起爆炸。

水下气割是利用氢或石油气与氧气的燃烧火焰进行的（乙炔气受压易发生爆炸性分解）。水下气割操作中燃烧剂含量比，一般很难调整合适，所以往往有未完全燃烧的剩余气体逸出水面，如遇阻碍则会积留在金属结构内，形成达到爆炸极限浓度的气穴。因此，潜水焊割工开始工作时应慎重考虑切割部位，以避免未燃气穴的形成。最好先从距离水面最近点着手，然后逐渐加大深度。对各类割缝来说，凡是在水下进行立割时，即无论气体的上升是否有阻碍物，都应从上向下进行切割。这样可以避免火焰经过未燃气体的停留聚集处，减小燃爆的危险。水面支持人员和水下切割潜水员在任何时候都要注意，防止液体和气体燃料泄漏在水面聚集，引起水面着火。

进行密闭容器、储油罐、油管和储气罐等水下焊割作业时，必须预先按照燃料容器焊补的安全要求采取技术措施（包括置换、取样分析化验等）后，方可焊割。禁止在无安全保障的情况下进行这类作业。切割密闭容器时应先开防爆洞。在任何情况下都禁止利用油管、船体、缆索或海水等作为电焊机回路的导电体。

4. 预防灼烫的安全要求

焊割作业过程中会有熔化金属的滴落，这种熔滴可溅落相当长的距离（约 1 m）。虽然有水的冷却，但由于它具有相当的体积和很高的温度，一旦落进潜水服的折叠处或供气软管上就可能造成设备的烧穿损坏。此外，还有可能把操作时裸露的手面烧伤。因此，对此类危险，应有所警惕。

与普通割炬相比，水下切割炬火焰明显加大，以弥补切割部位消耗于水介质中的大量热量，焊接电极端头也具有很高温度。因此，潜水焊割工必须格外小心，避免由于自身活动的不稳定而使潜水服或头盔被火焰或炽热电极灼烧。在任何情况下都不允许水下焊割工将割炬、割枪或电极对准自身和潜水装具。

割炬的点火器可在水面点燃带入水下作业点，也可带点火器到水下点火。由于潜水焊割工到达作业区，需要一段下潜时间，并且往往不得不在船体或结构缺口中曲折行动，如在水面点火可能有被火焰烧伤或烧坏潜水装具的危险。因此，除得到特殊许可外，潜水焊割工不得携带点燃的焊割炬下水。即使有特殊需要，亦应注意，焊割炬点燃后要垂直携入水下，并应特别留神焊割炬位置与喷口方向，以免在潜水过程和越过障碍时，烧坏潜水服。

潜水焊割工应避免在自己的头顶上进行焊割作业，仰焊和仰割操作容易被坠落的金属熔滴灼伤及烧坏潜水装具。

另一种危险是气割时发生回火。回火常发生于点燃割炬、更换空瓶（氧气瓶和可燃气瓶）和气割工下跌时。后两种情况都会造成燃烧混合气压力与焊割炬承受的水柱静压力间失去平衡。更换空瓶时气体压力短时间内的下降，焊割工带着焊割炬的下跌能导致水压超过气压，迫使火焰返回焊割炬，造成回火。回火往往导致气体胶管着火，根据焊割炬软管与潜水服和供气管的相对位置，也可能导致烧坏潜水服或供气管，还可使潜水焊割工手部被烧伤和烫伤。

必须强调指出，潜水焊割工应当细心谨慎地保护好供气管和潜水服不被烧坏。供气管的损坏将引起迅速漏气，供呼吸用的空气的浓度降低，焊割工将在二氧化碳气体越来越浓的情况下呼吸，造成因呼吸条件恶化所引起的疲劳和呼吸困难而被迫出水的情况。此时焊割工如果违反潜水规则而快速上升出水，压力的骤然变化会引起血管栓塞症；如果按潜水规则不上升，又可能引起二氧化碳窒息中毒。潜水服烧坏也会造成同样的后果。

为了防止回火可能造成的危害，除了在供气总管处安装回火防止器外，还应在焊割炬柄与供气管之间安装防爆阀。防爆阀由逆止阀和火焰消除器组成。前者阻止可燃气的回流，以免在胶管内形成爆炸性混合气，后者能防止一旦火焰流过逆止阀时引燃管中的可燃气。火焰消除器通常由几层细孔金属网组成。用于氢气和石油气等可燃气体的火焰消除器，其网孔最大直径为 0.1 mm。此外，更换空瓶时如不能保持压力不变，应将焊割炬熄灭，待换好后再点燃，避免发生回火。

5. 预防触电的安全措施

水下电弧的点燃（包括起弧和维持）取决于两极间足够的电压。电弧刚一形成，周围的水便蒸发，产生空腔或气泡。由于水的冷却和压力，水下引弧所需的电压较陆地高些。从操作安全角度考虑，水下焊接电源必须采用直流电，禁止使用交流电。

水下焊接设备和电源应具有良好的绝缘和防水性能（使用 1 000 V 兆欧表进行检测，所得绝缘电阻不得小于 1 MΩ），应具有抗盐雾、大气腐蚀和抗海水腐蚀性能。所有壳体应有水密保护，所有触点及接头都应进行抗腐蚀处理。潜水焊割工在水下直接接触的焊接设备和工具，都必须包敷可靠的绝缘护套，并应保证水密性。电焊机必须接地，接地导线头要磨光，以防受腐蚀。

在焊接或切割中，经常需要更换焊条，在水下更换焊条是危险的操作，容易造成触电事故。潜水焊割工可能会遭电击而休克，或由于痉挛造成溺水等二次事故。因此，当电极熔化完需要更新或工作完毕时，必须先发出拉闸信号，确认电路已经切断，才可去掉残余的电极头。

水下湿法焊接与切割的电路中应安装焊接专用的自动开关箱；水下干法或局部干法焊接电路控制系统中应安置事故报警系统和断电系统。

电极应彻底绝缘和防水，以保证电接触仅仅在形成电弧的地方出现。潜水焊割工进行水下焊割作业时必须戴干燥的绝缘手套或穿戴干式潜水服。在焊割工作时，电流一旦接通，切勿背向工件的接地点，把自身置于工作点与接地点之间，而应面向接地点，把工作点置于自身与接地点之间，这样才可避免潜水头盔与金属用具受到电解作用而损坏。焊割工作时必须注意，不得把手放在待焊割的工件上，同时又将焊条或电焊钳触及头盔。总之，在任何时候都要注意不可使自身接入电路。

6. 预防物体打击的安全要求

进行水下焊割作业时，应了解被焊割构件有无塌落危险。水下进行装配点焊时，必须查实点焊牢固而无塌落危险后，方可通知水面松开安装吊索。焊接临时吊耳和拉板，应采用与被焊构件相同或焊接性能相似的材料，并运用相应的焊接工艺，确保焊接质量。

水下切割，尤其是水下仰割或反手切割操作时，当被割工件或结构将要割断时，潜水切割工应给自身留出足够的避让位置，并且通知友邻在其底下操作的潜水员避让后，才能最后割断构件。潜水焊割工在任何时候都要警惕避免被焊割构件的坠落或倒塌压伤自身及压坏潜水装置、供气管等。

使用等离子弧作水下切割，以上安全经验也完全适用。

三、登高焊割作业安全技术

焊工在离地面 2 m 或 2 m 以上的地点进行焊接与切割操作，即称为登高焊割作业。登高焊割作业必须采取安全措施防止发生高处坠落、火灾、电击和物体打击等工伤事故。

1. 防触电

在登高接近高压线或裸导线排，或距离低压线小于 2.5 m 时，必须停电并经检查确保无触电危险后，方准操作。电源切断后，应在电闸上挂出"有人工作，严禁合闸"的警告牌。登高焊割作业应设有监护人，密切注意焊工的动态。采用电焊时，电源开关应设在监护人近旁，遇有危险征兆时要立即拉闸，并进行处理。登高作业时不得使用带有高频振荡器的焊机。严禁将焊接电缆缠绕在身上，以防绝缘损坏的电缆造成触电事故。

2. 防高处坠落

凡登高进行焊割操作和进入登高作业区域，必须戴好安全帽，使用标准的防火安全带、穿胶底鞋。安全带应紧固牢靠，安全绳长度不可超过 2 m，不得使用耐热性差的材料，如尼龙安全带和尼龙安全网等。6 级以上大风无措施时、酒后以及未经体检合格者，均不得登高焊割作业。

焊工登高作业时，应使用符合安全要求的梯子。梯脚须包橡皮垫防滑，与地面夹角不应大于 60°，上下端均应放置牢靠。使用人字梯时应将单梯用限跨铁钩挂住，夹角为 40°±5°。不准两人在一梯子上（或人字梯的同一侧）同时作业，不得在梯子上顶挡工作。登高焊割作业的脚手架应事先经过检查，不得使用有腐蚀或机械损伤的木板或铁木混合板。脚手架单行人行道宽度不得小于 0.6 m，双程人行道宽度不得小于 1.2 m，坡度不得大于 1:3，板面要钉防滑条并装扶手。使用安全网时要张挺，不得留缺口，而且层层翻高。应经常检查安全网的质量，发现有损坏时，必须废弃并重新张挺新的安全网。

3. 防物体打击

登高焊割作业人员必须戴好安全帽，焊条、工具和小零件等必须装在牢固无孔洞的工具袋内。工作过程及工作结束后，应随时将作业点周围的一切物件清理干净，防止落下伤人。可采用绳子吊运各种工具及材料，但大型零件和材料，应用起重工具设备吊运。不得在空中投掷材料或物件，焊条头不得随意下扔，否则不仅会砸伤、烫伤地面人员，甚至能引燃地面可燃物品。

4. 防火

登高焊割作业点及下方地面上火星所及的范围内，应彻底清除可燃易爆物品，一般在地面 10 m 之内为危险区，应用栏杆挡隔。工作过程中需有专人看护，要铺设接火盘接火。焊割结束后必须检查是否留下火种，确认合格后，才能离开现场。

此外，登高焊割人员必须经过健康检查合格。患有高血压、心脏病、精神病和癫痫病等，以及医生证明不能登高作业者一律不准登高操作。在 6 级以上的大风、雨天、雪天和雾天无安全措施时，安全措施不符合要求时，以及酒后等，均禁止登高焊割作业。

第四章 焊接与切割作业劳动卫生与防护

各种焊接作业及金属切割作业都会产生某些有害因素。不同的工艺，其有害因素亦有所不同，大体有弧光辐射、焊接烟尘、有毒气体、高频电磁辐射、射线、噪声和热辐射等。

第一节 焊接与切割作业有害因素的来源及危害

各种焊接与切割工艺方法，在作业过程中的弧光辐射、焊接烟尘、有毒气体、高频电磁辐射、射线、噪声和热辐射，单一有害因素存在的可能性很小，若干有害因素会同时存在。当有几种有害因素同时存在时，对人体的毒性作用倍增。

因此，本节介绍有害因素的来源及危害，以便采取有针对性的卫生防护措施，就显得十分必要。

一、弧光辐射来源及危害

1. 来源

焊接过程中的弧光辐射由紫外线、可见光和红外线等组成。它们是由于物体加热而产生的，属于热线谱。例如，在生产的环境中，凡是物体的温度达到 1 200℃时，辐射光谱中即可出现紫外线。随着物体温度增高，紫外线的波长变短，其强度增大。

电弧燃烧时，一方面产生高热，另一方面同时产生强光，两者在工业上都得到应用。电弧的高热可以进行电弧切割、焊接和炼钢等。

然而，焊接电弧作为一种很强的光源，会产生很强的弧光辐射，这种弧光辐射能对人体造成伤害。弧光波长范围见表4—1。

表4—1　　　　　　　　焊接弧光的波长范围　　　　　　　　nm

红外线	可见光线		紫外线
	赤、橙、黄、绿、青、蓝、紫		
1 400 ~ 760	760 ~ 400		400 ~ 200

　　焊条电弧焊的弧温为5 000 ~ 6 000 K，因而可产生较强的光辐射。但由于焊接烟尘的吸收作用，使光辐射强度比气体保护电弧焊及等离子弧焊弱一些。

　　钨极氩弧焊的烟尘量较小，因此，其光辐射强度高于焊条电弧焊。熔化极氩弧焊电流密度很大，其功率可为钨极氩弧焊功率的5倍多，因而它的弧温更高，光辐射强度大于钨极氩弧焊的光辐射强度。钨极氩弧焊光辐射强度为焊条电弧焊光辐射强度的5倍以上。熔化极氩弧焊光辐射强度为焊条电弧焊的20 ~ 30倍。

　　等离子弧焊接与切割的弧温更高，可达16 000 ~ 33 000℃，其光辐射强度高于氩弧焊和焊条电弧焊。

　　二氧化碳气体保护焊光辐射强度为焊条电弧焊辐射强度的2 ~ 3倍，其主要成分为紫外线辐射。

2. 危害

　　光辐射是能的传播方式。辐射波长与能量成反比关系。波长越短，每个量子所携带的能量越大，对肌体的作用亦越强。

　　光辐射作用到人体上，被体内组织吸收，引起组织的热作用、光化学作用或电离作用，致使人体组织发生急性或慢性的损伤。

　　（1）紫外线。适量的紫外线对人体健康是有益的，但焊接电弧产生的强烈紫外线的过度照射，对人体健康有一定的危害。紫外线对人体的作用是造成皮肤和眼睛的伤害。

　　1）对皮肤的作用。不同波长的紫外线，可为皮肤不同深度组织所吸收。皮肤受强烈紫外线作用时，可引起皮炎，弥漫性红斑，有时出现小水泡、渗出液和浮肿，有热灼感，发痒。

2）电光性眼炎。紫外线过度照射引起眼睛的急性角膜炎称为电光性眼炎。这是明弧焊直接操作和辅助工人的一种特殊职业性眼病。波长很短的紫外线，尤其是320 nm以下的，能损害结膜与角膜，有时甚至伤及虹膜和网膜。

3）对纤维的破坏。焊接电弧的紫外线辐射对纤维的破坏能力很强，其中以棉织品为最甚。光化学作用的结果，可致棉布工作服氧化变质而破碎，有色印染物显著褪色。这是明弧焊工棉布工作服不耐穿的原因之一，尤其在氩弧焊、等离子弧焊等操作时更为明显。

（2）红外线。红外线对人体的危害主要是引起组织的热作用。波长较长的红外线可被皮肤表面吸收，使人产生热的感觉。短波红外线可被组织吸收，使血液和深部组织灼伤。在焊接的过程中，眼部受到强烈的红外线辐射，立即感到强烈的灼伤和灼痛，发生闪光幻觉。长期接触可能造成红外线白内障，视力减退，严重时能导致失明。此外还可造成视网膜灼伤。

（3）可见光。焊接电弧的可见光线的光度，比肉眼正常承受的光度大约高10 000倍，被照射后眼睛疼痛，看不清东西，通常叫电焊"晃眼"，使人短时间内失去劳动能力。

二、焊接烟尘的来源及其危害

1. 来源

广义地说，所有焊接操作都产生气体和粉尘两种污染物，其中焊条电弧焊的焊接烟尘危害最大。多年来虽然发展了不少焊接新工艺，如埋弧焊、气体保护电弧焊、电渣焊、电阻焊和等离子弧焊等，然而，由于药皮焊条电弧焊具有灵活、可靠、设备简便、适应性大的优点，迄今仍应用最为广泛，超过我国全部焊接工作量的70%，职工人数也最多。焊接烟尘是焊条电弧焊主要有害因素之一，应作为焊接劳动卫生工作的一个重点。

焊接烟尘是由于焊接过程中液态金属的过热、蒸发、氧化和冷凝而产生的金属烟尘，其中液态金属的蒸发是主要来源。焊接电弧的温度在3 500 K以上（弧柱温度在5 000 K以上），在这样高的温度下，尽管各种金属的沸点不同，但它们的沸点都低于电弧的温度，必然要有蒸发。常用结构钢焊条烟尘的化学成分见表4—2。

表4—2 常用结构钢焊条烟尘的化学成分 %

焊条型号	烟尘成分										
	Fe_2O_3	SiO_2	MnO	TiO_2	CaO	MgO	Na_2O	K_2O	CaF_2	KF	NaF
E4303	48.12	17.93	7.18	2.61	0.95	0.27	6.03	6.81	—	—	—
E5015	24.93	5.62	6.30	1.22	10.34	—	6.39	—	18.92	7.95	13.71

2. 危害

电焊烟尘的主要成分是铁、硅、锰，其中主要毒物是锰。铁、硅等的毒性虽然不大，但其尘粒极细（5 μm 以下），在空气中停留的时间较长，容易吸入肺内。在密闭容器、锅炉、船舱和管道内焊接，以及烟尘浓度较高的情况下，如果没有相应的通风除尘措施，长期接触上述烟尘就会形成电焊尘肺、锰中毒和金属热等职业病。

（1）电焊尘肺。指由于长期吸入超过规定浓度的能引起肺组织弥漫性纤维化的电焊烟尘和有毒气体所引发的疾病。

电焊尘肺的发病一般比较缓慢，多在接触焊接烟尘10年后发病，有的长达15～20年以上。发病主要表现为呼吸系统症状，有气短、咳嗽、咯痰、胸闷和胸痛，部分电焊尘肺患者可呈无力、食欲减退、体重减轻以及神经衰弱症候群（如头痛、头晕、失眠、嗜睡、多梦、记忆力减退等）。同时对肺功能也有影响。

（2）锰中毒。锰蒸气在空气中能很快地氧化成灰色的一氧化锰（MnO）及棕红色的四氧化三锰（Mn_3O_4）。长期吸入超过允许浓度的锰及其化合物的微粒和蒸气，可造成锰中毒。锰的化合物和锰尘主要是通过呼吸道侵入机体的。

慢性锰中毒早期表现为疲劳乏力，时常头痛头晕、失眠、记忆力减退，以及植物神经功能紊乱，如舌、眼睑和手指的细微震颤等。中毒进一步发展，神经精神症状更明显，而且转弯、跨越、下蹲等都较困难，走路时表现为左右摇摆或前冲后倒，书写时呈"小书写症"等。

（3）金属热。焊接金属烟尘中直径在 0.05～0.5 μm 的氧化铁、氧化锰微粒和氟化物等，容易通过上呼吸道进入末梢细支气管和肺泡，引起焊工金属热反应。主要症状是工作后发烧、打寒战、口内金属味、恶心、食欲不振等。第二天早晨经发汗后症状减轻。在密闭罐、船舱内使用碱性焊条施焊者，以及焊铜和铜合金等容易得此职业病。

三、有毒气体的来源及危害

1. 来源

在焊接电弧的高温和强烈紫外线作用下，在弧区周围形成多种有毒气体，其中主要有臭氧、氮氧化物、一氧化碳和氟化氢等。

（1）臭氧。空气中的氧在短波紫外线的激发下，大量地被破坏，生成臭氧（O_3），其化学反应过程如下：

$$O_2 \xrightarrow{\text{短波紫外线}} 2O$$
$$2O_2 + 2O \longrightarrow 2O_3$$

臭氧是一种有毒气体，呈淡蓝色，具有刺激性气味。浓度较高时，发出腥臭味；浓度特别高时，发出腥臭味并略带酸味。

（2）氮氧化物。氮氧化物是由于焊接电弧的高温作用引起空气中氮、氧分子分解，重新结合而形成的。

氮氧化物的种类很多，在明弧焊中常见的氮氧化物为二氧化氮，因此，常以测定二氧化氮的浓度来表示氮氧化物的存在情况。

二氧化氮为红褐色气体，相对密度为1.539，遇水可变成硝酸或亚硝酸，产生强烈刺激作用。

（3）一氧化碳。各种明弧焊都产生一氧化碳有害气体，其中，以二氧化碳保护焊产生的一氧化碳（CO）的浓度最高。一氧化碳的主要来源是由于CO_2气体在电弧高温作用下发生分解而形成的：

$$CO_2 \xrightarrow{\text{电弧高温}} CO + [O]$$

一氧化碳为无色、无臭、无味、无刺激性的气体，相对密度0.967，几乎不溶于水，但易溶于氨水，几乎不为活性炭所吸收。

（4）氟化氢。氟化氢主要产生于焊条电弧焊。在低氢型焊条的药皮里通常都含有萤石（CaF_2）和石英（SiO_2），在电弧高温作用下会形成氟化氢气体。

氟及其化合物均有刺激作用，其中以氟化氢作用最为明显。氟化氢为无色气体，相对密度0.7，极易溶于水形成氢氟酸，两者的腐蚀性均强，毒性剧烈。

2. 危害

（1）臭氧。臭氧对人体的危害主要是对呼吸道及肺有强烈刺激作用。臭氧浓度超过一定限度时，往往引起咳嗽、胸闷、食欲不振、疲劳无力、头晕、全身疼痛等。严重时，特别是在密闭容器内焊接而又通风不良时，可引起支气管炎。

此外，臭氧容易同橡皮、棉织物起化学作用，高浓度、长时间接触可使橡皮、棉织品老化变性。在13 mg/m³质量浓度作用下，帆布可在半个月内出现变性，这是棉织工作服易破碎的原因之一。

我国卫生标准规定，臭氧最高允许质量浓度为0.3 mg/m³。臭氧是氩弧焊的主要有害因素，在没有良好通风的情况下，焊接工作地点的臭氧浓度往往高于卫生标准几倍、十几倍甚至更高。但只要采取相应的通风措施，就可大大降低臭氧浓度，使之符合卫生标准。

臭氧对人体的作用是可逆的。由臭氧引起的呼吸系统症状，一般在脱离接触后均可得到恢复，恢复期的长短取决于臭氧影响程度的大小以及人的体质。

（2）氮氧化物。氮氧化物属于具有刺激性的有毒气体。氮氧化物对人体的危害，主要是对肺有刺激作用。氮氧化物被吸入呼吸道后，由于黏膜表面并不十分潮湿，对上呼吸道黏膜刺激性不大，对眼睛的刺激也不大，一般不会立即引起明显的刺激性症状。但高浓度的二氧化氮吸入到肺泡后，由于湿度增加，反应也加快，在肺泡内约可滞留80%，逐渐与水作用形成硝酸与亚硝酸（$3NO_2 + H_2O \longrightarrow 2HNO_3 + NO$；$N_2O_4 + H_2O \longrightarrow HNO_3 + HNO_2$），对肺组织有强烈刺激作用及腐蚀作用，可增加毛细血管及肺泡壁的通透性，引起肺水肿。

我国卫生标准规定，氮氧化物（NO_2）的最高允许质量浓度为5 mg/m³。氮氧化物对人体的作用也是可逆的，随着脱离作业时间的增长，其不良影响会逐渐减少或消除。

在焊接实际操作中，氮氧化物单一存在的可能性很小，一般都是臭氧和氮氧化物同时存在，因此，它们的毒性倍增。一般情况下，两种有害气体同时存在比单一有害气体存在时，对人体的危害作用提高15～20倍。

（3）一氧化碳。一氧化碳（CO）是一种窒息性气体，对人体的毒性作用是使氧在体内的运输或组织利用氧的功能发生障碍，造成组织、细胞缺氧，表现出缺氧的一系列症状和体征。一氧化碳（CO）经呼吸道进入人体内，由肺泡吸收进入血液后，与血红蛋白结合成碳氧血红蛋白。一氧化碳（CO）与血红蛋白的亲和力比氧与血红蛋白的亲和力大200～300倍，而离解速度又较氧合血红蛋白慢得多（相差3 600倍），减弱了血液的带氧能力，使人体组织缺氧坏死。

轻度中毒时表现为头痛、全身无力，有时呕吐、足部发软、脉搏增快、头昏等。中毒加重时表现为意识不清并转成昏睡状态。严重时发生呼吸及心脏活动障碍，大小便失禁，反射消失，甚至能因窒息致死。

我国卫生标准规定，一氧化碳（CO）的最高允许质量浓度为30 mg/m³。对于作业时间短暂的，可予以放宽。

（4）氟化氢。氟化氢可被呼吸道黏膜迅速吸收，亦可经皮肤吸收而对全身产生毒性作用。吸入较高浓度的氟化氢气体或蒸气，可立即产生眼、鼻和呼吸道黏膜的刺激症状。引起鼻腔和咽喉黏膜充血、干燥、鼻腔溃疡等。严重时可发生支气管炎、肺炎等。

我国卫生标准规定，氟化氢的最高允许质量浓度为1 mg/m³。

四、高频电磁辐射的来源及危害

随着氩弧焊接和等离子弧焊接的广泛应用，在焊接过程中存在着一定强度的电磁辐射，构成对局部生产环境的污染。因此，必须采取安全措施妥善解决。

1. 来源

钨极氩弧焊和等离子弧焊为了迅速引燃电弧，需由高频振荡器来激发引弧，此时，振荡器要产生强烈的高频振荡，击穿钍钨极与喷嘴之间的空气隙，引燃等离子弧；另外，又有一部分能量以电磁波的形式向空间辐射，即形成高频电磁场。所以，在引弧的瞬间（2～3 s）有高频电磁场存在。

在氩弧焊接和等离子弧焊接时，高频电磁场场强的大小与高频振荡器的类型及测定时仪器探头放置的位置与测定部位之间距离有关。焊接时高频电磁辐射场强分布的测定结果见表4—3。

表4—3 　　　　　手工钨极氩弧焊接时高频电场强度　　　　　V/m

操作部位	头	胸	膝	踝	手
焊工前	58~66	62~76	58~86	58~96	106
焊工后	38	48	48	20	1
焊工前1 m	7.6~20	9.5~20	5~24	0~23	1
焊工后1 m	7.8	7.8	2	0	1
焊工前2 m	0	0	0	0	0
焊工后2 m	0	0	0	0	0

2. 危害

人体在高频电磁场的作用下，能吸收一定的辐射能量，产生生物学效应，这就是高频电磁场对人体的"致热作用"。此"致热作用"对人体健康有一定影响，长期接触场强较大高频电磁场的工人，会引起头晕、头痛、疲乏无力、记忆减退、心悸、胸闷、消瘦和神经衰弱及植物神经功能紊乱。血压早期可有波动，严重者血压下降或上升（以血压偏低为多见），白细胞总数减少或增多，并出现窦性心律不齐、轻度贫血等。

钨极氩弧焊和等离子弧焊时，每次启动高频振荡器的时间只有2~3 s，每个工作日接触高频电磁辐射的累计时间约为10 min。接触时间又是断续的，因此，高频电磁场对人体的影响较小，一般不足以造成危害。但是，考虑到焊接操作中的有害因素不是单一的，所以仍有采取防护措施的必要。对于高频振荡器在操作过程中连续工作的情况，更必须采取有效和可靠的防护措施。

在不停电更换焊条时，高频电会使焊工产生一定的麻电现象，这在高空作业时是很危险的。所以，高空作业不准使用带高频振荡器的焊机进行焊接。

五、噪声的来源及其危害

噪声存在于一切焊接工艺中，其中以等离子切割、等离子喷涂等的噪声强度更高。噪声已经成为某些焊接与切割工艺中存在着的主要职业性有害因素。

1. 来源

在等离子喷涂和切割等过程中，工作气体与保护气体以一定的速度流动。等离子焰流从喷枪口高速喷出，在工作气体与保护气体不同流速的流层之间，在气流与静止的固体介质之间，在气流与空气之间，都会发生周期性的压力起伏、振动及摩擦等，于是就产生噪声。

等离子切割和喷涂工艺都要求有一定的冲击力，等离子流的喷射速度可达 10 000 m/min，噪声强度较高，大多在 100 dB（A）以上。尤以喷涂作业为高，可达 123 dB（A）。

2. 危害

噪声对人的危害程度，与下列因素有直接关系：噪声的频率及强度，噪声频率越高，强度越大，危害越大；噪声源的性质，在稳态噪声与非稳态噪声中，稳态噪声对人体作用较弱；暴露时间，在噪声环境中暴露时间越长，则影响越大。此外，还与工种、环境和身体健康情况有关。

噪声在下列范围内不致对人体造成危害：频率小于 300 Hz 的低频噪声，容许强度为 90～100 dB（A）；频率在 300～800 Hz 的中频噪声，容许强度为 85～90 dB（A）；频率大于 800 Hz 的高频噪声，容许强度为 75～85 dB（A）。噪声超过上述范围时将造成如下伤害：

（1）噪声性外伤。突发性的强烈噪声，例如，爆炸、发动机启动等，能使听觉器官突然遭受到极大的声压而导致严重损伤，出现眩晕、耳鸣、耳痛、鼓膜内凹、充血等，严重者造成耳聋。

（2）噪声性耳聋。这是由于长期连续的噪声而引起的听力损伤，是一种职业病。有两种表现：一种是听觉疲劳，在噪声作用下，听觉变得迟钝、敏感度降低等，脱离环境后尚可恢复；另一种是职业性耳聋，自觉症状为耳鸣、耳聋、头晕、头痛，也可出现头胀、失眠、神经过敏、幻听等症状。

（3）对神经、血管系统的危害。噪声作用于中枢神经，可使神经紧张、恶心、烦躁、疲倦。噪声作用于血管系统，可使血管紧张、血压升高，心跳及脉搏改变等。

六、射线的来源及其危害

1. 来源

焊接工艺过程中的放射性危害，主要指氩弧焊与等离子弧焊的钍放射性污染和电子束焊接时的 X 射线。

某些元素不需要外界的任何作用，它们的原子核就能自行放射出具有一定穿透能力的射线，此谓放射现象。将元素的这种性质称为放射性，具有放射性的元素称为放射性元素。

氩弧焊和等离子弧焊使用的钍钨棒电极中的钍，是天然放射性物质，能放射出 α、β、γ 三种射线，其中 α 射线占 90%，β 射线占 9%，γ 射线占 1%。在氩弧焊与等离子弧焊焊接工作中，使用钍钨极会导致放射性污染的发生。其原理是在施焊过程中，由于高温将钍钨极迅速熔化部分蒸发，产生钍的放射性气溶胶、钍射气等。同时，钍及其衰变产物均可放射出 α、β、γ 射线。

真空电子束焊机工作时，由于电子束轰击工件（金属）而发射 X 射线，这是射线的主要来源。

2. 危害

人体内水分占体重的 70% ~75%。水分能吸收绝大部分射线辐射能，只有一小部分辐射能直接作用于机体蛋白质。当人体受到的辐射剂量不超过容许值时，射线不会对人体产生危害。但是，人体长期受到超容许剂量的外照射，或者放射性物质经常少量进入并蓄积在体内，则可能引起病变，造成中枢神经系统、造血器官和消化系统的疾病，严重者可患放射病。

氩弧焊和等离子弧焊在焊接操作时，基本的和主要的危害形式是钍及其衰变产物呈气溶胶和气体的形式进入体内。钍的气溶胶具有很高的生物学活性，它们很难从体内排出，从而形成内照射。真空电子束焊接过程中产生的 X 射线，具有一定的穿透能力，焊接操作中需要观察焊件，进行调距和对线等，这些操作往往要靠近电子束而使操作者接触到 X 射线。实际测量结果表明，真空电子束发射的 X 射线光子能量比较低，这种低能的 X 射线，一般对人体只会造成外照射，其危害程度较低。主要是引起眼睛晶状体和皮肤的损伤，长期受超容许剂量照射可产生放射性白内障和放射性皮炎等。如果操作者长期接受较高能量的 X 射线照射，则可引起慢性辐射损伤，出现神经衰弱症候群和白细胞下降等疾患。

七、热辐射的来源及其危害

1. 来源

焊接过程是应用高温热源加热金属进行连接的，所以在施焊过程中有大量的热能以辐射形式向焊接作业环境扩散，形成热辐射。

电弧热量的 20% ~30% 要逸散到施焊环境中去，因而可以认为焊接弧区是热源的主体。焊接过程中产生的大量热辐射被空气媒质、人体或周围物体吸收后，这种辐射就转化为热能。

某些材料的焊接，要求施焊前必须对焊件预热。预热温度可达150~700℃，并且要求保温。所以，预热的焊件不断向周围环境进行热辐射，形成一个比较强大的热辐射源。

焊接作业场所由于焊接电弧、焊件预热以及焊条烘干等热源的存在，致使空气温度升高，其升高的程度主要取决于热源所散发的热量及环境散热条件。在窄小空间或舱室内焊接时，由于空气对流散热不良，将会形成热量的蓄积，对机体产生加热作用。另外，在某一作业区若有多台焊机同时施焊，由于热源增多，被加热的空气温度就更高，对机体的加热作用将加剧。

2. 危害

研究表明，当焊接作业环境气温低于 15℃ 时，人体的代谢增强；当气温在 15 ~25℃ 时，人体的代谢保持基本水平；当气温高于 25℃ 时，人体的代谢稍有下降；当气温超过 35℃ 时，人体的代谢将又变得强烈。总的看来，在焊接作业区，影响人体代谢变化的主要因素有气温、气流速度、空气的湿度和周围物体的平均辐射温度。在我国南方地区，环境空间气温在夏季很高，且多雨湿度大，尤其应注意因焊接加热局部环境空气的问题。

　　焊接环境的高温可导致作业人员代谢机能的显著变化，引起作业人员身体大量地出汗，导致人体内的水盐比例失调，出现不适应症状，同时，还会增加人体触电的危险性。

第二节　焊接与切割作业劳动卫生防护措施

一、弧光辐射防护

　　焊割作业人员从事明弧焊时，必须使用镶有特制护目镜片的手持式面罩或头戴式面罩（头盔）。面罩用 1.5 mm 厚暗色钢纸板制成。

　　护目镜片有吸收式滤光镜片和反射式防护镜片两种，吸收式滤光镜片根据颜色深浅有几种牌号，应按照焊接电流强度选用（见表 4—4）。近来研制生产的高反射式防护镜片，是在吸收式滤光镜片上镀铬—铜—铬三层金属薄膜制成的，能将弧光反射回去，避免了滤光镜片将吸收的辐射光线转变为热能的缺点。使用这种镜片，眼睛感觉较凉爽舒适，观察电弧和防止弧光伤害的效果较好，目前正在推广应用。光电式镜片是利用光电转换原理制成的新型护目滤光片，由于在起弧时快速自动变色，能消除电弧"打眼"和消除盲目引弧带来的焊接缺陷，防护效果好。

　　在焊接过程中如何正确合理选择滤光片，是一个重要的问题。正确选择滤光片可参见表 4—4。

表 4—4　　　　　　　　焊接滤光片推荐使用遮光号

遮光号	电弧焊接与切割	气焊与气割
1.2	—	—
1.4		
1.7	防测光与杂散光	—
2		
2.5		
3	辅助工种	—
4		

遮光号	电弧焊接与切割	气焊与气割
5 6	30 A 以下电弧焊作业	—
7 8	30 ~ 75 A 电弧焊作业	工件厚度为 3.2 ~ 12.7 mm
9 10	75 ~ 200 A 电弧焊作业	工件厚度为 12.7 mm 以上
11 12 13	200 ~ 400 A 电弧焊作业	等离子喷涂
14	500 A 电弧焊作业	等离子喷涂

表4—4 中主要是根据焊接电流的大小推荐使用滤光片的深浅。如果考虑到视力的好坏、照明的强弱、室内与室外等因素，选用遮光号的大小可上下差一个号。

如果在焊接与切割的过程中电流较大，就要使用遮光号较大（较深）的滤光片。

为保护焊接工作地点其他生产人员免受弧光辐射伤害，可采用防护屏。防护屏宜采用布料涂上灰色或黑色漆制成，临近施焊处应采用耐火材料（如石棉板、玻璃纤维布、铁板等）做屏面。

为防止弧光灼伤皮肤，焊工必须穿好工作服，戴好手套，盖好鞋盖。

二、焊接烟尘和有毒气体防护

1．通风技术措施

通风技术措施的作用是把新鲜空气送到作业场所并及时排除工作时所产生的有害物质和被污染的空气，使作业地带的空气条件符合卫生学的要求。创造良好的作业环境，是消除焊接尘毒危害的有力措施。

按空气的流动方向和动力源的不同，通风技术一般分为自然通风与机械通风两大类。自然通风可分为全面自然通风和局部自然通风两类。机械通风是依靠通风机产生的压力来换气，可分为全面机械通风和局部机械通风两类。

全面通风是焊接车间排放电焊烟尘和有毒气体的辅助措施。

焊接工作地点的局部通风有局部送风和局部排气两种形式。

（1）局部送风。局部送风是把新鲜空气或经过净化的空气，送入焊接工作地带。它用于送风面罩、口罩等，有良好的效果。目前在有些单位生产上仍采用电风扇直接吹散电焊烟尘和有毒气体的送风方法，尤其多见于夏天。这种局部送风方法，只是暂时地将弧焊区的有害物质吹走，仅起到稀释作用，但是会造成整个车间的污染，达不到排气的目的。局部送风使焊工的前胸和腹部受电弧热辐射作用，后背受冷风吹袭，容易引发关节炎，腰腿痛和感冒等疾病。所以，这种通风方法不应采用。

（2）局部排风。局部排风是效果较好的焊接通风措施，有关部门正在积极推广。

根据焊接生产条件的特点不同，目前用于局部排风装置的结构形式较多，以下介绍可移式小型排烟机组和气力引射器。

图4—1为可移式小型排烟机组示意图。它是由小型离心风机、通风软管、过滤器和排烟罩组成的。

图4—2为气力引射器示意图。其排烟原理是利用压缩空气从主管中高速喷射，造成负压区，从而将电焊烟尘有毒气体吸出，经过滤净化后排出室外。它可以应用于容器、锅炉等焊接，将污染气体进口插入容器的孔洞（如人孔、手孔、顶盖孔等）即可，效果良好。

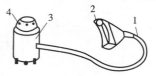 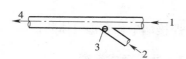

图4—1　风机和吸头移动式
排烟系统
1—软管　2—吸风头
3—净化器　4—出气孔

图4—2　气力引射器
1—压缩空气进口
2—污染气体进口　3—负压区
4—排出口

2. 个人防护措施

加强个人防护措施，对防止焊接时产生的有毒气体和粉尘的危害具有重要意义。

个人防护措施是使用包括眼、耳、口、鼻、身体各个部位的防护用品以达到确保焊工身体健康的目的。其中工作服、手套、鞋、眼镜、口罩、头盔和防耳器等属于一般防护用品。实践证明，个人防护这种措施是行之有效的。

3. 改革工艺、改进焊接材料

劳动条件的好坏，基本上取决于生产工艺。改革生产工艺，使焊接操作实现机械化、自动化，不仅能降低劳动强度，提高劳动生产率，并且可以大大减少焊工接触生产性毒物的机会，改善作业环境的劳动卫生条件，使之符合卫生要求。这是消除焊接职业危害的根本措施。例如，采用埋弧自动电弧焊（埋弧焊）代替焊条电弧焊，就可以消除强烈的弧光、有毒气体和烟尘的危害。

工业机械手是实现焊接过程全部自动化的重要途径。在电弧焊接中，应用各种形式的现代化专用机械已经积累了一定的经验。这些较复杂的现代化机械手，能够控制运动的轨迹，可按工艺要求决定电极的位置和运动速度。工业机械手在焊接操作中的应用，将从根本上消除焊接有毒气体和粉尘等对焊工的直接危害。

在保证产品技术条件的前提下，合理的设计与改革施焊材料，是一项重要的卫生防护措施。例如，合理地设计焊接容器结构，可减少以至完全不用容器内部的焊缝，尽可能采用单面焊双面成型的新工艺。这样可以减少或避免在容器内施焊的机会，使操作者减轻受危害的程度。采用无毒或毒性小的焊接材料代替毒性大的焊接材料，亦是预防职业性危害的有效措施。

三、高频电磁辐射防护措施

为了防止高频振荡器的电磁辐射对作业人员的不良影响与危害，应当采取以下安全防护措施：

（1）工件良好接地。施焊工件良好接地，能降低高频电流，这样可以降低电磁辐射强度。接地点与工件越近，接地作用则越显著，它能将焊枪对地的脉冲高频电位大幅度地降低，从而减小高频感应的有害影响。

（2）在不影响使用的情况下，降低振荡器频率。

（3）减少高频电的作用时间。若振荡器旨在引弧，可以在引弧后的瞬间立即切断振荡器电路。其方法是用延时继电器，于引弧后 10 s 内使振荡器停止工作。

（4）屏蔽把线及软线。因脉冲高频电是通过空间和手把的电容耦合到人体上的，所以加装接地屏蔽能使高频电场局限在屏蔽内，可大大减小对人体的影响。其方法为采用细铜质金属编织软线，套在电缆胶管外面，一端接于焊枪，另一端接地。焊接电缆线也需套上金属编织线。

（5）采用分离式握枪。把原有的普通焊枪，用有机玻璃或电木等绝缘材料另接出一个把柄也有屏蔽高频电的作用，但效果不如屏蔽把线及导线理想。

（6）降低作业现场的温、湿度。作业现场的环境温度和湿度，与射频辐射对肌体的不良影响具有直接的关系。温度越高，肌体所表现的症状越突出；湿度越大，越不利于人体的散热，也不利于作业人员的身体健康。所以，加强通风降温，控制作业场所的温度和湿度，是减小射频电磁场对肌体影响的一个重要手段。

四、噪声防护

对于等离子弧焊接、切割和喷涂等工艺，必须对噪声采取防护措施，主要手段有：

（1）等离子弧焊接工艺产生的噪声强度与工作气体的种类、流量等有关，因此，应在保证工艺正常进行、符合质量要求的前提下，选择一种低噪声的工作参数。

（2）研制和采用适用于焊枪喷出口部位的小型消声器。考虑到这类噪声的高频性，采用消声器对降低噪声有较好效果。

（3）操作者佩戴隔音耳罩或隔音耳塞等个人防护器具。耳罩的隔音效能优于耳塞，但体积较大，戴用时稍感不便。

（4）在房屋结构、设备等处采用吸声或隔音材料。采用密闭罩施焊时，可在屏蔽上衬以石棉等消声材料，有一定的防噪效果。

五、射线防护

对氩弧焊和等离子弧焊的放射性测定结果，一般都低于最高允许浓度。但是在钍钨棒磨尖、修理，特别是储存地点，放射性浓度大大高于焊接地点，可达到或接近最高允许浓度。

由于放射性气溶胶、钍粉尘等进入人体内所引起的内照射，将长期危害机体，所以对钍的有害影响应当引起重视，并采取有效的防护措施，防止钍的放射性烟尘进入体内。防护措施主要有：

（1）综合性防护。如对施焊区实行密闭，用薄金属板制成密闭罩，将焊枪和焊件置于罩内，罩的一侧设有观察防护镜。使有毒气体、金属烟尘及放射性气溶胶等，被最大限度地控制在一定的空间内，通过排气系统和净化装置排到室外。

（2）焊接地点应设有单室，钍钨棒储存地点应固定在地下室封闭式箱内。大量存放时应藏于铁箱里，并安装通风装置。

（3）应备有专用砂轮来磨尖钍钨棒，砂轮机应安装除尘设备。图4—3为砂轮机的抽排装置示意图。砂轮机地面上的磨屑要经常做湿式扫除并集中深埋处理。地面、墙壁最好铺设瓷砖或水磨石，以利于清扫污物。

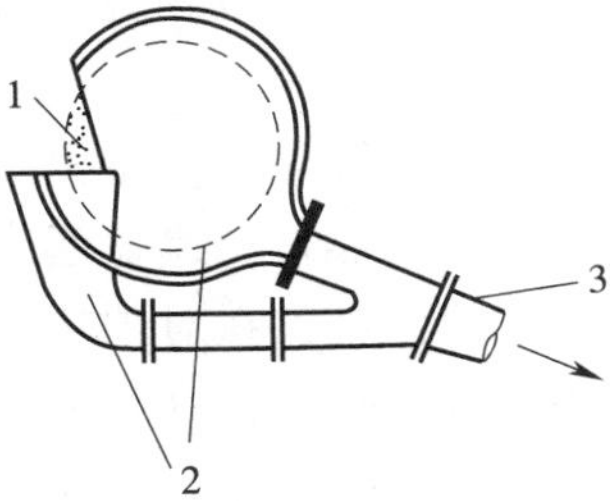

（4）选用合理的工艺，避免钍钨棒的过量烧损。

（5）接触钍钨棒后，应用流动水和肥皂洗手，工作服及手套等应经常清洗。

（6）真空电子束焊的防护重点是X射线。首先是焊接室的结构应合理，应该采取屏蔽防护。目前，国产电子束焊机采用的是用低碳钢、复合钢板或不锈钢等材料制成的圆形或矩形焊接室。为

图4—3　砂轮机抽排装置
1—砂轮　2—抽吸口
3—排出管

了便于观察焊接过程，焊接室应开设观察窗。观察窗应当用普通玻璃、铅玻璃和钢化玻璃作三层保护，其中铅玻璃用来防护X射线，钢化

玻璃用于承受真空室内外的压力差，而普通玻璃承受金属蒸气的污染。

为防止 X 射线对人体的损伤，真空焊接室应采取屏蔽防护。从安全和经济观点考虑，以及现场对 X 射线的测定情况来看，屏蔽防护应尽量靠近辐射源部位，即主要是真空室壁应予以足够的屏蔽防护，真空焊接室顶部电缆通过处和电子枪亦应加强屏蔽防护。

此外，还必须强调加强个人防护，操作者应佩戴铅玻璃眼镜，以保护眼的晶状体不受 X 射线损伤。

六、热辐射防护

为了防止有毒气体、粉尘的污染，一般焊接作业现场均设置有全面自然通风与局部机械通风装置，这些装置对降温亦起到良好的作用。在锅炉和压力容器与舱室内焊接时，应向这些容器与舱室内不断地输送新鲜空气，达到降温目的。送风装置须与通风排污装置结合起来设计，达到统一排污降温的目的。

减少或消除容器内部的焊接是一项防止焊接热污染的主要技术措施。应尽可能采用单面焊双面成型的新工艺，采取单面焊双面成型的新材料，对减少或避免在容器内部的施焊有很好的作用，可使操作人员免除或较少受到热辐射的危害。

将手工焊接工艺改为自动焊接工艺，如埋弧焊的焊剂层在阻挡弧光辐射的同时，也相应地阻挡了热辐射，因而对于防止热污染也是一种很有效的措施。

预热焊件时，为避免热污染的危害，可将炽热的金属焊件用石棉板一类的隔热材料遮盖起来，仅仅露出施焊的部分，这在很大程度上减少了热污染，在对预热温度很高的铬钼钢焊接时，以及对某些大面积预热的堆焊等，这是不可缺少的。

此外，在工作车间的墙壁上涂覆吸收材料，在必要时设置气幕隔离热源等，都可以起到降温的作用。

第三节　焊补化工设备作业的防中毒措施

一、发生中毒事故的原因

1. 在化工容器管道及其他狭小的作业空间焊接有涂层（如涂漆、塑料，或镀铅、锌等）或焊接经过脱脂的焊件时，由于涂层物质和脱脂剂在高温作用下蒸发或裂解形成有毒气体和有毒蒸气等。

2. 由于设备内尚存在有超过允许浓度的生产性毒物（如苯、汞蒸气、氰化物等），焊工进入设备内动火时而引起中毒。

3. 某些焊接工艺过程产生较多的窒息性气体（如 CO_2 保护焊过程产生的 CO）和其他有毒气体，由于作业空间狭小（如容器或船舱内），通风不良等可能造成焊工的急性中毒。

4. 对可燃和有毒介质的容器采用带压不置换动火时，从焊补的裂缝喷出有毒气体或蒸气。

5. 采用置换动火焊补时，置换后的容器内是缺氧环境，焊工进入动火时引起的窒息。

二、预防急性中毒的措施

1. 焊接经过脱脂处理或有涂层的母材时，在焊接操作地点应装设局部排烟装置。另外，也可以预先除去焊缝周围的涂层。

2. 焊工进入容器管道内或地沟里施焊时，应有专人看护，发现异常情况及时抢救。还应在焊工身上系一条牢靠的安全绳，另一端系铜铃并固定在容器外，焊工在操作中一旦发生紧急情况，即以响铃为信号，监护人又可利用绳子作为从容器里救出焊工的工具。

3. 对有毒和可燃介质的容器进行带压不置换动火时，焊工应戴防毒面具，而且应当在上风侧操作。根据风向风力，预先确定焊接过程中可能聚集有毒气体或蒸气的地区，不允许无关人员进入。采用置换作业焊补时，在焊工进入容器之前，应先化验容器里的气体，必须保证含氧量在 18% ~ 21%（体积分数）范围内，有毒物质的含量应符合

《工业企业设计卫生标准》的有关规定。

4. 为消除焊接工艺过程产生窒息性和其他有毒气体的危害，在作业空间狭小的环境中，应加强机械通风，稀释毒物的浓度。图4—4 为可移式排烟罩机组在化工容器内施焊时的应用情况示意图。

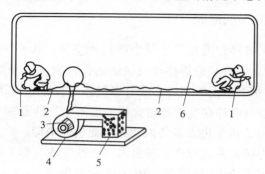

图4—4　化工容器内施焊用排烟机组
1—排烟罩　2—软管　3—电动机
4—风机　5—过滤器　6—化工容器

在车间厂房内的焊割操作，应采用局部排烟装置并经过滤后排出室外。当工作室内高度小于 3.5～4 m，或每个焊工工作空间小于 200 m²，或工作间（室、舱、柜等）内部有结构影响空气流动，而且焊接工作点的烟尘及有毒气体超过《工业企业设计卫生标准》规定的允许浓度时，还应采取全面通风换气的措施（全面通风换气应保持每个焊工 57 m³/min 的通风量）。

第五章　通用焊接与切割安全操作训练

作业项目1：焊接作业中的安全用电

一、操作准备

1. 弧焊机及工具

BX3—300 型交流弧焊机和 ZX7—400STG 型直流弧焊机及工具。

2. 焊接辅助用具及劳动保护用品

焊帽、焊条、焊钳、焊接电缆及劳动保护用品等。

3. 焊接操作现场

二、操作步骤

1. 工作前要穿戴好劳动保护用品

工作前穿戴好工作服、绝缘手套、绝缘鞋等。绝缘手套不得短于300 mm，应用较柔软的皮革或帆布制作。绝缘手套是焊工防止触电的基本用具，应保持完好和干燥。

焊工在工作时不应穿有铁钉的鞋或布鞋，因布鞋极易受潮导电。在金属容器里操作时，焊工必须穿绝缘鞋。

工作服为普通电弧焊穿白帆布制工作服，而氩弧焊、等离子弧焊则应穿毛料或皮工作服等。

2. 熟知弧焊机的电压、电流值

采用启动器启动的焊机，必须先合上电源开关，再启动焊机。推拉闸刀开关时，必须戴皮手套。同时，焊工的头部需偏斜些，以防电弧火花灼伤脸部。

启动弧焊机后，从液晶显示屏上查看输出电压（即空载电压）、工作电压（焊接时）、焊接电流数值（见图5—1）。

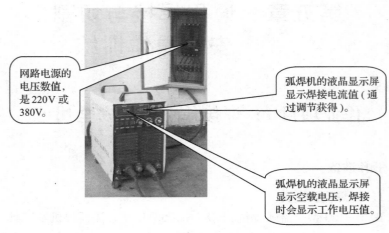

网路电源的电压数值，是220V 或 380V。

弧焊机的液晶显示屏显示焊接电流值（通过调节获得）。

弧焊机的液晶显示屏显示空载电压，焊接时会显示工作电压值。

图5—1　启动后的弧焊机

3. 检查焊接电缆

检查焊接电缆外皮和焊钳（或焊枪）的绝缘情况，有无破损（见图5—2），当气体保护焊、等离子弧焊和电阻焊等的焊枪在供气、供水系统有漏气、漏水现象时，很容易造成安全事故，必须经过安全检查后才可进行工作。

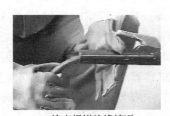

a) 检查电缆外皮有无破损　　　　b) 检查焊钳绝缘情况

图5—2　检查绝缘情况

4. 焊接实际操作

（1）接触带电体要注意绝缘。如果操作时不戴手套，手或身体某部接触到焊条、焊钳或焊枪的带电部分时（见图5—3a）；碰到裸露而带电的接线头、接线柱、导线、极板及绝缘失效或破皮的电线时；或脚及其他部位对地面或金属结构之间绝缘不好时；在阴雨潮湿的地方焊接时（见图5—3b），容易发生触电事故。因此，操作时一定要做好个人安全防护。

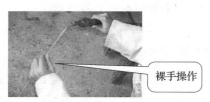

a) 裸手更换焊条 b) 潮湿的地方焊接

图5—3 接触带电体禁忌

（2）接触焊机要防止触电。防止工作现场杂乱，致使金属物如铁丝、铜线，切削的铁屑或小铁管头之类，一端碰到电线头，另一端与焊机外壳或铁芯相连而漏电；以及焊机的一次、二次绕组之间绝缘损坏，弧焊机外壳漏电，二次线路又缺乏接地或接零保护，人体碰触弧焊机外壳容易发生触电（见图5—4a）。工作前一定要进行设备安全检查（见图5—4b），确认设备正常才能操作。

a) 弧焊机外壳漏电 b) 工作前进行设备安全检查

图5—4 安全使用弧焊机

（3）搭接焊接导线要谨慎。焊接电缆线横过马路或通道时，要采取保护措施，如图5—5所示。严禁搭在易燃物品的容器上，以及随意利用金属结构、轨道、管道、暖气设施等作焊接导线电缆。

a) 电缆横过马路采取保护措施　　　　b) 合理搭接焊接导线

图 5—5　安全合理搭接焊接导线

（4）操作过程不忘安全。对于空载电压和工作电压较高的焊接操作，如等离子弧焊、氢原子焊等，以及在潮湿工作场地操作时，应在工作台附近地面铺上橡胶垫子。特别是在夏天，由于身体出汗后衣服潮湿，不得靠在带电的焊件上施焊（见图 5—6a）。

a) 危险：身体靠在屏风上施焊　　　　b) 危险：用烧红的焊条头点烟

c) 危险：焊钳与身体接触　　　　　　d) 焊钳放在木板上防触电

图 5—6　操作不忘安全

应避免使用点燃的焊条端头点烟的坏毛病，以防焊钳头部与身体所带金属结构之间形成电流回路（见图 5—6b），而造成触电事故。

如果在焊接作业时心不在焉或精神不集中，焊钳触及颈部或身体裸露部位也很容易发生触电事故（见图5—6c）。

操作过程中，焊钳是带电体，焊钳与焊件短路时，不得启动焊机，以免启动电流过大烧坏焊机。暂停工作时宜将焊钳搁在绝缘的地方，如图5—6d所示。

（5）狭小工作场所操作加强防护。在容积小的舱室（如油槽、气柜等化工设备、管道和锅炉等）、金属结构以及其他狭小工作场所焊接时，应使用手提工作行灯，电压分别不应超过36 V和12 V。要有两人轮换工作制，以便互相照顾。或设有一名监护人员，随时注意焊工的安全动态，遇有危险征象时，可立即切断电源，如图5—7所示。

a) 设一名监护人员　　　　　b) 使用手提工作行灯

图5—7　容积小的舱室操作

（6）焊接结束确保安全。当焊接结束时，清理焊接现场，将焊接电缆和焊钳盘挂在支架上，确保焊钳没有与焊接工位接触，在离开工作场所时，要关闭焊机电源开关，切断总电源，如图5—8所示，检查现场确无火种方可离开。

a) 将电缆、焊钳盘挂在支架上　　　b）关闭焊机电源开关

图5—8　焊接结束时

作业项目2：正确使用焊接与切割设备

一、操作准备

1. 焊机、气瓶及工具

交、直流弧焊机，氧气瓶、乙炔瓶，氧气、乙炔减压器，焊炬、割炬，氧气、乙炔胶管。

2. 焊接与切割辅助用具及劳动保护用品

焊帽、焊钳、焊条、焊接电缆、克丝钳、扳手、打火机、护目镜、通针、劳动保护用品。

3. 焊接与切割操作现场

二、正确使用焊接设备

1. 检查焊机一次端

（1）焊机必须装有独立的专用电源开关（见图5—9），其容量应符合要求。当焊机超负荷时，应能自动切断电源。禁止多台焊机共用一个电源开关。

（2）焊机必须有雨雪防护设施。必须将焊机平稳地安放在通风良好、干燥的地方，不准靠近高热及易燃易爆危险的环境，如图5—10所示。

图5—9　专用电源开关

图5—10　焊机安放在通风、
干燥的地方

（3）焊机后面板连接一根三相 380 V 电源的三芯电缆，要检查焊机外壳一定安设接地或接零线，且其连接是否牢靠（见图 5—11a）；并且要查看焊接线路端，各接线点的接触是否良好（见图 5—11b）。

a) 焊机外壳接地是否牢靠   b) 各接线点接触是否良好

图 5—11　焊机的安全检查

（4）焊机的一次电源线，长度不宜超过 2~3 m，当需要较长的电源线时，应沿墙隔离布设，与墙壁之间的距离应大于 20 cm，其高度必须距地面 2.5 m 以上，不允许将电源线拖在地面上。避免如图 5—12 所示弧焊机电源线过长，并跨门而过，这种布设方法，一旦电缆被门挤破而漏电，将会造成意外事故。

（5）当发生故障时，应立即切断焊机电源，及时进行检修，如见图 5—13 所示。

 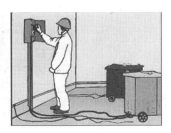

图 5—12　电源线过长，跨门而过　　图 5—13　有故障切断电源检修

2. 安全使用弧焊设备

弧焊机作为电弧的供电设备，安装、修理和检查须由电工进行，焊工不得自己拆修设备。在使用过程中，焊工既要保证焊机的正常运行，防止损坏焊机，又要避免发生人身触电事故。

（1）采用启动器启动的焊机，必须先合上电源开关，再启动焊机。

推拉闸刀开关时，必须戴皮手套。同时，焊工的头部需偏斜些，以防电弧火花灼伤脸部，如图5—14所示。

（2）焊钳与焊件短路时，不得启动焊机，以免启动电流过大烧坏焊机。暂停工作时宜将焊钳搁在绝缘的地方，如图5—15所示。

图5—14　戴手套推拉闸刀开关

图5—15　暂停工作时焊钳搁在绝缘的地方

（3）应按照焊机的额定焊接电流和负载持续率（见图5—16）来使用，不要因过载而损坏焊机。

图5—16　了解弧焊机铭牌的要求

（4）严禁利用厂房的金属结构、管道、轨道或其他金属物料搭接起来作为电缆使用（见图5—17）。应直接将焊接电缆搭设在所焊接的焊件上操作，不能随便用其他不符合要求的物件替代焊接电缆使用。如果利用盛装易燃易爆物的管道、容器等作为焊接回路，或焊接电缆搭设在盛装易燃易爆物的管道、容器上，都将会产生十分危险的后果。

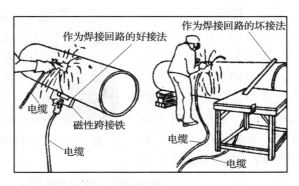

图5—17　焊接回路引线正误接法

（5）一些操作应切断电源开关才能进行，如改变弧焊机的连接端头；转移工作地点需搬移弧焊机；更换焊件需改接二次回路；更换保险丝；工作完毕或临时离开工作现场；焊机发生故障需检修（见图5—18）。

（6）工作完毕或临时离开工作现场时，必须及时拉断焊机的电源（见图5—19）。

图5—18　焊机需检修应切断电源

图5—19　离开现场拉断
电源开关

三、正确使用切割设备

1. 正确存放与运输气瓶

（1）气瓶要存放在专用的气瓶库房内。若夏季在室外作业，使用气体时要将气瓶放在阴凉地点或采取防晒措施，避免阳光的强烈照射，如图5—20所示。

（2）储运时，气瓶的瓶阀应戴安全帽，防止损坏瓶阀而发生事故，并禁止吊车吊运氧气瓶。气瓶要装防震圈，搬运中应轻装轻卸，避免受到剧烈震动和撞击，尤其乙炔瓶剧烈的震动和撞击，会使瓶内填料下沉形成空洞，影响乙炔的储存甚至造成乙炔瓶爆炸，如图5—21所示。

图5—20 专用的气瓶库

图5—21 气瓶应戴安全帽且储运中轻装轻卸

（3）氧气瓶应与其他易燃气瓶、油脂和其他易燃物品分开保存，严禁与乙炔等可燃气体的气瓶混放在一起，且必须保证规定的安全距离，如图5—22所示。

2. 正确使用气瓶

（1）现场使用的氧气瓶应尽可能垂直立放，或放置到专用的瓶架上，或放在比较安全的地方，以免跌倒发生事故，如图5—23所示。只有在特殊情况下才允许卧放，但瓶头一端必须垫高，并防止滚动。

图5—22 气瓶要保证安全距离　　　图5—23 气瓶专用瓶架

乙炔瓶在使用时只能直立放置，不能横放。否则会使瓶内的丙酮流出，甚至会通过减压器流入乙炔胶管和焊炬内，引起燃烧或爆炸。建议氧气瓶与乙炔瓶用小车运送，并且直接放在小车上进行使用，安全可靠，如图5—24所示。

图5—24　氧气瓶和乙炔瓶专用小车

（2）在使用氧气时，切不可将粘有油迹的衣服、手套和其他带有油脂的工具、物品与氧气瓶阀，氧气减压器，焊炬、割炬，氧气胶管等相接触，如图5—25所示。

（3）开启氧气阀门时，要用专用工具，开启速度要缓慢，人应在瓶体一侧且人体和面部应避开出气口，应观察压力表指针是否灵活正常。

使用时，如果用手轮按逆时针方向旋转，则开启瓶阀，顺时针旋转则关闭瓶阀。在开启和关闭氧气瓶阀时不宜用力过猛，如图5—26所示。

图5—25　氧气不与有油脂的物质接触　　　图5—26　开启氧气阀门

（4）安装减压器之前要稍打开氧气瓶阀，吹出瓶嘴污物，以防将灰尘和水分带入减压器，气瓶嘴阀开启时应将减压器调节螺栓放松，如图 5—27 所示。

（5）冬季操作瓶阀被冻时，可用热水或蒸汽加热解冻，严禁敲击和火焰加热，如图 5—28 所示。

图 5—27　放松减压器调节螺栓

图 5—28　热水加热解冻

（6）氧气瓶中的氧气不允许全部用完，剩余压力必须留有 0.1 ~ 0.2 MPa，乙炔瓶低压表的读数为 0.01 ~ 0.03 MPa，并将阀门拧紧，写上"空瓶"标记；以便充气时便于鉴别气体性质及吹除瓶阀内的杂质，还可以防止使用中可燃气体倒流或空气进入瓶内，如图 5—29 所示。

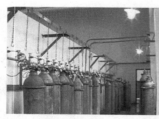

图 5—29　氧气必须留有剩余压力

（7）禁止使用乙炔管道、氧气瓶用作试压和气动工具的气源，做与焊接、气割无关的事情，如使用氧气打压充气、用氧气代替压缩空气吹净工作服、将氧气用作通风等不安全的做法，如图5—30 所示。

（8）气瓶在使用过程中必须根据规定进行定期技术检验。检验单位必须在

图 5—30　不允许用氧气
　　　　打压充气

气瓶肩部规定的位置打上检验单位代号、本次检验日期和下次检验日期的钢印标记，如图5—31a所示，报废的气瓶不准使用，如图5—31b所示。

a) 打印检验代号　　　　　b) 报废气瓶不准用

图5—31　定期技术检验

作业项目3：触电现场急救

焊工在地面、水下和高空作业时，若发生触电事故，要立即抢救。触电者的生命是否能得救，在绝大多数情况下，决定于能否迅速脱离电源和救护是否得法。拖延时间，动作迟缓和救护方法不当，都可能造成死亡。

一、模拟救治现场

1. 人员分工：有专业救护指导人员、救治人员、被救治人员。
2. 模拟触电现场和救护现场。

二、触电现场急救

1. 使触电者迅速脱离电源

当发生触电事故，应先使触电者迅速脱离电源的方法：立即拉下电源开关或拔掉电源插头；无法找到或不能及时断开电源时，可用干燥的木棒、竹竿等绝缘物挑开电源线。

遇到触电事故，慌乱之下急于解救触电者，没有采取任何措施，直接用手触摸触电者，这种做法是十分危险的，如图5—32所示。

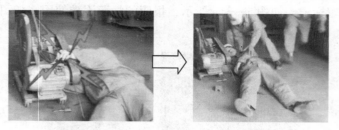

图5—32　没有切断电源而急于解救触电者

2. 对触电人员紧急救治

触电者脱离电源后，应根据触电者的具体情况，迅速对症救治。

一般情况下采用人工氧合，即用人工的方法恢复心脏跳动和呼吸二者之间相互配合的救治。人工氧合包括人工呼吸和心脏挤压（即胸外心脏按摩）两种方法。

触电者需要救治的，按以下三种情况分别处理。

（1）对症救治。

第一步　如果触电者伤势不重，神志清醒，但有些心慌，四肢发麻、全身无力，或者触电者在触电过程中曾有一度昏迷，但已清醒过来，应使触电者安静休息，不要走动，观察并请医生前来就诊或送往医院，如图5—33所示。

图5—33

第二步　如果触电者伤势较重，已失去知觉，但心脏跳动和呼吸还存在，应使触电者舒适、安静地平卧，保持环境空气流通，解开他的衣服，以利呼吸，如天气寒冷，要注意保温。并速请医生诊治或送往医院。如果发现触电者呼吸困难、稀少或发生痉挛，应准备立即施行人工氧合，如图5—34所示。

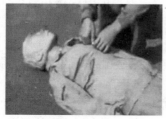

图5—34

续表

第三步　如果触电者伤势严重，呼吸停止或心脏跳动停止，或心脏跳动和呼吸都已停止，应立即施行人工氧合，并速请医生诊治或送往医院。 应当注意，急救要尽快地进行，不能等候医生的到来，在送往医院的途中，也不能中止急救，如图5—35所示。	 图5—35

（2）人工呼吸法。人工呼吸是在触电者呼吸停止后应用的急救方法。

采用口对口（鼻）人工呼吸法，应使触电者仰卧，头部尽量后仰，鼻孔朝天，下颚尖部与前胸部大致保持在一条水平线上。触电者颈部下方可以垫起，但不可在其头部下方垫放枕头或其他物品，以免堵塞呼吸道。

口对口（鼻）人工呼吸法的操作步骤如下：

第一步　将触电者头部侧向一边，张开其嘴，清除口中血块、假牙、呕吐物等异物，使呼吸道畅通，同时解开衣领，松开紧身衣着，以排除影响胸部自然扩张的障碍，如图5—36所示。	 图5—36
第二步　使触电者鼻孔（或口）紧闭，救护人深吸一口气后紧贴触电者的口（或鼻）向内吹气，时间约2 s，如图5—37所示。	 图5—37

第三步　吹气完毕，立即离开触电者的口（或鼻），并松开触电者的鼻孔（或嘴唇），让他自行呼气，时间约 3 s，如图 5—38 所示。如发现触电者胃部充气鼓胀，可一面用手轻轻加压于其上腹部，一面继续吹气和换气。如果实在无法使触电者把口张开，可用口对鼻人工呼吸法。触电者如系儿童，只可小口吹气，以免肺泡破裂。

图 5—38

（3）心脏挤压法。心脏挤压法是触电者心脏停上跳动后的急救方法。

施行心脏挤压应使触电者仰卧在比较坚实的地面上，姿势与口对口（鼻）人工呼吸法相同。操作方法如下：

第一步　救护人跪在触电者腰部一侧，或者骑跪在其身上两手相叠，手掌根部放在心窝稍高一点的地方，即两乳头间略下一点，胸骨下三分之一处，掌根用力向下（垂直用力，向脊椎方向）挤压，压出心脏里面的血液。对成年人应压下 3～4 cm，每秒钟挤压一次，每分钟挤压 60 次为宜，如图 5—39 所示。

图 5—39

第二步　挤压后，掌根迅速全部放松，让触电者胸廓自动复原，血液充满心脏，放松时掌根不必离开胸廓，如图 5—40 所示。

触电者如系儿童，可以只用一只手挤压，用力要轻一些，以免损伤胸骨，而且每分钟宜挤压 100 次左右。

图 5—40

心脏跳动和呼吸是互相联系的。心脏跳动停止了，呼吸很快就会停止；呼吸停止了，心脏跳动也维持不了多久。一旦呼吸和心脏跳动都停止了，应当同时进行口对口（鼻）人工呼吸和胸外心脏挤压。如

果现场仅一个人抢救，两种方法应交替进行，每吹气 2 ~ 3 次，再挤压
10 ~ 15 次。

作业项目 4：作业中火灾、爆炸事故的防范

一、操作准备

1. 焊接、气割设备、工具及劳动保护用品：交、直流弧焊机，气
焊、气割设备和焊帽、焊钳、焊条、扳手、打火机、护目镜及劳动保
护用品。

2. 准备消防器材：泡沫灭火器、二氧化碳灭火器、干粉灭火器
等。保证灭火器材有效可用。

3. 人员组织：除现场操作人员外，在作业现场，派专人监视火
警，积极防范。

4. 焊接与切割操作现场。

二、严格执行用火制度

焊接切割用火应经本单位安检部门，保卫部门检查同意后，方能
进行焊接作业。并应根据消防需要，配备足够数量的灭火器材（见图
5—41）。要检查灭火器材的有效期限，保证灭火器材有效可用。

图 5—41　灭火器材

三、动火操作人员必须持有动火证

凡是常见石油化工区、煤气站、油库区等危险区域的焊接切割人员，必须经过安全技术培训，并于考试合格后，方能独立作业。凡需在禁火区和危险区工作的焊工，必须持有动火证（见图5—42）和出入证，否则不得在上述范围内从事动火作业。

a) 办理动火证　　　　　　b) 监查动火证

图5—42　操作人员必须持有动火证

四、焊接和切割作业的安全防范

1. 在进行气焊或气割作业时，要仔细检查瓶阀、减压阀和胶管，不能有漏气现象，拧装和拆取阀门都要严格按操作规程进行。

2. 离焊接与气割处10 m范围内不应有有机灰尘、垃圾、木屑、棉纱、草袋等及石油、汽油、油漆等，切割处与易燃物品的间距见图5—43。如不能及时清除，应用水喷湿，或盖上石棉板、石棉布，湿麻袋隔绝火星，即采取可靠安全措施后才能进行操作。工作地点通道的宽度不得小于1 m。

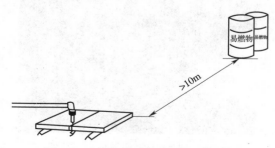

图5—43　切割处与易燃物品的间距

3. 在进行焊接作业时，应注意如电流过大而电缆包皮破损产生大量热量，或者接头处接触不良均易引起火灾。因此，作业前应仔细检查，并做好包扎，如图5—44所示。

4. 应该注意在焊接和切割管道、设备时，热传导能导致另一端易燃易爆物品发生火灾爆炸，所以，在作业前要仔细检查，对另一端的危险物品予以清除。

5. 切割旧设备、废钢铁时，要注意清除其中夹杂的易燃易爆物品，防止发生火灾和爆炸类事故。

6. 不得在储存汽油、煤油、挥发性油脂等易燃易爆物品（见图5—45）的场所进行焊接与切割作业。

图5—44　包扎破损的焊接电缆　　　图5—45　不得在易燃易爆的
　　　　　　　　　　　　　　　　　　　　　　　　油管处焊接

7. 不准直接在木板或木板地上进行焊接与切割。如必须进行时，要用铁板把工作物垫起，并须携带防火水桶，以防火花飞溅造成火灾。

8. 焊接管子时，要把管子两端打开，不准堵塞。管子两端不准接触易燃物或有人工作。在金属容器内施焊时，如锅炉，水箱，槽车、船舶、化工容器等，须打开所有孔盖，以利通风；必要时，还可增设通风装置，加设盲板等。

9. 在隧道、沉井，坑道，管道，井下，地坑及其他狭窄地点进行焊接时，必须事先检查其内部是否有可燃气体及其他易燃易爆物质。如有上述气体或物质，则必须采取有效措施予以排除，如采取局部通风等。进入内部操作之前，应按有关测试方法做测试试验，确认合格后再开始操作。

10. 凡新制造的产品，如管道、油罐、轮船、机车车辆以及其他交付的产品，在油漆未干之前（见图5—46），不许进行焊接与切割操作，以防周围空气中有挥发性气体而发生火灾。

图5—46　油漆未干之前不许焊接与切割

11. 化工设备的保温层，有些采用的是沥青胶合木、玻璃纤维、泡沫塑料等易燃物品。焊接与切割之前，应将距操作处1.5 m范围内的保温层拆除干净，并用遮挡板隔离以防飞溅火花落到附近的易燃保温层上。

12. 弧焊机要有牢固的接地装置，导线要有足够的截面，严禁超过安全电流负荷量，要有合适的保险装置。保险丝严禁用铜丝或铁丝代替。开关插座的安装使用必须符合要求。

13. 焊接回路地线不可乱按乱搭，以防接触不良。同时要做到电线与电线、电线与开关等设备连接处的接头符合要求，以防接触电阻过大造成火灾。

14. 焊接中如发现弧焊机漏电、皮管漏气或闻到有焦煳味等异常情况时，应立即停止操作进行检查。

15. 焊割工作结束时，要立即拉闸断电，并认真检查，特别是对有易燃易爆物或填有可燃物隔热层的场所，一定要彻底检查，将火熄灭。待焊割件冷却并确认没有焦味和烟气（见图5—47a）后，并做好认真清理（见图5—47b），焊工方能离开工作场所。

a) 冷却炽热的割件　　　　　　　　b) 认真清理现场

图5—47　焊割工作结束

五、容器、管道的焊补置换作业

1. 用水作置换介质

常用的置换介质有氮气、二氧化碳、水蒸气或水等。

必须注意，若通入水蒸气置换，铁管的末端应伸至液体的底部，以防通入水蒸气后有碱液泡沫溅出。这项操作不得先将碱片预放在设备管道内，然后再加入清水，尤其是暖水或热水，因为碱片溶解时，会产生大量的热，碱液涌出设备管道外，往往使操作者受伤。

对有些油类容器如汽油桶，可以直接用蒸汽流吹洗，2 000 L 以内的汽油容器的吹洗时间不得少于 2 h。没有蒸汽源时，对容器小的汽油桶可以用水煮沸的方法清洗，即注入相当汽油桶容量 80% ~ 90% 的水，然后煮开 3 h。

现以水作为置换介质，将容器灌满，如图 5—48 所示。

未经置换处理，或虽已置换但尚未分析化验气体成分是否合格的燃料容器，均不得随意动火焊补，否则易造成事故。

2. 用氢氧化钠水溶液清洗

油类容器、管道的清洗，可以用每千克火碱（氢氧化钠），加入 80 ~ 120 g 的水溶液清洗几遍，或通入水蒸气煮沸，再用清水洗涤。采用火碱清洗时，应先在容器中加入所需数量的清水，然后以定量的碱片分批逐渐加入，同时缓慢搅动，待全部碱片均加入溶解后，方可通入水蒸气煮沸，如图 5—49 所示。

图 5—48 容器内用水作置换介质

图 5—49 清洗管道

3．取样分析

在置换过程中要不断严格控制容器内的可燃物含量，必须达到合格量，以保证符合安全要求，这是置换动火焊补防爆的关键，如图5—50所示。

4．置换动火焊补时，做到可靠隔离

可靠隔离通常是采用盲板将与之连接的出入管路截断，使焊补的容器管道与生产的部分完全隔离。在厂区或车间内划定固定动火区。凡可拆卸并有条件移动到固定动火区焊补的物件，必须移到固定动火区内进行，从而尽可能减少在防爆车间和厂房内的动火工作，如图5—51所示。

图5—50　检测容器内可燃物含量　　　图5—51　隔离截断出入管路

在固定动火区符合防火与防爆要求的情况下，并采取可靠的安全隔离措施，在有人监护的的条件下，进行动火焊补，如图5—52所示。

六、带压管道不置换动火焊补作业

1．补焊前，要先弄清补焊部位的情况，如穿孔裂缝的位置，形状、大小及补焊的范围等。穿孔裂缝较小，可先做些小铁钉，打入小孔后再焊补；穿孔裂缝较大，要预先做好覆盖在上面的钢板。钢板尽量和容器的表面贴紧，钢板的厚度要尽量和被焊补设备的厚度一致，以免焊接时与本体变形不一致，造成焊接困难。

2．焊接前，要引燃从裂缝逸出的可燃气体（见图5—53），形成一个稳定的燃烧系统。如系统内压力急剧下降到所规定的限度或氧含

量超过允许值等情况，要马上停止动火。查明原因，采取相应对策后，方可继续进行焊补。

图 5—52 在监护下动火焊补

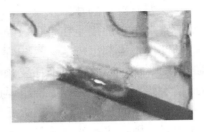
图 5—53 引燃可燃气体

3．焊接电流的大小要预先调节好，特别是压力在 0.1 MPa 以上和钢板较薄的设备，焊接电流过大容易熔穿金属，在大压力下会产生更大的孔。最好使用直流焊机。

4．焊接操作中，焊工不可正对动火点（见图 5—54），以免出现压力突增，火焰急剧喷出烧伤施工人员的特殊情况。尤其在火未熄灭前，不得切断可燃气来源，也不得降低或消除系统的压力，以防设备管道吸入空气形成爆炸性混合气。

图 5—54 不正对动火点焊补

现场必须做好严密的组织工作。要有专人进行严肃、认真的统一指挥。值班调度、有关工段的负责人和操作工要在现场参加工作。特别是在控制压力和氧含量的岗位上要有专人负责。

现场要准备几套（视具体情况而定）长管式防毒面具。由于带压焊接在可燃气体未点燃前，会有大量超过允许浓度的有害气体逸出，施工人员戴上防毒面具,是确保人身安全的重要措施。还需准备必要的灭火器材,最好是二氧化碳灭火器。

焊工要有较高的技术水平。焊接要均匀、迅速,电流和焊条的选择要适宜。由于焊接是在带压、喷火焰的条件下进行,特别是一般要补焊的部位钢板都比较薄,这与焊接难度大的工件,需要高的焊接技术的道理一样。因此,焊工还要预先经过专门培养和训练,不允许不懂或技术差、经验少的焊工带压焊接。

燃料容器的带压不置换动火是一项新技术,爆炸因素比置换动火时变化多,稍不注意就会给国家财产和人身安全带来严重后果。操作时控制系统压力和氧含量的岗位以及化验分析等要有专人负责、消防部门应密切配合,焊工不得擅自进行带压焊补操作。

作业项目5:火灾现场的紧急扑救

一、操作准备

1. 准备消防器材

准备若干泡沫灭火器、二氧化碳灭火器、干粉灭火器、1211灭火器(见图5—55)。

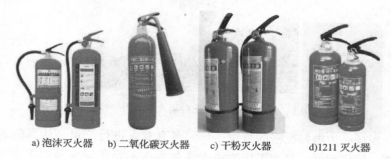

a) 泡沫灭火器　　b) 二氧化碳灭火器　　c) 干粉灭火器　　d)1211灭火器

图5—55　灭火器

2. 模拟发生火灾和爆炸现场

(1)准备导致油类起火的物质。

（2）引致电器设备着火的器件。

（3）安全空旷的场地。

3．组织火灾现场的紧急扑救

专业火灾救护指导人员、医护人员、参加火灾扑救人员等。

二、油类物质着火的扑救

当油类物质着火时，可用泡沫灭火器，要沿容器壁喷射，让泡沫逐渐覆盖油面，使火熄灭，不要直接对着油面，以防油质溅出。

泡沫灭火器的使用方法：可手提筒体上部的提环，迅速奔赴火场。这时应注意不得使灭火器过分倾斜，更不可横拿或颠倒，以免两种药剂混合而提前喷出。当距离着火点 8 m 左右，即可将筒体颠倒过来，一只手紧握提环，另一只手扶住筒体的底圈，将射流对准燃烧物，见示意图。

泡沫灭火器灭火操作示意

1．右手握着压把，左手托着灭火器底部，轻轻地取下灭火器。	2．右手提着灭火器到现场。

泡沫灭火器灭火操作示意

3. 右手捂住喷嘴，左手执筒底边缘。	4. 把灭火器颠倒过来呈垂直状态，用劲上下晃动几下，然后放开喷嘴。

5. 右手抓筒耳，左手抓筒底边缘，把喷嘴朝向燃烧区，站在离火源 8 m 的地方喷射，并不断前进，围着火焰喷射，直至将火扑灭。	6. 灭火后，将灭火器卧放在地上，喷嘴朝下。

　　在扑救可燃液体火灾时，如已呈流淌状燃烧，则将泡沫由远而近喷射，使泡沫完全覆盖在燃烧液面上；如在容器内燃烧，应将泡沫射向容器的内壁，使泡沫沿着内壁流淌，逐步覆盖着火液面。切忌直接对准液面喷射，以免由于射流的冲击，反而将燃烧的液体冲散或冲出容器，扩大燃烧范围。在扑救固体物质火灾时，应将射流对准燃烧最

猛烈处。灭火时随着有效喷射距离的缩短，使用者应逐渐向燃烧区靠近，并始终将泡沫喷在燃烧物上，直到扑灭。使用时，灭火器应始终保持倒置状态，否则会中断喷射。

三、电气设备着火的扑救

当电气设备着火时，首先要拉闸断电，然后再灭火。在未断电以前不能用水或泡沫灭火器灭火，只能用干粉灭火器、二氧化碳灭火器或 1211 灭火器扑救，因为用水或泡沫灭火器容易触电伤人。

（1）干粉灭火器灭火。干粉灭火器的使用方法是：可手提或肩扛灭火器快速奔赴火场，在距燃烧处 2 m 左右，放下灭火器。如在室外，应选择在上风方向喷射。使用的干粉灭火器若是外挂式，操作者应一手紧握喷枪，另一手提起储气瓶上的开启提环。如果储气瓶的开启是手轮式的，则向逆时针方向旋开，并旋到最高位置，随即提起灭火器。当干粉喷出后，迅速对准火焰的根部扫射。使用的干粉灭火器若是内置式储气瓶或者是储压式的，操作者应先将开启把上的保险销拔下，然后握住喷射软管前端喷嘴部，另一只手将开启压把压下，打开灭火器进行灭火。有喷射软管的灭火器或储压式灭火器在使用时，一手应始终压下压把，不能放开，否则会中断喷射，见示意图。

干粉灭火器灭火操作示意	

1. 右手握着压把，左手托着灭火器底部，轻轻地取下灭火器。	2. 右手提着灭火器到现场。

续表

干粉灭火器灭火操作示意	

3. 除掉铅封。	4. 拔掉保险销。

5. 左手拿着喷管，右手提着压把。	6. 在距火焰2 m的地方，右手用力压下压把，左手拿着喷管左右摆动，使喷管喷出的干粉覆盖整个燃烧区。

　　干粉灭火器扑救可燃、易燃液体火灾时，应对准火焰根部扫射，当被扑救的液体火灾呈流淌燃烧时，应对准火焰根部由近而远，并左右扫射，直至把火焰全部扑灭。

　　如果可燃液体在容器内燃烧，使用者应对准火焰根部左右晃动扫射，使喷射出的干粉流覆盖整个容器开口表面；当火焰被赶出容器时，使用者仍应继续喷射，直至将火焰全部扑灭。

在扑救容器内可燃液体火灾时，应注意不能将喷嘴直接对准液面喷射，防止喷流的冲击力使可燃液体溅出而扩大火势，造成灭火困难。

如果可燃液体在金属容器中燃烧时间过长，容器的壁温已高于扑救可燃液体的自燃点，此时，极易造成灭火后再复燃的现象，若与泡沫灭火器联用，则灭火效果更佳。

使用磷酸铵盐干粉灭火器扑救固体可燃物火灾时，应对准燃烧最猛烈处喷射，并上下、左右扫射。如条件许可，使用者可提着灭火器沿着燃烧物的四周边走边喷，使干粉灭火剂均匀地喷在燃烧物的表面，直至将火焰全部扑灭。

（2）二氧化碳灭火器灭火。使用二氧化碳灭火器灭火时，应将其提到或扛到火场，在距燃烧物 2 m 左右处，放下灭火器拔出保险销，一手握住喇叭筒根部的手柄，另一只手紧握启闭阀的压把。对没有喷射软管的二氧化碳灭火器，应把喇叭筒往上扳 70°～90°。使用时，不能直接用手抓住喇叭筒外壁或金属连线管，防止手被冻伤。灭火时，当可燃液体呈流淌状燃烧时，使用者将二氧化碳灭火剂的喷流由近而远向火焰喷射。当可燃液体在容器内燃烧时，使用者应将喇叭筒提起，从容器的一侧上部向燃烧的容器中喷射。但不能使二氧化碳喷射流直接冲击可燃液面，以防止将可燃液体冲出容器而扩大火势，造成灭火困难，见示意图。

二氧化碳灭火器灭火操作示意

1．用手握着压把。	2．用右手提着灭火器到现场。

二氧化碳灭火器灭火操作示意

3. 除掉铅封。	4. 拔掉保险销。

5. 站在距火源 2 m 的地方左手拿着喇叭筒，右手用力压下压把。	6. 对着火焰根部喷射，并不断推前，直至将火焰扑灭。

（3）1211 灭火器灭火。1211 灭火器使用时，用手提灭火器的提把，将灭火器带到火场。在距燃烧处 5 m 左右，放下灭火器，先拔出保险销，一手握住开启把，另一手握在喷射软管前端的喷嘴处。如灭火器无喷射软管，可一手握住开启压把，另一手扶住灭火器底部的底圈部分。先将喷嘴对准燃烧处，用力握紧开启压把，使灭火器喷射。当被扑救可燃烧液体呈现流淌状燃烧时，使用者应对准火焰根部由近而远并左右扫射，向前快速推进，直至火焰全部被扑灭。

如果可燃液体在容器中燃烧，应对准火焰左右晃动扫射，当火焰被赶出容器时，喷射流跟着火焰扫射，直至把火焰全部扑灭。

但应注意不能将喷流直接喷射在燃烧液面上，防止灭火剂的冲力将可燃液体冲出容器而扩大火势，造成灭火困难。当扑救可燃性固体物质的初起火灾时，将喷流对准燃烧最猛烈处喷射，当火焰被扑灭后，应及时采取措施，不让其复燃。

1211 灭火器使用时不能颠倒，也不能横卧，否则灭火剂会喷出。另外，在室外使用时，应选择在上风方向喷射；在窄小的室内灭火时，灭火后操作者应迅速撤离，因 1211 灭火剂具有一定的毒性，以防其对人体造成伤害。

作业项目6：现场弧光、烟尘、有毒气体、射线等防护

一、准备防护装置和用品

1. 个人防护用品：电动式送风头盔、焊接护目镜、防尘口罩和防毒面具及其他劳动保护用品，如图5—56 所示。

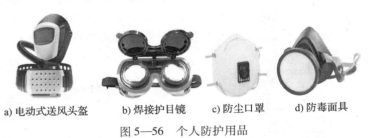

a) 电动式送风头盔　　b) 焊接护目镜　　c) 防尘口罩　　d) 防毒面具

图5—56　个人防护用品

2. 设置排烟系统和通风装置及钨极磨削砂轮机（见图5—57）。

a) 具有排烟系统的操作现场　　　　b) 通风装置　　　　c) 钨极磨削砂轮机

图5—57　防护装置

二、劳动保护用品的正确使用

1. 正确穿着工作服。穿工作服时要把衣领和袖口扣好，上衣不应扎在工作裤里边，裤腿不应塞到鞋里面，工作服不应有破损、空洞和缝隙，不允许沾有油脂或穿潮湿的工作服。

2. 在仰位焊接、切割时，为了防止火星、熔渣从高处溅落到头部和肩上，焊工应在颈部围毛巾，头上戴隔热帽，穿着用防燃材料制成的护肩、长套袖、围裙和鞋盖。

3. 采用输入式头盔或送风头盔时，应经常使口罩内保持适当的正压。若在寒冷季节，应将空气适当加温后再供人使用（见图5—58）。

4. 佩戴各种耳塞时，要将塞帽部分轻轻推入外耳道内，使它和耳道贴合，不要用力太猛或塞得太紧。

三、现场劳动卫生防护

1. 弧光辐射的防护

正确选择电焊防护面罩上护目镜的遮光号以及气焊、气割防护镜的眼镜片。进行焊条电弧焊接操作时，为了防止强烈弧光和高温对眼镜和面部的伤害，都应戴上配有特殊护目玻璃的防护面罩或专用遮光屏，如图5—59所示。

图5—58　电动式送风头盔的使用

图5—59　弧光辐射的防护

2. 焊接烟尘和有毒气体的防护

（1）焊接作业人员进入容器内应戴有化学过滤的呼吸面具，包括送风防护面罩（见图5—60）和个人送风封闭头盔。

（2）夏季进行操作时，特别是在狭小的工作场地和容器中操作，在烟尘、高温的环境下，操作者工作条件变差，可采取局部送风，把新鲜空气送入焊接工作地带。目前生产上多采用通风装置直接吹散电焊烟尘和有毒气体的送风方法，如图5—61所示。

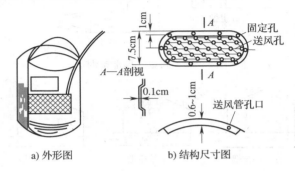

a) 外形图　　　　　　　　b) 结构尺寸图

图5—60　送风式焊接面罩

图5—61　采取通风排烟措施

（3）焊接工作地局部排烟是效果较好的焊接通风措施，有关部门正在积极推广，这种固定式排风系统的结构如图5—62所示。局部排烟罩是用来捕集电焊烟尘和有毒气体；并且为防止大气污染而设置了净化设备。

（4）焊接车间全面通风是焊接车间排放电焊烟尘和有毒气体的有效措施。通常采用上抽排烟、下抽排烟和侧抽排烟三种措施，如图5—63所示。

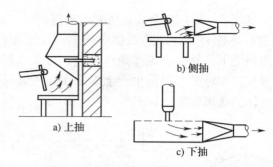

图 5—62　固定式局部排烟罩

图 5—63　焊接车间全面通风示意图

3. 射线的防护

钍钨棒磨削应考虑到钍有放射性的有害影响。

在钍钨棒磨削、特别是储存地点，放射性浓度大大高于焊接地点，可达到或接近最高允许浓度。因此，对钍的有害影响应当予以重视，应采取有效的防护措施，防止钍的放射性烟尘进入人体内。钍钨棒储存地点应固定在地下室封闭式箱内；大量存放时应藏于铁箱里，并安装通风装置。

应备有专用砂轮来磨尖钍钨棒，砂轮机应安装除尘设备。

接触钍钨棒后，应用流动水和肥皂洗手，工作服及手套等应经常清洗。

作业项目 7：现场安全性检查及不安全因素的排查

施工现场各类易发事故归结起来，主要是人、物、环境三大要素。人的因素包含焊工本人、现场其他工种人员、管理人员，这三类人员的不安全行为会造成施工现场混乱或直接对焊工带来危害。物的因素包含焊接作业所涉及的设备、工具、材料、构件、防护用品，这些物的不安全状态构成了危害因素。环境因素主要指高空作业、交叉作业、恶劣的作业环境等这类操作现场的环境；其次是项目管理水平这种软环境，项目管理混乱，会直接引发事故，对焊工造成危害。

因此，在实施焊接、切割操作过程中，除加强个人防护外，还必须严格执行焊接、切割安全规程，加强对焊接和切割场地、设备、工夹具进行安全检查，排查不安全的因素，以避免人身伤害及财产损失。

一、焊接场地、设备安全检查

1. 检查焊接与切割作业场地的设备、工具、材料是否排列整齐，不得乱堆乱放，多点焊接作业或与其他工种混合作业时，工位间应设防护屏（见图5—64）。

2. 检查焊接场地是否保持必要的通道（见图5—65），且车辆通道宽度不小于3 m；人行道不小于1.5 m。

图5—64　作业场地设防护屏

图5—65　作业场地保持必要的通道

3. 检查所有气焊和气割胶管、焊接电缆线是否互相缠绕，如有缠绕，必须分开；气瓶用后是否已移出工作场地；在工作场地各种气瓶不得随便横躺竖放（见图5—66）。

图5—66　避免工作场地这样杂乱

4. 检查焊工作业面积是否足够，焊工作业面积不应小于4 m^2；地面应干燥；工作场地要有良好的自然采光或局部照明（见图5—67）。

图5—67　条件良好的工作场所

5. 检查焊、割场地的设备及材料是否有序摆放（见图5—68），周围10 m范围内各类可燃易爆物品是否清除干净。如未能清除干净，应采取可靠的安全措施，如用水喷湿或用防火盖板、湿麻袋、石棉布等覆盖。

6. 室外作业现场要检查以下内容：在地沟、坑道、检查井、管段或半封闭地段等作业时，应严格检查有无爆炸和中毒危险，应该用仪器（如测爆仪、有毒气体分析仪）进行检查分析（见图5—69），禁止用明火及其他不安全的方法进行检查。对附近敞开的孔洞和地沟，应用石棉板盖严，防止火花进入。

　图5—68　焊、割场地摆放有序　　图5—69　用有毒气体分析仪进行检查

　　7. 施焊人员必须持证上岗（见图5—70），凡属于应有动火审批手续，但手续不全，并且不了解焊、割现场周围情况，不能盲目进行焊、割作业。

　　8. 对盛装过可燃气体、液体、有毒物质的各种容器，未经彻底清洗，并且不了解焊、割件内部是否安全时，不能进行焊、割作业（见图5—71）。

　图5—70　检查动火审批手续　　　图5—71　焊、割容器需谨慎

二、工夹具的安全检查

　　为了保证焊工的安全，在焊接前应对所使用的工具、夹具进行检查。

　　1. 电焊钳。焊接前应检查电焊钳与焊接电缆接头处是否牢固（见图5—72）。如果两者接触不牢固，焊接时将影响电流的传导，甚至会打火花。另外，接触不良将使接头处产生较大的接触电阻，造成电焊钳发热、变烫，影响焊工的操作。此外，应检查钳口是否完好，以免影响焊条的夹持。

2. 面罩和护目镜片。主要检查面罩和护目镜是否遮挡严密，有无漏光的现象。

3. 角向磨光机。要检查砂轮转动是否正常，有无漏电的现象（见图5—73）；砂轮片是否紧固牢靠，是否有裂纹、破损，要杜绝使用过程中砂轮碎片飞出伤人。

图5—72　检查所用工具、夹具　　图5—73　检查角向磨光机是否正常

第六章　气焊与气割安全

第一节　气焊气割原理及其安全特点

一、气焊、气割的原理及适用范围

气焊是利用可燃气体与氧气混合燃烧的火焰对金属进行加热的一种熔焊方法。气焊所用的可燃气体主要有乙炔、丙烷，助燃气体为氧气。

气焊主要应用于焊接薄钢板、有色金属件、铸铁件、钎焊件和堆焊硬质合金等材料，以及磨损和报废零部件的焊补。在化工企业被广泛地应用于设备和管道的安装工作以及生产检修时的焊补。

气焊有色金属件和铸铁件时，还需要加焊粉，用以熔解和清除覆盖在焊材及熔池表面上的难熔的氧化膜，并在熔池表面形成一层熔渣，保护熔池金属不被氧化，排除熔池中的气体、氧化物及其他夹杂物，改善熔池金属的流动性等。例如焊铝时采用由氯化物（KCl，NaCl）和氟化钠（NaF）等组成的铝焊粉。

气割是利用可燃气体与氧气混合燃烧的预热火焰，将金属加热到燃烧点，并在氧气射流中剧烈燃烧而将金属分开的加工方法。可燃气体与氧气的混合以及切割氧的喷射是利用割炬来完成的。

气割时应用的设备和器具除割炬外，其他与气焊相同。

气割主要应用于各种碳素结构钢和低合金结构钢材的备料。气割工艺在许多重要工业部门都被广泛地采用。在化工企业设备和管道的安装与检修工作中，被广泛地应用于钢板和管材的备料和切断。此外，还应用于水下钢材的切割。

由于气体火焰的切割过程是金属燃烧而不是熔化的过程，所以只有同时满足下列条件金属才能切割。

1. 金属的燃点必须低于其熔点。
2. 金属气割时形成氧化物的熔点必须低于被切割金属的熔点。
3. 金属在切割氧射流中燃烧应是放热反应，并且金属的导热性不应太高。
4. 被气割金属中阻碍气割过程的杂质要少。

二、气焊与气割的安全特点

气焊与气割所应用的乙炔、丙烷和氧气等都是易燃易爆气体，氧气瓶、乙炔瓶、液化石油气瓶属于压力容器。而在化工企业安装和检修的气焊与气割作业中，还会遇到其他许多易燃易爆气体以及各种压力容器和管道。由于气焊与气割操作中需要与可燃气体和压力容器接触，同时又使用明火，如果焊接设备不完善，或者违反安全操作规程，就有可能造成爆炸和火灾事故。

在气焊火焰的作用下，尤其是气割时氧气射流的喷射，使火星、熔珠和铁渣四处飞溅，容易造成灼烫事故。而且较大的熔珠和铁渣能飞溅到距操作点 5 m 以外的地方，引燃可燃易爆物品，而发生火灾和爆炸。

化工企业设备与管道的安装和检修，经常需要高空气焊与气割作业，这就存在着高处坠落以及落下的火星引燃地面的可燃物品等不安全因素。

气焊与气割的火焰温度高达 3 000℃，被焊金属在高温作用下蒸发成金属烟尘。在焊接镁、铅、铜等有色金属及其合金时，除了这些金属的蒸气以外，焊粉还散发出氯盐和氟盐的燃烧产物，黄铜的焊接过程放散大量锌蒸气，铅的焊接过程中放散铅和氧化铅蒸气等有害物质。在化工企业的气焊操作中还会遇到其他有毒的化工原料和有害气体，尤其是在化工设备、管道里面的气焊操作，容易造成焊工中毒。

第二节　气焊气割火焰及工艺参数

一、气焊气割火焰

氧—乙炔焰是氧与乙炔混合燃烧所形成的火焰。氧—乙炔焰的外形、构造及火焰的温度分布与氧气和乙炔的混合比大小有关。

根据氧与乙炔混合比的大小不同，可得到三种不同性质的火焰，即中性焰、碳化焰和氧化焰，其种类、外形和成分如图 6—1 所示。

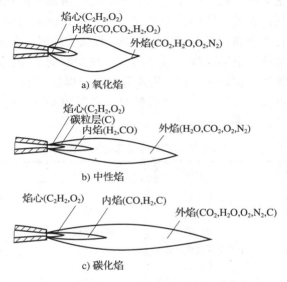

焰心(C_2H_2,O_2)
内焰(CO,CO_2,H_2,O_2)
外焰(CO_2,H_2O,O_2,N_2)

a) 氧化焰

焰心(C_2H_2,O_2)
碳粒层(C)
内焰(H_2,CO)
外焰(H_2O,CO_2,O_2,N_2)

b) 中性焰

焰心(C_2H_2,O_2)
内焰(CO,H_2,C)
外焰(CO_2,H_2O,O_2,N_2,C)

c) 碳化焰

图 6—1　氧—乙炔焰的种类、外形和成分

1. 中性焰

中性焰是氧与乙炔混合比为 1.1～1.2 时燃烧所形成的火焰。在一次燃烧（可燃气体与氧气预先按一定比例混合好的混合气体的燃烧）区内既无过量的氧，也无游离碳。由此可见，中性焰是乙炔和氧气量比例相适应的火焰。中性焰适用于低碳钢、中碳钢、低合金钢、不锈钢、紫铜、锡青铜及灰铸铁等材料的焊接（割）。

2. 碳化焰

碳化焰是氧与乙炔的混合比小于 1.1 时燃烧所形成的火焰。因有过剩的乙炔存在，在火焰高温作用下分解出游离碳，在焰心周围出现了呈淡白色的内焰，其长度比焰心长 1～2 倍，是一个明显可见的富碳区。碳化焰具有较强的还原作用，也有一定的渗碳作用。轻微碳化焰适用于高碳钢、铸铁、高速钢、硬质合金、蒙乃尔合金、碳化钨和铝青铜等材料的焊接（割），而强碳化焰没有实用价值。

3. 氧化焰

氧化焰是氧与乙炔混合比大于 1.2 时燃烧所形成的火焰。氧化焰中有过量的氧，在尖形焰心外面形成一个有氧化性的富氧区。对于一般的碳钢和有色金属，很少采用氧化焰，焊接黄铜时，采用含硅焊丝，氧化焰会使熔池表层形成硅的氧化膜，可减少锌的蒸发，因此轻微氧化焰适用于黄铜、锰黄铜、镀锌铁皮等材料的焊接（割）。

由上述可知，焊接不同的金属材料，应采用不同性质的火焰才能获得优质焊缝，见表 6—1。

表 6—1　　　　　　不同材料焊接时应采用的火焰性质

金属材料	火焰性质	金属材料	火焰性质
低、中碳钢	中性焰	铬镍钢	中性焰
低合金钢	中性焰	锰钢	氧化焰
紫铜	中性焰	镀锌铁板	氧化焰
铝及铝合金	中性焰或轻微碳化焰	高速钢	碳化焰
铅、锡	中性焰	硬质合金	碳化焰
青铜	中性焰或轻微碳化焰	高碳钢	碳化焰
不锈钢	中性焰或轻微碳化焰	铸铁	碳化焰
黄铜	氧化焰	镍	碳化焰或中性焰

二、气焊气割工艺参数

1. 气焊工艺参数

（1）焊丝牌号及直径

1）焊丝牌号。应根据焊件材料的力学性能或化学成分，选择相应性能或成分的焊丝。

2）焊丝直径。焊丝直径是根据焊件厚度选择的。焊接厚 5 mm 以下的板材时，一般选用直径为 1~3 mm 的焊丝。

（2）火焰的性质及能率

1）火焰性质。应根据不同材料的焊件，合理地选择火焰性质，见表 6—1。

2）火焰能率。火焰的能率是指每小时可燃气体（如乙炔）的消耗量（L/h）。而气体消耗量又取决于焊炬型号和焊嘴大小。焊炬型号和焊嘴号码越大，火焰能率也越大。在实际生产中，焊炬型号和焊嘴可根据焊件厚度来选择。

（3）焊炬倾斜角。焊炬倾斜角的大小主要取决于焊件的厚度和母材的熔点及导热性。焊件越厚，导热性越好且熔点越高，应采用较大的焊炬倾斜角 α，使火焰的热量集中；相反，则采用较小的倾斜角。焊接碳素钢时焊炬倾斜角与焊件厚度的关系如图 6—2 所示。

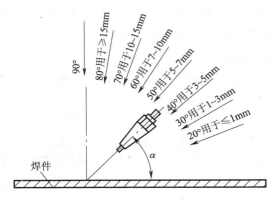

图 6—2　焊炬倾斜角与焊件厚度的关系

（4）焊接方向。气焊时，按照焊炬和焊丝的移动方向，可分为左向焊法和右向焊法。

1）右向焊法。右向焊法是焊炬指向焊缝，焊接过程自左向右，焊炬在焊丝面前移动（见图 6—3a）。适合焊接厚度较大、熔点较高及导热性较好的焊件。但右向焊法不易掌握，一般很少采用。

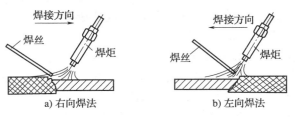

图 6—3　焊接方向

2）左向焊法。左向焊法是焊炬指向焊件未焊部分，焊接过程自右向左，焊炬是跟着焊丝走（见图6—3b）。左向焊法，由于火焰指向焊件未焊部分，对金属有预热作用，因此焊接薄板时生产率很高，同时这种方法操作方便，容易掌握，是普遍应用的方法。左向焊法缺点是焊缝易氧化，冷却较快，热量利用率低。

（5）焊接速度。应根据焊工的操作熟练程度，并在保证焊接质量的前提下，尽量提高焊接速度，以减小焊件的受热程度及提高生产率。一般说来，对于厚度大、熔点高的焊件，焊接速度要慢些，以避免产生未熔合的缺陷；对于厚度小、熔点低的焊件，焊接速度要快些，以避免发生烧穿和焊件过热，降低焊接质量。

2. 气割工艺参数

（1）气割氧压力。选择氧气压力的依据一般是随割件厚度的增大而加大，或随割嘴代号的增大而加大。

在割件厚度、割嘴代号、氧气纯度均已确定的条件下，气割氧压力的大小对气割质量有直接的影响。如氧气压力不够，氧气供应不足，会引起金属燃烧不完全，降低气割速度，不能将熔渣全部从割缝处吹除，使割缝的背面留下很难清除的挂渣，甚至还会出现割不透的现象。如果氧气压力太高，则过剩的氧气对割件有冷却作用，使割口表面粗糙，割缝加大，气割速度减慢，氧气消耗量也增大。

（2）气割速度。气割速度也主要取决于切割件的厚度。割件越厚，割速越慢。切割厚大断面的工件，还要增加横向摆动；但割速太慢，会使割缝边缘不齐，甚至产生局部熔化现象，割后清渣困难。割件越薄，割速越快。但也不能过快，否则，会产生很大的后拖量或割不透现象。气割速度的正确与否，主要根据割缝的后拖量来判断。所谓的"后拖量"是指气割面上的气割氧流轨迹的始、终点在水平方向上的距离，如图6—4所示。

（3）预热火焰能率。预热火焰的作用是把金属割件加热至能在氧气流中燃烧的温度，并始终保持这一温度，同时使割件表面的氧化皮剥离和熔化，便于气割氧射流与铁化合。

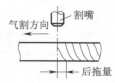

图6—4　后拖量示意图

气割时，预热火焰应采用中性焰或轻微氧化焰。碳化焰不能采用，因为碳化焰中有游离碳存在，会使割缝边缘增碳。在切割过程中，要注意随时调整预热火焰，防止火焰性质发生变化。

预热火焰能率的大小与割件厚度有关。割件越厚，火焰能率应越大。但是在气割厚板时火焰能率的大小要适宜，如果此时火焰能率选择过大，会使割缝上缘产生连续的珠状钢粒，甚至熔化成圆角，同时还造成割缝背面黏附的熔渣增多，从而影响气割质量。火焰能率选择过小，割件得不到足够的热量，会使割速减慢而中断气割工作。

（4）割嘴和割件间的倾角（见图6—5）。倾角的大小要随割件厚度而定，其关系见表6—2。

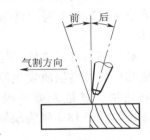

图6—5　割嘴的倾斜角度

表6—2　　　　　割嘴倾角与割件厚度的关系

割件厚度（mm）	<6	6~30	>30		
			起割	割穿后	停割
倾角方向	后倾	垂直	前倾	垂直	后倾
倾角度数（°）	25~45	0	5~10	0	5~10

（5）割嘴离割件表面的距离。通常情况下火焰焰心距割件表面为3~5 mm。当割件厚度小于20 mm时，火焰可长些，距离可适当加大；当割件厚度大于或等于20 mm时，由于气割速度慢，为了防止割缝上缘熔化，火焰可短些，距离应适当减小。这样，可以保持气割氧流的挺直度和氧气的纯度，使气割质量得到提高。

除了气割工艺参数，气割质量的好坏还与割件材质质量及表面状况（氧化皮、涂料等）、割缝的形状（直线、曲线和坡口等）等因素有关。

第三节　常用气体的性质及安全使用

气割与气焊常用的气体主要有氧气、乙炔和液化石油气等。

一、氧气

1. 氧气的性质

氧（O_2）在标准状态下（0℃，9.8×10^4 Pa）是一种无色、无味、无毒的气体，密度为 1.43 kg/m^3（空气为 1.29 kg/m^3）。大气压下温度降至 -182.96℃ 时，氧由气态变为蓝色的液态，在 -218.4℃ 时成为固体。

氧气不是可燃气体，但它是一种化学性质极为活泼的助燃气体，能使其他的可燃物质发生剧烈燃烧（氧化），并能同许多元素化合生成氧化物。氧是人类呼吸必需的气体，在空气中正常氧含量约为 21%，如低于 18% 则为缺氧。

2. 压缩纯氧的危险性

工业用气体氧的纯度一般分为两级：一级纯度不低于 99.2%；二级纯度不低于 99.5%。

（1）增加氧的纯度和压力会使氧化反应显著地加剧。金属的燃点随着氧气压力的增高而降低，见表6—3。

表6—3　　　　　　　　金属的燃点　　　　　　　　　℃

金属名称	氧气压力（MPa）				
	1	10	35	70	126
铜	1 085	1 050	905	835	780
低合金钢	950	920	825	740	630
软钢	—	1 277	1 104	1 018	944

（2）乙炔和液化石油气只有在纯氧中燃烧才能达到最高温度，因此气焊和气割必须选用高纯度氧气，否则会影响燃烧效率和切割效果。但是值得注意的是高浓度氧易引发火灾事故，织物在高浓度氧的环境下燃烧极快，比在正常空气情况下要快得多，且烧伤伤口不好治愈。高压氧气与油脂、炭粉等易燃物接触，会引起自燃和爆炸。

（3）使用氧气时，尤其在压缩状态下，必须注意，不要使它与易燃的物质相接触，易燃物会受到剧烈的氧化而升温、积热，发生自燃，构成火灾或爆炸。特别是氧气瓶的瓶嘴、氧气表、氧气胶管、焊炬、割炬等不可沾染油脂。

（4）氧气几乎能与所有可燃性气体和蒸气混合而形成爆炸性混合物，这种混合物具有较宽的爆炸极限范围。多孔性有机物质（炭、炭黑、泥炭、羊毛纤维等）浸透了液态氧（所谓液态炸药），在一定的冲击下，就会产生剧烈爆炸。

3. 氧气使用安全要求

（1）严禁用氧气作为通风换气的气体。

（2）严禁用氧气作为气动工具动力源。

（3）氧气瓶、氧气管道等器具严禁与油脂接触。

（4）禁止用氧气吹扫工作服。

二、乙炔

1. 乙炔的性质

乙炔是一种未饱和的碳氢化合物，化学式为 C_2H_2，结构简式为 $HC\equiv CH$，具有高的键能，化学性质非常活泼，容易发生加成、聚合和取代等各种反应。在常温常压下，乙炔是一种高热值的容易燃烧和爆炸的气体。

标准状态下密度为 $1.17\ kg/m^3$。纯乙炔为无色、无味气体，工业用乙炔因含有硫化氢（H_2S）和磷化氢（H_3P）等杂质，有特殊臭味。乙炔中毒主要是损伤人的中枢神经系统。

2. 乙炔的危险性

（1）与氢气、一氧化碳、丙烷、丁烷等相比，乙炔的发热量较高（52753 J/L）。乙炔与空气混合燃烧时所产生的火焰温度为 2 350℃，而与氧气混合燃烧的火焰温度可达 3 000～3 300℃。

（2）乙炔与空气或氧气混合时易引发氧化爆炸。乙炔与空气混合时，爆炸极限为 2.2%～81%（指乙炔在混合气体中占有的体积），自燃温度为 305℃；而与氧气混合时，爆炸极限为 2.8%～93%，自燃温度为 300℃。

由此可知，乙炔爆炸极限下限低，爆炸极限范围大，自燃温度低，在 200 ~ 300℃时会发生聚合反应并放出热量，燃烧和回火速度快（在空气中燃烧速度 4.7 m/s，在氧气中 7.5 m/s），与铜或银及其盐类长期接触会生成极易爆炸的乙炔铜、乙炔银，所以乙炔的危险性比较大。

（3）在一定压力下，只要温度合适，乙炔即发生分解爆炸。当乙炔压力为 0.15 MPa、温度达 580℃时，乙炔便开始分解爆炸。压力越高，乙炔分解爆炸所需的温度越低。有关实验发现，当气体压力压缩到 0.18 MPa 以上时，乙炔完全分解爆炸。因此，乙炔不能压缩成氧气那样高压。根据这一点，国家有关标准规定，乙炔最高工作压力禁止超过 0.147 MPa（表压）。

（4）乙炔与铜、银等金属或其他盐类长期接触，会生成乙炔铜和乙炔银等爆炸性化合物，当受到震动、摩擦、冲击或加热时便会发生爆炸。

（5）乙炔能溶于水，但在丙酮等有机液中溶解度较大。在 15℃、0.1 MPa 时，1 L 丙酮能溶解 23 L 乙炔。当压力为 1.42 MPa 时，1 L 丙酮可溶解约 400 L 乙炔。

乙炔溶解在液体中，会大大降低乙炔的爆炸性。利用这一特性，将乙炔溶解于丙酮中而成为"溶解乙炔"，可使其在 1.47 MPa 的压力下仍能安全工作。这大大方便了乙炔的储存、运送和使用。目前普遍使用的瓶装乙炔，就是这种溶解乙炔。

（6）乙炔的爆炸性与储存乙炔的容器形状、大小有关。容器直径越小，越不容易爆炸。将乙炔储存在毛细管及微细小孔中，由于阻力和散热表面积大，会大大降低爆炸性，即使压力达到 2.65 MPa 也不会爆炸。

3. 乙炔安全使用要求

（1）利用乙炔的爆炸性与储存乙炔的容器形状、大小有关的特性，乙炔瓶内装有多孔填料，同时乙炔储存在毛细管及微细小孔中，可大大降低其爆炸性。

（2）禁止使用紫铜、银或铜含量超过 70% 的铜合金制造与乙炔接触的仪表、管道等有关零件。另外，乙炔燃烧时，严禁用四氯化碳灭火。

（3）在作业过程中乙炔瓶必须直立使用和存放。严禁将乙炔瓶卧倒使用，否则，会导致瓶内丙酮大量外溢（瓶内充装的丙酮是有限的）而使乙炔不能完全溶解，则很有可能会因此而发生乙炔分解爆炸。

三、液化石油气

1. 液化石油气的性质

液化石油气是油田开发或炼油厂石油裂解的副产品，其主要成分是丙烷（C_3H_8）、丁烷（C_4H_{10}）、丙烯（C_3H_6）、丁烯（C_4H_8）和少量的乙烷（C_2H_6）、乙烯（C_2H_4）等碳氢化合物。工业上使用的液化石油气，是一种略带臭味的无色气体。在标准状态下，其密度为 $1.8 \sim 2.5 \ kg/m^3$，比空气重。

液化石油气在 $0.8 \sim 1.5 \ MPa$ 的压力下，由气态转化为液态，便于装入瓶内储存和运输。

在氧气中燃烧时，火焰温度为 $2\,800\,℃$，比氧—乙炔焰稍低，切割速度相对较慢，但是切口平整，上切口不塌边，切口表面氧化很少且清渣容易。

在空气中燃烧速度为 $1.5 \ m/s$，在纯氧中燃烧速度为 $2 \ m/s$，达到完全燃烧所需的氧气量比乙炔大一倍。故气割时，比使用乙炔耗氧量大。但比乙炔价格低；比乙炔安全，且不会发生回火；需用明火点燃火焰。

2. 液化石油气燃烧爆炸的危险性

（1）液化石油气是易燃、易爆气体，丙烷与空气混合时的爆炸极限为 $2.3\% \sim 9.5\%$（指丙烷所占体积），爆炸极限范围比较窄，而与氧气混合时的爆炸极限为 $3.2\% \sim 64\%$，见表6—4。

表6—4　　　　液化石油气与氧气混合气的爆炸极限　　　　%

序号	液化石油气在混合气中所占的体积分数	燃爆情况
1	3.2	爆声微弱
2	6.0	有爆声
3	6.7	有爆声
4	12.9	有爆声

序号	液化石油气在混合气中所占的体积分数	燃爆情况
5	19.1	爆声较响
6	33.1	爆声响
7	36.2	爆声响
8	43	爆声响
9	51.5	爆声响、强烈发光
10	64	爆声响、强烈发光

（2）液化石油气容易挥发，如果从气瓶中滴漏出来，会扩散成体积为350倍的气体。闪点低（如组分丙烷挥发点为 - 42℃，闪点为 -20℃）。

（3）气态石油气比空气重（约1.5倍），习惯于向低处流动而滞留积聚。液态石油气比汽油轻，能漂浮在水沟的液面上，随风流动并在死角处聚集。

（4）石油气对普通橡胶导管和衬垫有润胀和腐蚀作用，能造成胶管和衬垫的穿孔或破裂。

3. 液化石油气使用安全要求

（1）使用和储存液化石油气瓶的车间和库房的下水道排出口，应设置安全水封；电缆沟进出口应填装沙土；暖气沟进出口应砌砖抹灰，防止液化石油气窜入其中发生火灾爆炸。室内通风孔除设在高处外，低处也应设有通风孔，以利空气对流。

（2）不得擅自倒出液化石油气残液，以防遇火成灾。

（3）必须采用耐油性强的橡胶，不得随意更换衬垫和胶管，以防腐蚀漏气。

（4）点火时应先点燃引火物，然后打开气阀。

第四节　常用气瓶的安全使用

用于气焊与气割的氧气瓶属于压缩气瓶，乙炔瓶属于溶解气瓶，液化石油气瓶属于液化气瓶。应当根据各类气瓶的不同特点，采取相应的安全措施。

一、氧气瓶

1. 氧气瓶的结构

氧气瓶是用于储存和运输氧气的高压容器。气瓶的容积为 40 L，在 15 MPa 压力下，可储存 6 m^3 的氧气，氧气瓶的结构如图 6—6 所示。通常采用合金钢经热挤压制成无缝圆柱形。瓶体上部瓶口内壁攻有螺纹，用以旋上瓶阀，瓶口外部还套有瓶箍，用以旋装瓶帽，以保护瓶阀不受意外的碰撞而损坏。防震圈（橡胶制品）用来减轻震动冲击，瓶体的底部呈凹面形状或套有方形底座，使气瓶直立时保持平稳。瓶壁厚度为 5 ~ 8 mm。瓶体外表涂天蓝色，并标注黑色"氧气"字样。

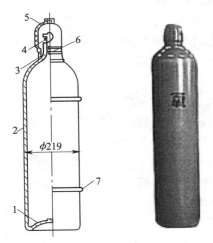

图 6—6　氧气瓶的结构

1—瓶底　2—瓶体　3—瓶箍　4—瓶阀　5—瓶帽　6—瓶头　7—防震圈

2. 氧气瓶的危险性

氧气瓶的爆炸大多属于物理性爆炸，其主要原因有：

（1）气瓶的材质、结构有缺陷，制造质量不符合要求，例如材料是脆性的，瓶壁厚薄不匀，有夹层，瓶体受腐蚀等。

（2）在搬运装卸时，气瓶从高处坠落、倾倒或滚动，发生剧烈碰撞冲击。尤其，当气瓶瓶阀由于没有瓶帽保护，受震动或使用方法不当时，造成密封不严、泄漏，甚至瓶阀损坏，使高压气流冲出。

（3）开气速度太快，气体含有水珠、铁锈等颗粒，高速流经瓶阀时产生静电火花，或由于绝热压缩引起着火爆炸。

（4）气瓶压力太低或安全管理不善等造成氧气瓶内混入可燃气体。

（5）解冻方法不当。氧气从气瓶流出时，体积膨胀，吸收周围的热量，瓶阀处容易发生霜冻现象，如用火烤或用铁器敲打，易造成事故。

（6）氧气瓶阀等处黏附油脂；气瓶直接受热；未按规定期限作技术检验。

3. 氧气瓶的安全使用

（1）为了保证安全，氧气瓶在出厂前必须按照《气瓶安全监察规定》的规定，严格进行技术检验。检验合格后，应在气瓶肩部的球面部分做明显的标志，标明瓶号、工作压力和检验压力、下次试压日期等。

（2）充灌氧气瓶时，必须首先进行外部检查，同时还要化验鉴别瓶内气体成分，不得随意充灌。气瓶充灌时，气体流速不能过快，否则易使气瓶过热，压力剧增，造成危险。

（3）气瓶与电焊机在同一工地使用时，瓶底应垫以绝缘物，以防气瓶带电。与气瓶接触的管道和设备要有接地装置，防止由于产生静电而造成燃烧或爆炸。

（4）冬季使用气瓶时由于气温比较低，加之高压气体从钢瓶排出时，吸收瓶体周围空气中的热量，所以瓶阀或减压器可能出现结霜现象。可用热水或蒸汽解冻，严禁使用火焰烘烤或用铁器敲击瓶阀，也不能猛拧减压器的调节螺栓，以防气体大量冲出造成事故。

（5）在储运和使用过程中，应避免剧烈震动和撞击，搬运气瓶必须用专门的抬架或小推车，禁止直接使用钢绳、链条、电磁吸盘等吊运氧气瓶。车辆运输时，应用波浪形瓶架将气瓶妥善固定，并应戴好瓶帽，防止损坏瓶阀。轻装轻卸，严禁从高处滑下或在地面滚动气瓶。使用和储存时，应用栏杆或支架加以固定、扎牢，防止气瓶突然倾倒。

（6）氧气瓶应远离高温、明火和熔融金属飞溅物，安全规则规定应相距 5 m 以上。夏季在室外使用时应加以覆盖，不得在烈日下暴晒。

（7）使用时，开气应缓慢，防止静电火花和绝热压缩。如果用手轮按逆时针方向旋转，则开启瓶阀，顺时针旋转则关闭瓶阀。瓶阀的一侧装有安全膜，当瓶内压力超过规定值时，安全膜片即自行爆破放气，从而保证氧气瓶的安全。

（8）氧气瓶不能全部用尽，应留有 0.1 ~ 0.2 MPa 余气，使氧气瓶保持正压，并关紧阀门防止漏气。目的是预防可燃气体倒流进入瓶内，而且在充气时便于化验瓶内气体成分。

（9）不得使用超过应检期限的气瓶。氧气瓶在使用过程中，必须按照安全规则的规定，每 3 年进行一次技术检验。每次检验合格后，要在气瓶肩部的标志上标明下次检验日期。满灌的氧气瓶启用前，首先要查看应检期限，如发现逾期未作检验的气瓶，不得使用。

（10）氧气瓶阀不得黏附油脂，不得用沾有油脂的工具、手套或油污工作服等接触瓶阀和减压器。

二、乙炔瓶

1. 乙炔瓶的结构

乙炔瓶是由低合金钢板经轧制焊接制造的，是一种储存和运输乙炔的容器，如图 6—7 所示。瓶体内装着浸满丙酮的多孔性填料，使乙炔稳定而又安全地储存于乙炔瓶内。使用时打开瓶阀，溶解于丙酮内的乙炔就挥发出来，通过瓶阀流出，气瓶中的压力即逐渐下降。瓶口中心的长孔内放置过滤用的不锈钢线网和毛毡（或石棉）。瓶里的填料可以采用多孔而轻质的活性炭、硅藻土、浮石、硅酸钙、石棉纤维等。目前多采用硅酸钙。

乙炔瓶的公称容积和公称直径，可按表 6—5 选取。

乙炔瓶的设计压力为 3 MPa，水压试验压力为 6 MPa。乙炔瓶采用焊接气瓶，即气瓶筒体及筒体与封头用焊接连接。

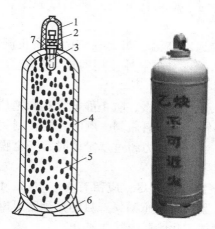

图6—7 乙炔瓶

1—瓶帽 2—瓶阀 3—毛毡 4—瓶体 5—多孔性填料 6—瓶座 7—瓶口

表6—5 乙炔瓶的公称容积和公称直径

公称容积（L）	≤25	40	50	60
公称直径（mm）	220	250	250	300

瓶体的外表漆成白色，并标注红色"乙炔"和"不可近火"字样。瓶内最高压力为1.5 MPa。

2. 乙炔瓶的危险性

乙炔瓶发生着火爆炸事故的原因：

（1）与氧气瓶爆炸原因相同。

（2）乙炔瓶内填充的多孔物质下沉，产生净空间使部分乙炔处于高压状态。

（3）由于乙炔瓶横躺卧放，或大量使用乙炔时丙酮随之流出。

（4）乙炔瓶阀漏气等。

3. 乙炔瓶的安全使用

（1）气瓶在使用过程中必须根据国家《气瓶安全监察规定》和《溶解乙炔气瓶安全监察规程》以及有关国家标准要求，进行定期技术检验。氧气瓶和乙炔瓶必须每3年检验1次，而且检验单位必须在气瓶肩部规定的位置打上检验单位代号、本次检验日期和下次检验日期的钢印标记。气瓶在使用过程中如发现有严重腐蚀、损伤或有怀疑时，可提前进行检验。

（2）乙炔瓶阀与氧气瓶阀不同，它没有旋转手轮，活门的开启和关闭是利用方孔套筒扳手转动阀杆上端的方形头实现的。阀杆逆时针方向旋转，瓶阀开启，反之，瓶阀关闭。乙炔瓶阀的阀体旁侧没有侧接头，因此必须使用带有夹环的乙炔减压器，并配用回火防止器。

（3）瓶体表面温度不得超过40℃。瓶温过高会降低丙酮对乙炔的溶解度，导致瓶内乙炔压力急剧增高。在普通大气压下，温度15℃时，1 L丙酮可溶解23 L乙炔，30℃时为16 L，40℃时为13 L。因此，在使用过程中要经常用手触摸瓶壁，如局部温度升高超过40℃（会有些烫手），应立即停止使用，在采取水浇降温并妥善处理后，送充气单位检查。

（4）乙炔瓶存放和使用时只能直立，不能横躺卧放，以防止丙酮流出引起燃烧爆炸（丙酮与空气混合气的爆炸极限为2.9%～13%）。乙炔瓶直立牢靠后，应静候15 min左右，才能装上减压器使用。开启乙炔瓶的瓶阀时，不要超过一圈半，一般情况只开启3/4圈。

（5）存放乙炔瓶的室内应注意通风换气，防止泄漏的乙炔滞留。

（6）乙炔瓶不得遭受剧烈震动或撞击，以免填料下沉，形成净空间。

（7）乙炔瓶的充灌应分两次进行。第一次充气后的静置时间不少于8 h，然后再进行第二次充灌。不论分几次充气，充气静置后的极限压力都不得大于表6—6的规定。

表6—6　　　　乙炔瓶内允许极限压力与环境温度的关系

温度（℃）	-10	-5	0	+5	+10	+15	+20	+25	+30	+35	+40
压力（表压，MPa）	7	8	9	10.5	12	14	16	18	20	22.5	25

（8）瓶内气体严禁用尽，必须留有不低于表6—7规定的剩余压力。

表 6—7   乙炔瓶内剩余压力与环境温度的关系

环境温度（℃）	<0	0~15	15~25	25~40
剩余压力（MPa）	0.05	0.1	0.2	0.3

三、液化石油气瓶

1. 液化石油气瓶的结构

液化石油气瓶是由 16Mn 钢、优质碳素结构钢等薄板材料制成的。气瓶壁厚为 2.5~4 mm。气瓶储存量分别为 10 kg、15 kg 及 30 kg 等。一般民用气瓶大多为 10 kg，工业上常采用 20 kg 或 30 kg 气瓶。如果用量很大，还可制造容量为 1.5~3.5 t 的大型储罐。

液化石油气瓶最大工作压力为 1.56 MPa，水压试验压力为 3 MPa。钢瓶内容积是按液态丙烷在 60℃时恰好充满整个钢瓶设计的，所以钢瓶内压力不会达到 1.6 MPa，钢瓶内会有一定的气态空间。液化石油气瓶由底座、瓶体、瓶嘴、耳片和护罩等组成，如图 6—8 所示。

图 6—8   液化石油气瓶构造

1—耳片 2—瓶体 3—护罩 4—瓶嘴 5—上封头 6—下封头 7—底座

液化石油气瓶表面涂成灰色，气瓶表面用红漆标注"液化石油气"字样。

常用的液化石油气瓶规格见表 6—8。

2. 液化石油气瓶的危险性

液化石油气发生着火爆炸事故的原因：

（1）同氧气瓶发生爆炸事故原因。

表6—8　　　　　　　常用的液化石油气瓶规格

类别	容积（L）	外径（mm）	壁厚（mm）	瓶高（mm）	自重（kg）	材质	耐压试验水压（MPa）
10 kg	23.5	325	4	530	13	20 钢或 Q235	3.2
12～12.5 kg	29	325	2.5	—	11.5	16Mn	3.2
15 kg	34	335	2.5	645	12.5	16Mn	3.2
20 kg	47	380	3（2.5）	650	20（25）	Q235（16 Mn）	3.2

（2）液化石油气瓶充灌过满，受热时瓶内压力剧增。

（3）气瓶角阀、O 形垫圈漏气。

3. 液化石油气的安全使用

（1）同氧气瓶安全使用措施。

（2）气瓶充灌必须按规定留出汽化空间，不能充灌过满。

（3）衬垫、胶管等必须采用耐油性强的橡胶，不得随意更换衬垫和胶管，以防因受腐蚀而发生漏气。

（4）气瓶应直立放置。使用前，可用毛刷蘸肥皂液，从瓶阀处涂刷，一直检查到焊炬、割炬，并观察是否有气泡产生，以此检验供气系统的密封性。

（5）钢瓶的使用温度为 -40～60℃，绝对不允许超过 60℃，冬季使用可在用气过程中以低于 40℃的温水加热。严禁用火烤或用沸水加热，不得靠近炉火和暖气片等热源。

（6）使用和储存液化石油气瓶的车间和库房下水道的排出口，应设置安全水封，电缆沟进出口应填装沙土，暖气沟进出口应砌砖抹灰，防止气体窜入其中发生火灾爆炸。室内通风孔除设在高处外，低处也应设有通风孔，以利空气对流。

（7）不得自行倒出液化石油气残液，以防遇火成灾。

（8）液化石油气瓶出口连接的减压器，应经常检查其性能是否正常。减压器的作用不仅是把瓶内的液化石油气压力从高压减到 3.51 kPa 的低压，而且在切割时，如果氧气倒流入液化气系统，减压器的高压端还能自动封闭，具有逆止作用。

四、减压器安全使用

1. 各种气体专用的减压器，禁止换用。

2. 减压器在专用气瓶上应安装牢固。采用螺纹连接时拧足 5 个螺纹以上，采用专门夹具夹紧时，装卡应平整牢靠。

3. 同时使用两种不同气体进行焊接、气割时，不同气瓶减压器的出口端都应各自装有单向阀，防止相互倒灌。

4. 禁止用棉、麻绳或一般橡胶等易燃物料作为氧气减压器的密封垫圈。禁止油脂接触氧气减压器。

5. 不准在减压器上挂放任何物件。

五、气瓶的定期检验和涂色

气瓶在使用过程中必须根据国家《气瓶安全监察规定》和《溶解乙炔气瓶安全监察规程》的要求，进行定期技术检验。充装无腐蚀性气体的气瓶，每三年检验一次；充装有腐蚀性气体的气瓶，每两年检验一次。气瓶在使用过程中如发现有严重腐蚀、损伤或有怀疑时，可提前进行检验。气瓶的受检期限见表 6—9。

表 6—9　　　　　　　　　焊接常用气瓶受检期限

气体		最高工作压力 （MPa）	水压试验压力 （MPa）	阀门螺纹	受检期限 （年）
压缩气体	氧	15	22.5	右旋	3
	氮	15	22.5	右旋	3
	氩	15	22.5	右旋	3.5
	氢	15	22.5	左旋	3
液化气体	石油气	1.6	3.2	右旋	3
	二氧化碳	12.5	18.75	右旋	3
溶解气体	乙炔	1.55	6.0	左旋	

乙炔瓶在使用过程中不再进行水压试验，只作气压试验，试验压力为 3.5 MPa，所用气体为纯度不低于 90% 的干燥氮气。试验时将乙炔瓶浸入地下水槽内，静置 5 min 后检查，如发现瓶壁渗漏，则予以

报废。

各种气瓶应涂有规定的颜色和标志，以便识别，见表6—10。

表6—10　　　　　　　　气瓶的漆色

气瓶的用途	漆色	标字的内容	标字的颜色	线条颜色
氩	黑色	氩	黄色	棕色
氨	黄色	氨	黑色	—
乙炔	白色	乙炔	红色	—
氢	深绿色	氢	红色	—
硫化氢	白色	硫化氢	红色	红色
空气	黑色	压缩空气	白色	—
二氧化硫	黑色	二氧化硫	白色	黄色
二氧化碳	黑色	二氧化碳	黄色	—
氧	浅蓝色	氧	黑色	—
氯	保护色	—	—	绿色
光气	保护色	—	—	红色
其他一切非可燃气体	黑色	气体名称	黄色	—
其他一切可燃气体	红色	气体名称	白色	—

第五节　焊炬、割炬安全使用

一、焊炬、割炬构造原理

1. 焊炬

焊炬的作用是使可燃气体和氧气按一定比例均匀混合，以获得具有所需温度和热量的火焰。在焊接过程中，由于焊炬的工作性能不正常或操作失误，往往会导致焊接火焰自焊炬烧向胶管内而产生回火燃烧、爆炸事故，或熔断焊炬。为了安全使用焊炬，需要对其结构原理作一简单介绍。

焊炬又名焊枪，按可燃气体与氧气混合的方式分为射吸式和等压式两类。目前国内生产的焊炬均为射吸式。如图 6—9 所示为目前使用较广的 H01 – 6 型射吸式焊炬。

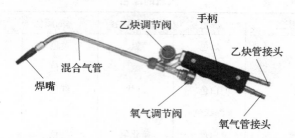

图 6—9　H01 – 6 型射吸式焊炬

射吸式焊炬工作原理：打开氧气调节阀，氧气即从喷嘴快速射出，并在喷嘴外围造成负压（吸力），再打开乙炔调节阀，乙炔气即聚集在喷嘴的外围。由于氧射流负压的作用，聚集在喷嘴外围的乙炔很快地被氧气吸入，并按一定的比例（体积比约为 1∶1）与氧气混合，并以相当高的流速经过射吸管混合后从焊嘴喷出。

2. 割炬

割炬的作用是使氧气与乙炔按比例进行混合，形成预热火焰，并将纯氧喷射到被切割的工件上，使切割处的金属在氧射流中燃烧，氧射流把燃烧生成物吹走而形成割缝。

目前我国采用最普遍的是射吸式割炬，其结构形状如图 6—10 所示。割炬与焊炬不同的地方，就是多了一套切割氧的管子和喷嘴，以及调节切割氧的手轮和阀门。

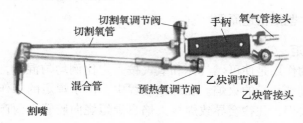

图 6—10　射吸式割炬

二、焊炬的安全使用

目前国内广泛应用射吸式焊炬，其使用安全注意事项主要有以下几点。

1. 先安全检验后点火

使用前必须先检查其射吸性能。检查方法为：将氧气胶管紧固在氧气接头上，接通氧气后，先开启乙炔调节手轮，再开启氧气调节手轮，然后用手指按在乙炔接头上，若感到有一股吸力，则表明其射吸性能正常；如果没有吸力，甚至氧气从乙炔接头中倒流出来，则说明射吸性能不正常，必须进行修理，否则严禁使用。

射吸性能检查正常后，接着检查是否漏气。检查方法为：把乙炔胶管也接在乙炔接头上，将焊炬浸入干净的水槽里，或者在焊炬的各连接部位、气阀等处涂抹肥皂水，然后开启调节手轮送入氧气和乙炔气，不严密处将会冒出气泡。

2. 点火

经以上检查合格后，才能给焊炬点火。点火时有先开乙炔和先开氧气两种方法，为安全起见，最好先开乙炔，点燃后立即开氧气并调节火焰。与先开氧气后开乙炔的方法比较起来，这种点火方法有下列优点：点火前在焊嘴周围的局部空间，不会形成氧气与乙炔的混合气，可避免点火时的鸣爆现象；可根据能否点燃乙炔及火焰的强弱，帮助检查焊炬是否有堵塞、漏气等弊病；点燃乙炔后再开氧气，火焰由弱逐渐变强，燃烧过程较平稳等。其缺点是点火时会冒黑烟，影响环境卫生。大功率焊炬点火时，应采用摩擦引火器或其他专用点火装置，禁止用普通火柴点火，防止烧伤。

3. 关火

关火时，应先关乙炔后关氧气，防止火焰倒袭和产生烟灰。使用大号焊嘴的焊炬在关火时，可先把氧气开大一点，然后关乙炔，最后再关氧气。先开大氧气是为了保持较高流速，有利于避免回火。

4. 回火

发生回火时应迅速关乙炔，随即关氧气，倒袭的火焰在焊炬内会很快熄灭。稍等片刻再开氧气，吹出残留在焊炬里的烟灰。此外，在紧急情况下可拔去乙炔胶管，为此，一般要求乙炔胶管与焊炬接头的连接，应避免太紧或太松，以不漏气并能插上和拔下为原则。

5．防油

焊炬的各连接部位、气体通道及调节阀等处，均不得黏附油脂。

6．焊炬的保存

焊炬停止使用后，应拧紧调节手轮并挂在适当的场所，也可卸下胶管，将焊炬存放在工具箱内。必须强调指出，禁止为使用方便而不卸下胶管，将焊炬、胶管和气源作永久性连接，并将焊炬随意放在容器里或锁在工具箱内。这种做法容易造成容器或工具箱的爆炸或在点火时常发生回火，并容易引起氧气胶管爆炸。

三、割炬的安全使用

焊炬使用的安全要求，基本上也适用于割炬。此外还应注意以下两点。

1．在开始切割前，工件表面的漆皮、铁屑和油水污物等应加以清理。在水泥路面上切割时应垫高工件，防止锈皮和水泥地面爆溅伤人。

2．在正常工作停止时，应先关闭氧气调节手轮，再关闭乙炔和预热氧手轮。

第六节　胶管和输气管道安全使用

一、胶管着火爆炸事故原因与安全使用

胶管的作用是向焊割炬输送氧气和乙炔气，是一种重要的辅助工具。用于气焊与气割的胶管由优质橡胶内、外胶层和中间棉织纤维层组成，整个胶管需经过特别的化学加工处理，以防止其燃烧。

1. 胶管发生着火爆炸的原因

（1）由于回火引起着火爆炸。

（2）胶管里形成乙炔与氧气或乙炔与空气的混合气。

（3）由于磨损、挤压硬伤、腐蚀或保管维护不善，致使胶管老化、强度降低并造成漏气。

（4）制造质量不符合安全要求。

（5）氧气胶管沾有油脂或高速气流产生静电火花等。

2. 胶管的安全使用

（1）应分别按照氧气胶管国家标准和乙炔胶管国家标准的规定保证制造质量。胶管应具有足够的抗压强度和阻燃特性。

根据国家标准规定，气焊中氧气胶管为黑色，内径为 8 mm；乙炔胶管为红色，内径为 10 mm。这两种胶管不能互换，更不能用其他胶管代替。

（2）胶管在保存和运输时必须注意维护，保持胶管的清洁和不受损坏。要避免阳光照射、雨雪浸淋，防止与酸、碱、油类及其他有机溶剂等影响胶管质量的物质接触。存放温度为 −15 ~ 40℃，距离热源应不少于 1 m。

（3）新胶管在使用前，必须先把内壁滑石粉吹除干净，防止焊割炬的通道被堵塞。胶管在使用中应避免受外界挤压和机械损伤，也不得与上述影响胶管质量的物质接触，不得将胶管折叠。

（4）为防止在胶管里形成乙炔与空气（或氧气）的混合气，氧气与乙炔胶管不得互相混用和代用，不得用氧气吹除乙炔胶管的堵塞物。同时应随时检查和消除焊割炬的漏气、堵塞等缺陷，防止在胶管内形成氧气与乙炔的混合气。

（5）如果发生回火倒燃进入氧气胶管的现象，则不可继续使用旧胶管，必须更新。因为回火常常将胶管内胶层烧坏，压缩纯氧又是强氧化剂，若再继续使用必将失去安全性。

（6）气割操作需要较大的氧气输出量，因此与氧气表高压端连接的气瓶（或氧气管道）阀门应全打开，以保证提供足够的流量和稳定的压力。防止低压表虽已表示工作压力，但使用氧气时压力突然下降，此时容易发生回火，并可能倒燃进入氧气胶管而引起爆炸。

二、管道发生着火爆炸事故的原因与安全措施

由乙炔站集中供应焊接或气割用气体时，乙炔和氧气是采用管路输送的。乙炔和氧气管道属于可燃易爆介质和助燃介质的管道，因此，应该采取管道工程的防爆设施。

1. 管道发生着火爆炸事故的原因

（1）气体在管道内流动时，夹杂于气流中的锈皮、水珠等与管道发生摩擦，当超过一定流速时就会产生静电积聚而放电。

（2）由于漏气，在管道外围形成爆炸性气体滞留的空间，遇明火即可发生燃烧和爆炸。

（3）外部明火导入管道内部。这里包括管道附近明火的导入，以及与管路相连接的焊接工具由于回火造成火焰倒袭进入管道内。

（4）管道里的铁锈及其他固体微粒随气体高速流动时产生的摩擦热和碰撞热（尤其在管道拐弯处）是管道发生燃爆的一个因素。

（5）管道过分靠近热源，管内气体过热引起燃烧爆炸。

（6）氧气管道阀门黏附油脂。

（7）由于雷击等意外情况产生巨大的电磁热、机械效应和静电作用等，常使管道及构筑物遭到破坏或引起火灾爆炸事故。

2. 管道防爆措施

（1）应按照防爆手册的规定限制气体流速、管径和选择管材。

（2）防止静电放电的接地措施。管道在室内外架空或埋地敷设时，都必须可靠接地。室外管道埋地敷设时，每隔200～300 m设一接地极；架空敷设时，每隔100～200 m设一接地极。室内管道不论架空还是地沟敷设（不宜采用埋地敷设），每隔30～50 m均应设一接地极。但不论管道长短如何，在管道起端和终端及管道进入建筑物的入口处，都必须设接地极。接地装置的接地电阻不大于20 Ω。

离地面5 m以上架空敷设的氧气、乙炔管道，为防止雷击产生的静电或电磁感应对管道的作用，需缩短接地极间的距离，一般不超过50 m。

（3）防止外部明火导入管道内部，可采用水封回火防止器，也可采用火焰消除器（或称防火器、阻火器）。阻火器可用粉末冶金材料制成，或是用多层铜网（或铝网）重叠起来制成。

（4）防止管道外围形成爆炸气体滞留的空间，乙炔管道通过厂房车间时，应保证室内通风良好，并应定期监测乙炔气体浓度，以便及时采取措施排除爆炸性混合气，并检查管道是否漏气，防止燃烧爆炸事故。

（5）氧气和乙炔管道在安装使用前都应进行脱脂。常用脱脂剂二氯乙烷和酒精为易燃液体，四氯化碳和三氯乙烯虽不是易燃体，但在明火和灼热物体存在的条件下，易分解成剧毒气体——光气，故脱脂现场必须严禁烟火。

（6）氧气和乙炔管道除与一般受压管道同样要求做强度试验外，还应做气密性试验和泄漏量试验。

（7）埋地乙炔管道不应敷设的地点：

1）烟道、通风地沟和直接靠近高于 50℃ 的热表面。

2）建筑物、构筑物和露天堆场的下面。

3）架空乙炔管道靠近热源敷设时，宜采取隔热措施，管壁温度严禁超过 70℃。

（8）乙炔管道可与同一使用目的的氧气管道共同敷设在有不可燃盖板的不通行地沟内。地沟内必须全部填满沙子，并严禁与其他沟道相通。

（9）乙炔管道严禁穿过生活间、办公室。厂区和车间的乙炔管道，不应穿过不使用乙炔的建筑物和房间。

（10）氧气管道严禁与燃油管道同沟敷设。架空敷设的氧气管道不宜与燃油管道共架敷设，如确需共架敷设时，氧气管道宜布置在燃油管道的上面，且净距离不应小于 0.5 m。

（11）乙炔管路使用前，应当用氮气全部吹洗，取样化验合格后方准使用。

第七节　气焊与气割操作训练

一、气焊与气割设备安全使用

1. 操作准备

（1）气焊气割设备和工具：氧气瓶、乙炔瓶，氧气、乙炔减压器，氧、乙炔胶管，焊炬、割炬。

（2）气焊气割辅助用具及劳动保护用品：克丝钳、扳手、打火机、护目镜、通针、劳动保护用品。

2. 连接气焊气割设备操作

通过认真操作训练，既要掌握气焊气割设备的正确使用方法，又要熟知气焊气割安全操作规程，真正做到安全操作。

气焊（气割）设备和工具的连接如图 6—11 所示，气焊设备和工具的连接如图 6—11a 所示；如果将焊炬换为割炬就成为气割设备和工具的连接（见图 6—11b）。

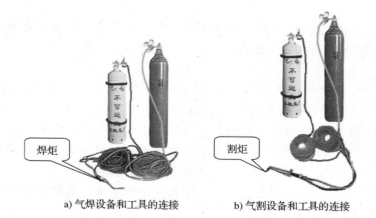

a) 气焊设备和工具的连接　　　b) 气割设备和工具的连接

图 6—11　气焊（气割）设备和工具的连接

连接气焊与气割设备和工具的操作步骤：

第一步　首先用活扳手逆时针旋向将氧气瓶阀稍打开，吹去瓶阀口上黏附的污物，以免进入氧气减压器中，随后立即关闭。开启瓶阀时，操作者必须站在瓶阀气体喷出方向的侧面并缓慢开启，避免氧气流吹向人体以及易燃气体或火源喷出，如图6—12所示。

　　第二步　在安装氧气减压器前，调压螺栓应向外旋出，使减压器处于非工作状态。接下来将氧气减压器的进口对准氧气瓶阀的出气口，使压力表面处于垂直位置，然后用无油脂的扳手将螺母拧在氧气瓶瓶阀上，必须拧足5个螺扣以上，以防止开气时减压器脱落，如图6—13所示。

图6—12　避免氧气流吹向人体

图6—13　安装氧气减压器

　　第三步　把氧气胶管的一端接牢在氧气减压器的出气口上，另一端接牢在焊炬（或割炬）的氧气接头上，如图6—14所示。

　　第四步　乙炔瓶必须直立放置，严禁在地面上卧放。首先用方口扳手逆时针旋向将乙炔瓶阀稍打开，吹去瓶阀口上黏附的污物，以免进入乙炔减压器中，随后立即关闭，如图6—15所示。

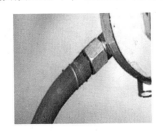

图6—14　氧气胶管接在
减压器出气口上

图6—15　开启与关闭乙炔瓶阀

第五步　再将乙炔减压器上的调压螺栓松开，使减压器处于非工作状态，把夹环紧固螺栓松开，把乙炔减压器上的连接管对准乙炔瓶阀进气口并夹紧，再把乙炔胶管的一端与乙炔减压器上的出气口接牢，如图6—16所示。

第六步　把氧气胶管和乙炔胶管的另一端分别接牢在焊（割）炬的氧气接口和乙炔接口上，如图6—17所示。

图6—16　乙炔瓶阀与乙炔
减压器连接

图6—17　焊（割）炬与氧气胶管
和乙炔胶管连接

完成了气焊（气割）设备和工具的连接，这样就具备气焊（割）操作的基本条件了。

3. 使用气瓶注意事项

（1）搬运气瓶应注意：

1）禁止单人肩扛氧气瓶，如图6—18a所示。氧气瓶上无防震圈或气温在 -10℃ 以下时，禁止用滚动方式搬运气瓶，如图6—18b所示，以防由于撞击产生火花而引起氧气瓶爆炸。

2）禁止用手托瓶帽来移动氧气瓶，如图6—19所示，以防瓶帽松脱而使氧气瓶倾倒。

a）　　　　　b）

图6—18　搬运氧气瓶的危险做法

图6—19　移动氧气瓶的错误做法

3）吊运溶解乙炔瓶时应用麻绳，如图6—20a 所示，严禁用电磁起重机、铁链或钢丝绳，如图6—20b 所示，以免钢瓶滑落或与钢瓶摩擦产生火花，而引起乙炔瓶爆炸。

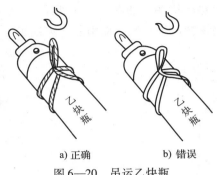

a) 正确　　　　　b) 错误

图6—20　吊运乙炔瓶

（2）使用气瓶应注意：

1）使用中的氧气瓶，距溶解乙炔瓶、乙炔发生器、易燃易爆物品或其他明火的距离一般应不少于10 m。在某种情况下，确实难以达到10 m 时，应保证不少于5 m，但必须加强防护。

2）取瓶帽时，只能用手或扳手旋取，如图6—21a、b 所示，禁止用铁锤等铁器敲击，如图6—21c 所示。

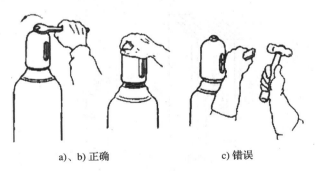

a)、b) 正确　　　　　c) 错误

图6—21　取氧气瓶帽

3）在瓶阀上安装氧气减压器之前，应旋动手轮，将瓶阀缓慢开启，以吹掉出气口处的杂质。装上减压器后要缓慢开启瓶阀，否则会因高速氧流速过急，产生静电火花，而引起减压器燃烧或爆炸。

4）禁止在带压力的氧气瓶上，以拧紧阀体和压紧螺母的方法来消除泄漏，如图6—22所示。

5）严禁让沾有油脂或易燃物质的手套、棉纱和工具等同氧气瓶、瓶阀、减压器及管路等接触，如图6—23所示，以防在压缩状态下的高压氧与油脂或易燃物产生自燃，而引起火灾或爆炸。

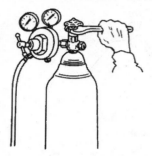 

图6—22　带压状态下消除瓶阀　　　　图6—23　油脂污染氧气瓶的
　　　　　　泄漏的错误动作　　　　　　　　　　　危险做法

6）夏季在室外使用氧气瓶时，必须把它放在凉棚内，如图6—24a所示。不应露天放置，以免遭受阳光的强烈照射，如图6—24b所示。否则会因瓶内氧气体积的急剧膨胀而引起气瓶爆炸。

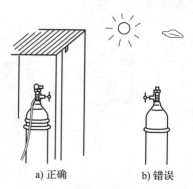

a) 正确　　　　　　　b) 错误

图6—24　夏季在室外使用氧气瓶

7）检查氧气瓶瓶口是否泄漏时，可用肥皂水涂在瓶口上试验，如图6—25所示。若有气泡出现，则说明该处有泄漏，应采取有效措施将其排除。

8）氧气瓶内的余氧（见图6—26）不能全部用完。在一般情况下，应留有0.1～0.2 MPa的余气，以便重新充装氧气时，吹除瓶口灰尘和防止其他气体或杂质侵入瓶内。若将余氧放尽，当重新充装氧气时，制氧站在充气前还要对气瓶进行清洗，这就给充氧带来了不必要的麻烦。

图6—25　检查氧气瓶口的泄漏

图6—26　氧气瓶内剩余氧气

9）溶解乙炔瓶使用时，应直立放置，如图6—27a所示；不能卧置使用，如图6—27b所示。因卧放会使丙酮随乙炔流出，甚至会通过减压器而流入乙炔胶管和焊炬、割炬内，这是非常危险的。一旦要使用已卧放的溶解乙炔瓶，必须先将其直立20 min，再连接乙炔减压器使用。

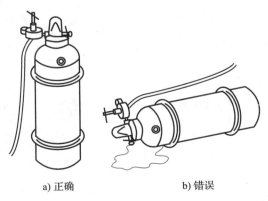

a) 正确　　　　　　b) 错误

图6—27　乙炔瓶的使用

10）溶解乙炔瓶体的表面温度不应超过40℃。因乙炔瓶温度过高会降低丙酮对乙炔气的溶解度，而使瓶内的乙炔压力急剧增高。故当瓶体温度超过规定时，应喷水进行冷却。

11）乙炔减压器与溶解乙炔瓶阀的连接必须可靠，严禁在漏气的情况下使用，否则会形成乙炔与空气的混合气体，一旦触及明火将造成火灾或爆炸事故。

12）使用压力在乙炔低压表上不允许超过0.15 MPa。

二、气焊与气割安全操作

1. 气焊气割的基本操作

操作步骤	图示
第一步　气焊或气割操作前，应根据焊件的厚度选用合适的焊（割）炬及焊（割）嘴，并将其组装好。焊炬的氧气管接头必须与氧气胶管接牢，如图6—28所示。乙炔管接头与乙炔胶管应避免连接太紧，以不漏气并容易插上、拔下为宜。	 图6—28　氧气管接头连接牢固
第二步　使用射吸式焊（割）炬前，先接上氧气胶管，但不接乙炔胶管，打开氧气和乙炔阀门，用手指按在乙炔进气管接头上，如手指上感到有吸力，说明射吸能力正常，如果没有吸力，说明射吸能力不正常，不能使用，如图6—29所示。	 图6—29　手指上感到有吸力
第三步　检查焊（割）炬射吸能力后，应把乙炔进气管接头与乙炔胶管接好，同时检查焊（割）炬其他各气体通路及焊（割）嘴处有无漏气现象（可用在接头处涂刷肥皂水的方法），如图6—30所示。	 图6—30　涂刷肥皂水检查有无漏气

操作步骤	图示
第四步　火焰点燃时，先逆时针旋转乙炔阀放出乙炔，再逆时针微开氧气阀门，使氧气和乙炔所形成的混合气体从焊（割）嘴喷出，手避开焊（割）嘴将火源靠近点火，如图6—31a所示。若出现不易点燃和连续"放炮"的响声，应微关氧气阀门或放出不纯的乙炔，重新点火，直至点燃，如图6—31b所示。	 a) 火源靠近割嘴点火  b) 火焰点燃 图6—31　割（焊）炬点火
第五步　点火后应随即调整火焰的大小和形状。如果火焰不正常或有灭火现象，则应检查是否漏气或管路是否堵塞。在大多数情况下，灭火现象是乙炔气的压力过小等原因造成的。 　　刚点燃的火焰多为碳化焰（见图6—32a），如要调成中性焰，应逐渐增加氧气的供给量，直至火焰的内、外焰无明显的界限，焰心端部有淡白色火焰闪动，即获得中性焰（见图6—32b）。如继续增加氧气或减少乙炔，就得到氧化焰；反之，增加乙炔或减少氧气，可得到碳化焰。 　　调节氧气和乙炔流量大小，还可得到不同的火焰能率。气焊（割）工作时，若先减少氧气，后减少乙炔，可减小火焰能率。若先增加乙炔，后增加氧气，可增大火焰能率。	 a) 点燃的火焰为碳化焰， 进行调整  b) 调成中性焰 图6—32　调整火焰

续表

操作步骤	图示
第六步　调整的火焰成中性焰，并根据割件的厚度调成合适的火焰能率，便可以开始焊接或切割操作，如图6—33所示。	 图6—33　开始切割操作
第七步　当焊（割）嘴被飞溅物堵塞时，应将焊（割）嘴卸下来清理周围的残渣和飞溅物，然后再用通针将焊（割）嘴加以疏通，如图6—34所示。	 图6—34　焊（割）嘴卸下来进行清理
第八步　在气焊、气割工作中，有时会发生气体火焰进入喷嘴内逆向燃烧产生回火，火焰瞬时自行熄灭，同时伴有爆鸣声的现象；有时火焰向喷嘴孔逆行，继续向混合室和气体管路燃烧可能烧毁焊（割）炬、管路及引起可燃气体储罐的爆炸。回火时，立即关闭氧气阀和乙炔阀，如图6—35所示。	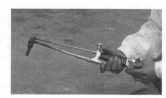 图6—35　回火立即关闭氧气阀和乙炔阀
第九步　当发生回火，听到"嘶、嘶、嘶"的响声时，不要慌张，只要立即关闭氧气阀和乙炔阀，切断气源，使回火熄灭，稍等片刻再重新点燃火焰即可，如图6—36所示。	 图6—36　重新点燃火焰

操作步骤	图示
第十步　切割（或焊接）结束时熄灭火焰：先顺时针方向旋转乙炔阀门，直至关闭乙炔，再顺时针方向旋转氧气阀门关闭氧气。这可避免黑烟和火焰倒袭。注意关闭阀门时以不漏气为准，不要关得太紧，以防磨损太快，降低焊炬的使用寿命，如图6—37所示。	 图6—37　熄火，先关乙炔阀门、再关氧气阀门
第十一步　工作结束后，应先关闭氧气瓶、乙炔瓶的阀门；旋松氧气、乙炔减压器的调节螺栓；用手拔下乙炔管，用扳手卸下氧气管，如图6—38所示。	 图6—38　工作结束关氧气瓶、乙炔瓶阀门
第十二步　最后从瓶体上，卸下氧气、乙炔减压器，如图6—39所示。	 图6—39　卸下氧气、乙炔减压器
第十三步　气焊（割）工作完毕后，按规定及时清理场地，焊（割）炬不得受压和随便乱放，要放到合适的地方或悬挂起来，如图6—40所示。	 图6—40　将焊（割）炬悬挂起来

2．薄板气焊

气焊板厚 2 mm 的水槽，如图 6—41 所示。

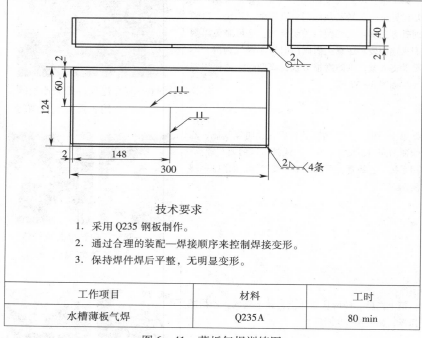

技术要求

1. 采用 Q235 钢板制作。
2. 通过合理的装配—焊接顺序来控制焊接变形。
3. 保持焊件焊后平整，无明显变形。

工作项目	材料	工时
水槽薄板气焊	Q235A	80 min

图 6—41　薄板气焊训练图

学会使用焊炬

第一步　焊炬的握法。右手持焊炬，将拇指位于乙炔调节阀处，食指位于氧气调节阀处，以便于随时调节气体流量，用其他三指握住焊炬手柄。

先逆时针方向旋转乙炔调节阀放出乙炔，再逆时针微开氧气调节阀，左手持点火机置于焊嘴的后侧，准备马上点火，如图 6—42 所示。

图 6—42　手持点火机与焊嘴保持的位置

学会使用焊炬

第二步　火焰的点燃。将焊嘴靠近火源点火。开始练习时，可能出现连续"放炮"声，原因是乙炔不纯，这时，应放出乙炔胶管内不纯的乙炔，然后重新点火；有时会出现不易点燃的现象，原因大多数是氧气量过大，这时应微关氧气调节阀。

点火时，拿火源的手不要正对焊嘴，也不要将焊嘴指向他人（见图6—43），以防烧伤。

图6—43　火焰点燃

第三步　火焰调节（见图6—44）。通过调节氧气和乙炔的流量大小，可得到不同的火焰能率。调整的方法是：若减小火焰能率时，应先减少氧气，后减少乙炔；若增大火焰能率时，应先增加乙炔，后增加氧气。

图6—44　火焰调节

第四步　火焰的熄灭。焊接工作结束或中途停止时，必须熄灭火焰。正确的灭火方法是：先关闭乙炔调节阀，再关闭氧气调节阀（见图6—45）。这样可避免出现黑烟。此外，关闭调节阀不漏气即可，若关得太紧，会加快阀门磨损，降低焊炬的使用寿命。

图6—45　火焰的熄灭

气焊水槽操作

第一步　制备水槽所用钢板（见图6—46）

剪切出水槽底面所需钢板3块，1块钢板为300 mm×60 mm×2 mm，2块钢板为148 mm×60 mm×2 mm。

剪切出水槽立面所需钢板4块，2块钢板为296 mm×40 mm×2 mm，2块钢板为120 mm×40 mm×2 mm。

图6—46　制备水槽所用钢板

续表

气焊水槽操作

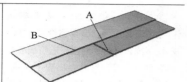

第二步　确定气焊工艺过程

（1）将底面钢板装配成水槽的底面，焊接 A 焊缝并矫平，再焊接 B 焊缝，如图6—47 所示。

图6—47　焊接水槽底面

（2）当水槽底面焊妥后，进行矫平。

（3）将立面钢板围成水槽的立面，进行装配定位焊，如图6—48 所示。

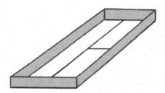

图6—48　装配焊接水槽

第三步　确定焊接参数

（1）选择 H01－6 型焊炬，1#焊嘴。

（2）选择 H08A 焊丝，直径2.5 mm。

（3）选择左向焊法，如图6—49 所示。

图6—49　左向焊法

第四步　调节火焰（见图6—50）

首先，焊接水槽的底面。此时，将火焰调节成中性焰，并且使火焰的能率适于平焊位置。

图6—50　调节火焰

第五步　水槽底面定位焊（见图6—51）

由厚度2 mm 的3 块钢板作水槽的底面，按图样尺寸装配定位焊水槽的底板并矫平。

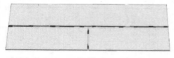

图6—51　水槽底面定位焊

第六步　装配定位焊四周立板（见图6—52）

由4 块钢板围成水槽的立面，装配前将钢板矫平，然后装配定位焊四周立板。

图6—52　装配定位焊四周立板

气焊水槽操作

第七步　焊接水槽底面

将水槽底面置于平台上处于平焊位置，先焊接 A 焊缝之后矫平，再焊接 B 焊缝。当水槽的底面焊妥之后，再进行矫平，如图 6—53 所示。

采取分段（50~80 mm）逐步退焊法焊接水槽底面。

将火焰指向待焊处，焊丝的端头位于火焰的前下方 1~3 mm 预热，待焊件熔化成白亮而清晰的熔池，便可熔化焊丝，将焊丝熔滴滴入熔池，而后立即将焊丝抬起，火焰前移产生新熔池（呈瓜子形），再将焊丝熔滴滴入熔池，如此反复获得平整的焊缝，如图 6—54 所示。

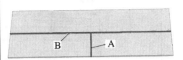

图 6—53　焊接水槽底面

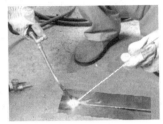

图 6—54　气焊水槽底面

第八步　整体装配（见图 6—55）

四周立板与底板整体装配并进行定位焊。

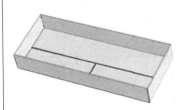

图 6—55　整体装配

第九步　水槽整体焊接（见图 6—56）

按制订的施焊方案，完成水槽的全部焊缝。

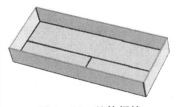

图 6—56　整体焊接

3. 中厚板气割

中厚板气割割件图如图 6—57 所示。

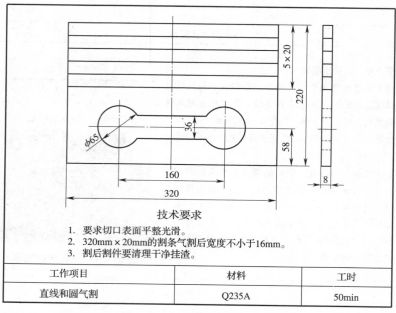

技术要求

1. 要求切口表面平整光滑。
2. 320mm×20mm的割条气割后宽度不小于16mm。
3. 割后割件要清理干净挂渣。

工作项目	材料	工时
直线和圆气割	Q235A	50min

图6—57　中厚板气割割件图

学会气割参数调节

　　第一步　选择氧气压力。氧气压力一般是随割件厚度的增大而加大的，或随割嘴代号的增大而加大。如果氧气压力不够，会使割缝的背面留下很难清除的挂渣（见图6—58），甚至还会出现割不透的现象。如果氧气压力太高，会使割口表面粗糙，割缝加宽，针对下面要进行的中厚板的气割，氧气压力选择0.3~0.4 MPa为宜。

　　第二步　控制气割速度。气割速度主要取决于切割件的厚度。割件越厚，割速越慢。割速太慢，会使割缝边缘不齐，甚至产生局部熔化现象（见图6—59），割后清渣困难。割件越薄，割速越快。但也不能过快，否则，会产生很大的后拖量或割不透现象，但是气割速度不是用具体数值可以真实表述的，而是在实际操作中，观察割件的熔化情况去调整气割速度，靠经验的积累。

氧气压力不够产生挂渣

图6—58　难清除的挂渣

割速慢产生局部熔化

图6—59　局部熔化

续表

学会气割参数调节

第三步　调节火焰能率和选择中性焰。切割时，采用中性焰，碳化焰不能采用。

调节合适的预热火焰能率也很重要。火焰能率选择过大，会使割缝上缘产生连续的珠状钢粒（见图6—60），甚至熔化成圆角，同时还造成割缝背面黏附的熔渣增多，从而影响气割质量。火焰能率选择过小，割件得不到足够的热量，会使割速减慢而中断气割工作。

火焰能率过大，会使割缝上缘产生连续的珠状钢粒

图6—60　连续的珠状钢粒

第四步　调整割嘴与割件间倾角。切割过程中，割嘴与割件间要保持一定的倾角，割嘴与割件间的倾角大小要随割件厚度而定（见图6—61）。

25°~45°

割件较薄

20°~30°

割件较厚

图6—61　倾角的大小随割件厚度而定

第五步　调整割嘴距割件表面距离。通常情况下割嘴离割件表面的距离为10~15 mm（见图6—62）。当割件厚度小于20 mm时，火焰可长些，距离可适当加大；当割件厚度大于或等于20 mm时，由于气割速度慢，为了防止割缝上缘熔化，火焰可短些，距离应适当减小。这样，可以保持气割氧流的挺直度和氧气的纯度，使气割质量得到提高。

10~15mm

图6—62　割嘴距割件表面距离

中厚板气割操作

第一步　准备割件。按中厚板气割割件图准备 320 mm × 220 mm × 8 mm 的 Q235A 钢板，并按图样所示尺寸用石笔画线。画出相距 20 mm 的 5 条切割轨迹线和由两个 ϕ65 圆与直线连接而成的哑铃状切割线，如图 6—63 所示。

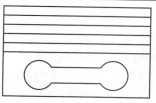

图 6—63　割件

第二步　选择割炬和割嘴。要根据割件厚度，选择割炬和割嘴，常用割炬型号有 G01 - 30 型（见图 6—64）；G01 - 100 型、G01 - 300 型，割嘴按内孔径尺寸的不同分为 1、2、3 号割嘴。并调试氧气和乙炔切割压力。

割炬型号标记处为G01-30

图 6—64　割炬型号

第三步　清理割嘴。气割前，要用通针认真清理割嘴（见图 6—65），清除割嘴内及周围的残渣和飞溅物，保持割嘴孔道畅通，风线挺直，以保证割件的气割质量。

图 6—65　清理割嘴

第四步　操作姿势和割炬的火焰调节。

操作姿势如图 6—66 所示，双脚呈"八"字形蹲在割件的一旁，右臂靠住右小腿外侧，左臂搂住左膝盖（见图 6—66a）或左臂悬空在两脚中间（见图 6—66b）。右手握住割炬手柄，右手拇指和食指靠在手把下面的预热氧气调节阀上，以便随时调节预热火焰，一旦发生回火时，就能及时切断氧气。左手的拇指和食指把住切割氧气阀开关，其余三指则平稳地托住割炬混合室，双手进行配合，掌握切割方向。

火焰调节时，点火后的火焰应为中性焰（氧与乙炔的混合比为 1.1 ~ 1.2），并调整风线的挺直度。氧化焰及碳化焰均不宜使用，否则会使切口失去棱角或增碳，并影响到风线的清晰程度而影响切割质量。

a) 右臂靠住右小腿外侧，左臂搂住左膝盖

b) 右臂靠住右小腿外侧，左臂悬空在两脚中间

图 6—66　操作姿势

中厚板气割操作

　　第五步　气割操作。气割时，先逆时针方向稍微开启预热氧调节阀，再打开乙炔调节阀并立即进行点火，然后增大预热氧流量，使氧气与乙炔在喷嘴内混合，经过混合气体通道从割嘴喷出环形预热火焰，对割件进行预热（见图6—67a）。

a)

　　待割件预热至燃点时，逆时针方向开启切割氧调节阀（见图6—67b）。

　　此时高速氧气流将割缝处的金属氧化物吹除，随着割炬的不断移动即在割件上形成割缝（见图6—67c）。

b)

　　切割时，上身不要弯得太低，还要注意呼吸平稳，眼睛注视割嘴和割线，以保证割缝平直。

　　当割件切割完毕，要清理割件背面的熔渣，检查割件质量，分析产生缺陷的原因，不断调节参数，纠正不正确的操作方法，以不断提高自己的气割技艺。同时要清理现场，并注意现场有无火灾隐患。

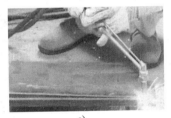

c)

图6—67　气割操作

第七章　焊条电弧焊与碳弧气刨安全

第一节　焊条电弧焊与碳弧气刨原理和安全特点

一、焊条电弧焊原理和安全特点

1. 焊条电弧焊基本原理

开始焊接时，将焊条与焊件接触短路，然后立即提起焊条，引燃电弧。电弧的高温将焊条与焊件局部熔化，熔化了的焊芯以熔滴的形式过渡到局部熔化的焊件表面，熔合到一起形成熔池。焊条药皮在熔化过程中产生一定量的气体和液态熔渣，产生的气体充满在电弧和熔池周围，起隔绝大气、保护液体金属的作用。液态熔渣密度小，在熔池中不断上浮，覆盖在液体金属上面，也起着保护液体金属的作用。同时，药皮熔化产生的气体、熔渣与熔化了的焊芯、焊件发生一系列冶金反应，保证了所形成的焊缝性能。随着电弧沿焊接方向不断移动，熔池液态金属逐步冷却结晶，形成焊缝，如图7—1所示。

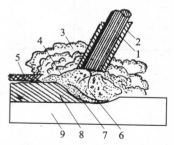

图7—1　焊条电弧焊原理

1—焊芯　2—焊条药皮　3—保护气体　4—液态熔渣
5—固态熔渣　6—熔滴　7—熔池　8—焊缝　9—焊件

2. 焊条电弧焊适用范围

焊条电弧焊使用的交流焊机和直流焊机，其结构都比较简单，维护保养也较方便；设备轻便，易于移动，且焊接中不需要辅助气体保护，并具有较强的抗风能力；投资少，成本相对较低。

焊条电弧焊工艺灵活、适应性强，对于不同的焊接位置、接头形式、焊件厚度的焊缝，只要焊条所能达到，均能进行方便的焊接。对一些单件、小件、短的、不规则的空间任意位置的焊缝以及不易实现机械化焊接的焊缝，更显得机动灵活，操作方便。

焊条电弧焊的焊条能够与大多数焊件的金属性能相匹配，因而，接头的性能可以达到被焊金属的性能。焊条电弧焊不但能焊接碳钢、低合金钢、不锈钢及耐热钢，对于铸铁、高合金钢及有色金属等也可以采用焊条电弧焊。此外，还可以进行异种钢焊接和各种金属材料的堆焊等。

但是焊条电弧焊采用手工操作，焊缝质量主要靠焊工的操作技术和经验来保证，所以，焊缝质量在很大程度上依赖于焊工的操作技术及现场发挥，甚至焊工的精神状态也会影响焊缝质量。并且焊接过程需要更换焊条，不能连续地进行，所以生产率低，劳动强度大。

3. 焊条电弧焊安全特点

电弧焊是利用电弧热量对金属加工的一种熔化焊，在加工过程中，需采用焊机等电气设备。焊钳、焊件均是带电体，并产生电弧高温，金属熔渣飞溅，产生烟气、金属粉尘、弧光辐射等危险因素。因此，电弧焊作业时，如不严格遵守安全操作规程，可能发生触电、火灾、爆炸、灼伤、中毒等事故。电弧焊事故类型如图7—2所示。

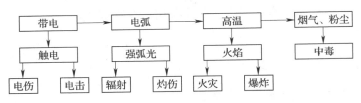

图7—2　电弧焊事故类型

由于焊条电弧焊利用的能源是电，同时电弧在燃烧过程中产生高温和弧光，药皮在高温下产生一些有害气体和尘埃，所以，在焊条电弧焊操作过程中存在下列不安全因素：

（1）触电。焊条电弧焊操作者接触电的机会较多，更换焊条时，焊工要直接接触电极，在容器、管道内或金属构件中焊接时，四周都是导体，焊机的空载电压又大于安全电压，如果电气装置有故障，防护用品有缺陷或违反安全操作规程等，都有可能发生触电事故。

（2）弧光和电热伤害。焊接时，电弧产生强烈的可见光和大量不可见的紫外线、红外线，容易灼伤眼睛或皮肤。

产生电弧灼伤的情况常见于两种：一是焊接时电弧灼伤手或身体；二是在焊机带负荷情况下操作焊机开关不当，电弧灼伤手或脸。

焊接时也容易发生热体烫伤的现象。热体烫伤主要是熔化的金属飞溅物、焊条头或炽热的焊件与身体接触造成的。

（3）有害物质。焊条电弧焊时，金属和焊条药皮在电弧高温作用下发生蒸发、冷凝和汽化，产生大量烟尘，同时，电弧周围的空气在弧光强烈辐射作用下，还会产生臭氧、氮氧化物等有毒气体。在通风不良的条件下，长期接触这些有害物质，会引发危害焊工健康的多种疾病。特别是在化工设备、管道、锅炉、容器和船舱内焊接时，由于作业环境狭小，通风不良，焊接烟尘、有毒气体四处弥漫，形成较高的浓度，其危害就更大。

（4）火灾与爆炸。一是焊接热源引起周围易燃物燃烧；二是二次回路通过易燃物质，由于自身发热或接触不良产生火花引起燃烧；三是燃料容器、管道焊补时防爆措施不当引起爆炸。

（5）其他伤害。如清除焊缝熔渣时，由于碎渣飞溅而刺伤或烫伤眼睛；焊接时焊件放置不稳，造成砸伤；登高焊接时防护不当，发生高处坠落等。

二、碳弧气刨原理和安全特点

1. 碳弧气刨原理及适用范围

碳弧气刨是利用碳电极（即碳棒）与工件间产生的电弧热将金属

局部熔化，同时借助压缩空气的气流将其吹除，实现刨削和切断金属的加工方法，如图 7—3 所示。

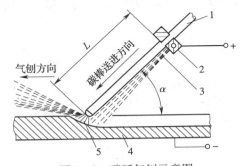

图 7—3　碳弧气刨示意图

1—碳棒　2—气刨枪夹头　3—压缩空气　4—工件　5—电弧

L—碳棒伸出长度　α—碳棒与工件夹角

碳弧气刨与风铲切削比较，具有生产效率高、噪声小、操作方便等优点。因此它在造船、机械制造、锅炉、压力容器等金属结构制造部门应用很广。

利用碳弧气刨可以完成焊缝清根、背面开槽和各种形式的坡口加工，还可以用它来刨掉焊缝中的缺陷，并可进行切割，如切割铸件的浇冒口、毛刺和切割不锈钢、铜、铝等金属材料。除手工碳弧气刨外，自动碳弧气刨也开始在生产中应用。

2. 碳弧气刨的安全特点

碳弧气刨和切割过程中，会有大量的高温铁液被电弧吹出，被吹散的铁液及熔渣四处飞溅，容易引起烫伤和火灾事故。并且噪声较大，尖锐、刺耳的噪声容易危害人体的健康。碳弧气刨和切割所用的电流比焊接电流大得多，弧光更强烈，弧光的伤害也更大。同时也要防止触电事故的发生，尤其在容器或舱室内部作业时，内部尺寸过于狭小，更应注意安全用电，而且，若操作现场没有通风装置来排除烟尘，其有害气体对人体会产生一定的危害。

第二节　焊条和焊接参数的选用

一、焊条

1. 焊条的组成及作用

焊条是焊条电弧焊的焊接材料，由焊芯和药皮两部分组成。焊条作为传导焊接电流的电极和焊缝的填充金属，其性能和质量将直接影响焊接质量。

（1）焊芯。焊芯是焊条的金属芯，由焊芯专用钢丝制成。焊接过程中，焊芯的作用是传导焊接电流、与焊件产生电弧并且本身熔化作为填充金属和熔化的母材金属熔合而形成焊缝。

通常所称的焊条直径均是指焊芯的直径，常用的焊条直径为 $\phi1.6$ mm、$\phi2.0$ mm、$\phi3.2$ mm、$\phi4.0$ mm、$\phi5.0$ mm 等。焊条的长度是指焊芯的长度，一般在 $250 \sim 450$ mm 之间。

（2）药皮。药皮是影响焊缝质量的重要因素之一。药皮的主要作用为：

1）保证焊接电弧稳定燃烧。

2）造气保护熔池，防止空气侵入。

3）向焊缝金属渗合金。

4）脱氧，去除硫、磷有害杂质。

5）造渣保护焊缝金属和改善焊缝成形。

焊条的药皮主要由各种矿物质、铁合金等金属类物质、有机物和水玻璃四类物质组成。根据组成物（配方）的不同，可将药皮分为不同的类型。目前，我国的药皮类型有十余种之多。按药皮中所含氧化物在焊接过程中所生成熔渣的"碱度"不同，又可分为碱性焊条和酸性焊条两大类。

2. 焊条的特性

药皮类型不同，焊条的特性也不同。酸性焊条和碱性焊条不仅对焊缝金属化学成分的影响不同，而且两者工艺性能也有较大差异。

（1）酸性焊条。当焊条药皮中含有较多酸性氧化物，且其所生成熔渣的化学性质呈酸性时，这类焊条称为酸性焊条。由于酸性焊条在冶金反应过程中脱氧不足，合金元素烧损较多，而且脱硫、脱磷能力差，因此其焊缝的韧性及抗裂性差。但其工艺性能较好，对油、锈、水不敏感，抗气孔能力强，交直流电源均适用。

常用的酸性焊条有 E4303（J424）、E5003（J502）等。

（2）碱性焊条。当药皮中含有大量碱性氧化物及一定的氟化钙，且其所生成熔渣的化学性质呈碱性时，则称此类焊条为碱性焊条。碱性焊条在冶金过程中脱氧较彻底，能有效去除硫、磷，因此其焊缝金属的韧性及抗裂性均较好。但其工艺性能较酸性焊条差，对油、锈、水敏感，易产生气孔，电弧的稳定性不如酸性焊条，且飞溅大，只适用直流电源。由于碱性焊条的电弧气氛中氢含量低，故其也称低氢型焊条。

常用的碱性焊条有 E5015（J507）、E5016（J506）等。

由于碱性焊条产生的焊接烟尘量较大，且其中还含有有毒的氟化物，对人体健康有害。因此，必须加强焊接现场的通风换气，改善岗位劳动条件。

3. 焊条的分类及型号

焊条有多种不同的分类方法。

按焊条的用途，根据有关国家标准，焊条可分为碳钢焊条、低合金钢焊条、不锈钢焊条、堆焊焊条、铸铁焊条、铜及铜合金焊条、铝及铝合金焊条、镍及镍合金焊条。

按药皮类型不同，焊条可分为钛钙型、钛铁矿型、低氢型和纤维素型等。

按性能不同，焊条可分为低尘低毒焊条、立向下焊条、水下焊条和重力焊条等。

根据国家标准的规定，碳钢焊条型号的编制方法为：字母"E"表示焊条；前两位数字表示熔敷金属抗拉强度的最小值；第三位数字表示焊条的焊接位置；第三位和第四位数字组合时表示焊接电流种类和药皮类型；在第四位数字后附加的字母表示有特殊规定的焊条。

国家标准分别对低合金钢焊条和不锈钢焊条的型号分类、技术要求等进行了明确的规定。

焊条型号的表示方法如下：

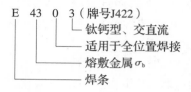

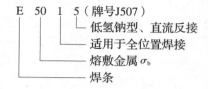

4. 焊条的选用原则

焊条的种类很多，应用范围不同，正确选用焊条，对焊接质量、劳动生产率和产品成本都有影响，为了正确选用焊条，可参考以下几个基本原则。

（1）等强度原则。对于承受静载或一般载荷的工件或结构，通常在同种钢焊接时选用抗拉强度与母材相等的焊条，这就是等强度原则。在异种钢焊接时，则按强度低的一侧钢材选用。例如，20钢抗拉强度在400 MPa左右，可选用E43系列的焊条。

（2）等同性原则。焊接在特殊环境下工作的工件或结构，如要求耐磨、耐腐蚀、在高温或低温下具有较高的力学性能，则应选用能保证熔敷金属的性能与母材相同或相近的焊条，这就是等同性原则。例如，焊接不锈钢时，应选用不锈钢焊条。

（3）等条件原则。根据工件或焊接结构的工作条件和特点选择焊条。例如，焊接需承受动载或冲击载荷的工件，应选用熔敷金属冲击韧度较高的低氢型碱性焊条；反之，焊接一般结构时，应选用酸性焊条。

虽然选用焊条时还应考虑工地供电情况、工地设备条件、经济性及焊接效率等，但这些都是比较次要的问题，应根据实际情况决定。

二、焊接工艺参数的选用

焊条电弧焊的焊接工艺参数主要包括：焊条种类与牌号、电源种类和极性、焊条直径、焊接电流、电弧电压、焊接速度和焊接层数等。

由于焊接结构件的材质、工作条件、尺寸、形状及焊接位置的不同，所选择的工艺参数也有所不同。即使产品相同，也会因焊接设备条件与焊工操作习惯的不同而选用不同的参数。需要在生产实践中去摸索、去体验，从中积累经验。

1. 焊条种类和牌号的选择

在实际工作中，焊条种类和牌号主要根据所焊钢材的性能、接头的刚度和工作环境等方面的要求选择。一般碳钢和低合金结构钢的焊接主要是按等强度原则选择焊条的强度级别。一般结构选用酸性焊条，重要结构选用碱性焊条。

2. 焊接电源种类和极性的选择

通常根据焊条类型决定焊接电源的种类，除低氢钠型焊条必须采用直流反接外，低氢钾型焊条可采用直流反接或交流。酸性焊条可以采用交流电源焊接，也可以用直流电源。焊厚板时用直流正接，焊薄板用直流反接。

3. 焊条直径的选择

焊条直径的选择与下列因素有关：

（1）焊件的厚度。焊件厚度大于 5 mm 应选择直径为 4.0 mm、5.0 mm 的焊条；反之，薄焊件的焊接，则应选用直径为 3.2 mm、2.5 mm 的焊条。

（2）焊缝的位置。在板厚相同的条件下，平焊焊缝选用的焊条直径比其他位置焊缝大一些，但一般不超过 5 mm，立焊一般使用直径为 3.2 mm、4.0 mm 的焊条，仰焊、横焊时，为避免熔化金属下淌，得到较小的熔池，选用的焊条直径不超过 4 mm。

（3）焊接层数。进行多层焊时，为保证第一层焊道根部焊透，打底焊应选用直径较小的焊条进行焊接，以后各层可选用较大直径的焊条。

（4）接头形式。搭接接头、T 形接头因不存在全焊透问题，所以应选用较大的焊条直径，以提高生产效率。

4. 焊接电流的选择

焊接电流是焊条电弧焊的主要工艺参数，焊工在操作过程中需要调节的只有焊接电流，而焊接速度和电弧电压都是由焊工控制的。焊接电流的选择直接影响着焊接质量和劳动生产率。焊接时，适当地加大焊接电流，可以加快焊条的熔化速度，从而提高工作效率。但是过大的焊接电流，会造成焊缝咬边、焊瘤、烧穿等缺陷，而且金属组织还会因过热发生性能变化。电流过小则易造成夹渣、未焊透等缺陷，降低了焊接接头的力学性能。所以应选择合适的焊接电流。选择焊接电流的主要依据是焊条直径、焊缝位置、焊条类型，特别是要凭焊接经验来调节合适的焊接电流。

一般可以根据下列的经验公式来确定焊接电流范围，再通过试焊，逐步得到合适的焊接电流。

$$I_h = （30 \sim 55） d$$

式中　　I_h——焊接电流，A；

　　　　d——焊条直径，mm。

5. 电弧电压

实际上焊条电弧焊的电弧电压主要是由电弧长度来决定的。电弧长，电弧电压高，电弧短，电弧电压就低。在焊接过程中，电弧不宜过长，否则会出现电弧燃烧不稳定、飞溅大、熔深浅及产生咬边、气孔等缺陷。焊接时，应该使用短弧焊接。所谓短弧一般认为是焊条直径的 0.5~1.0 倍，相应的电弧电压为 16~25 V。碱性焊条的电弧长度不超过焊条的直径，为焊条直径的一半较好；酸性焊条的电弧长度应等于焊条直径。

6. 焊接速度

单位时间内完成的焊缝长度称为焊接速度。

对于焊条电弧焊来说焊接速度是由焊工操作决定的，它直接影响焊缝成形的优劣和焊接生产率。在保证焊缝具有所要求的尺寸和外形及良好熔合的原则下，焊接速度由焊工根据具体情况灵活掌握。

7. 焊接层数

当焊件较厚时，往往需要开坡口并采用多层焊。多层焊时，前层焊道对后一条焊道起预热作用，而后一条焊道对焊道中存在的偏析、夹渣及一些气孔重新熔合，同时还对前层焊道起到热处理作用，因此，接头的延性和韧性都比较好。特别是对于易淬火钢，后焊道对前焊道的回火作用可改善接头组织和性能。因此，对一些重要的结构，焊接层数多些为好，每层厚度最好不大于 4 mm。

第三节　焊条电弧焊与碳弧气刨设备结构和原理

一、焊条电弧焊设备结构和原理

焊条电弧焊弧焊电源是在焊接回路中为电弧提供电能的设备，焊接过程中，焊接电弧是弧焊电源的负载，焊接电弧与弧焊电源组成了用电系统。为使焊接电弧能够在要求的焊接电流下稳定燃烧，对弧焊电源的性能提出以下基本要求。

1. 对弧焊电源的基本要求

（1）弧焊电源的外特性。在稳定状态下，弧焊电源的输出电压与输出电流（即焊接电流）的关系，称为弧焊电源的外特性。

焊接过程中，引弧、熔滴过渡和运条摆动等会造成焊接电源频繁的短路及电弧长度（即电弧电压高低）的不断变化。为限制短路电流，防止因短路电流过大而烧坏焊接电源以及在弧长发生变化时使焊接电流的变化很小，保证焊接过程的稳定性，要求弧焊电源应具有陡降的外特性，即输出电压随焊接电流的增大而迅速下降，如图7—4所示。

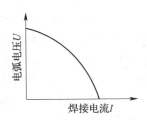

图7—4　弧焊电源具有陡降外特性

（2）弧焊电源的动特性。弧焊电源的动特性，是指弧焊电源对焊接电弧的工作状态发生变化的适应能力。焊接过程中，焊机的负载总是在不断变化着，如引弧时要先短路再提起焊条形成电弧；焊接过程中熔滴能引起弧长的变化甚至短路等。这些因素都使焊机的输出电压、电流不能在瞬间内适应这些变化，电弧燃烧就不稳定，整个焊接过程也就不稳定。因此焊条电弧焊时，要求弧焊电源具有良好的动特性。这样才能做到焊接时引弧容易、电弧燃烧稳定、飞溅小、焊缝成形好、焊接质量高。

（3）弧焊电源的空载电压。弧焊电源的空载电压越高，引弧越容易，电弧燃烧的稳定性就越好。但是空载电压过高，焊工操作不安全，并且制造焊机消耗的硅钢片和铜材增多。因此，在满足焊接工艺要求的前提下，空载电压应尽可能低些。目前，焊条电弧焊电源中弧焊变压器的空载电压一般在 80 V 以下；弧焊整流器的空载电压一般在 90 V 以下；弧焊发电机的空载电压一般在 100 V 以下。

（4）弧焊电源的调节特性。在焊接过程中，为了适应不同厚度、材料、焊条直径以及不同焊接位置的焊接，要求弧焊电源所提供的焊接电流应具有一定调节范围，并且能方便、灵活、可靠地进行调节。

2. 弧焊电源的结构与原理

目前，我国焊条电弧焊用的弧焊电源有弧焊变压器、弧焊整流器和弧焊逆变器等，常用的有 BX1 系列、BX3 系列交流弧焊电源和 ZX5 系列、ZX7 系列直流弧焊电源。

（1）动铁式弧焊变压器。BX1—315 型动铁式弧焊变压器外形如图 7—5a 所示。

BX1—315 型属增强漏磁类弧焊变压器，其结构如图 7—5b 所示，Ⅰ 为固定铁心，Ⅱ 为动铁心，W_1 为一次侧绕组，W_2 为二次侧绕组。一次侧绕组分别置于动铁心两侧，一次和二次分成上下两部分绕组，固定在主铁心柱上，中间铁心柱为可移动的，移动动铁心即可改变一次侧绕组和二次侧绕组的漏抗实现焊接电流的调节，适合施焊要求。动铁心位置，由电流指针表示。

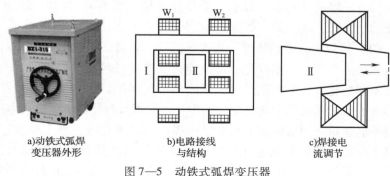

| a)动铁式弧焊 | b)电路接线 | c)焊接电 |
| 变压器外形 | 与结构 | 流调节 |

图 7—5　动铁式弧焊变压器

可动铁心由螺纹丝杆控制，转动焊接电流调节手柄，则丝杆转动来带动动铁心移动，动铁心向外移动，则焊接电流增大；动铁心向内移动（见图7—5c），则焊接电流减小。

（2）动圈式弧焊变压器。BX3—300－2型动圈式弧焊变压器外形如图7—6a所示。

 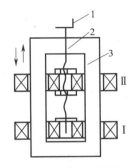

a) 弧焊变压器外形　　　　b) 结构和焊接电流调节

图7—6　动圈式弧焊变压器

1—手柄　2—调节杆　3—铁心

动圈式弧焊变压器结构如图7—6b所示。Ⅰ为一次侧绕组（固定），Ⅱ为二次侧绕组（可动），铁心呈口形，一次侧绕组分两部分绕在两个铁心柱的底部。二次侧绕组也分两部分，装在铁心柱非导磁性材料做成的活动支架上，凭借手柄转动螺杆使之沿铁心上下移动，改变一、二次侧绕组间的距离，以此来改变它们间的漏抗，调节焊接电流，一、二次侧绕组间距离越大，漏抗越大，焊接电流越小。

（3）逆变式弧焊整流器。逆变式弧焊整流器的中频主变压器硅钢片较小，使得焊机的体积明显减小、质量变轻（见图7—7a），而且电能损耗大幅度降低，具有高效与节能的优点，加之电子控制电路和反馈电路的配合，可以获得优良的焊接工艺性能，它以高效、轻巧、性能好的特点而迅速得到推广和使用，誉为"明天的弧焊电源"。

ZX7—400型逆变整流弧焊机主要由三相全波整流器、逆变器、中频变压器、电抗器及电子控制电路等部件组成（见图7—7b）。

a) 逆变式弧焊
整流器外形

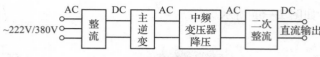

b) 逆变式弧焊整流器的构成

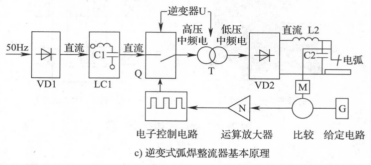

c) 逆变式弧焊整流器基本原理

图7—7　逆变式弧焊整流器

逆变式弧焊整流器基本原理如图7—7c所示。通常采用单相或三相50 Hz工频交流电，经输入整流器整流和滤波器滤波，变成600 Hz的高压脉动直流电，然后通过大功率电子元件构成的逆变器（晶闸管、晶体管或场效应管）组的交替开关作用，变成几千赫兹至几万赫兹的中频高压交流电，再经中频变压器降至适合焊接的几十伏电压，并借助电子控制电路和反馈电路（M、G、N等组成）以及焊接回路的阻抗，获得弧焊所需的外特性和动特性。如果需要采用直流进行焊接，还需经输出整流器VD2整流和经电抗器L2、电容器C2的滤波，把中频交流电变换为直流电输出。简而言之，逆变式弧焊电源的基本原理可以归纳为：

工频交流电——直流电——中频交流电——降压——交流电或直流电。

二、碳弧气刨设备和工具

碳弧气刨的装置如图 7—8 所示，主要由电源、碳弧气刨枪、碳棒、电缆气管及压缩空气机组成。

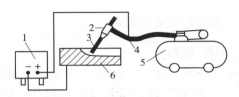

图 7—8　碳弧气刨的装置
1—电源　2—碳弧气刨枪　3—碳棒
4—电缆气管　5—压缩空气机　6—工件

1. 电源

碳弧气刨一般采用功率较大的焊机，如 ZX5—500 型等焊机作为碳弧气刨的电源。

2. 碳弧气刨枪

碳弧气刨枪应具有导电性良好、吹出的压缩空气集中而准确、碳棒电极夹持牢固、更换方便、外壳绝缘良好、质量较轻、体积小及使用方便等性能。碳弧气刨枪有侧面送风式和圆周送风式两种。

（1）侧面送风式碳弧气刨枪。它的特点是送风孔开在钳口附近的一侧，工作时压缩空气从这里喷出，气流恰好对准碳棒的后侧，将熔化的铁液吹走，从而达到刨槽或切割的目的。

（2）圆周送风式碳弧气刨枪。它的特点是压缩空气沿碳棒四周喷流，既均匀又能冷却碳棒，并对电弧有一定的压缩作用，刨槽前端不堆积熔渣，便于看清刨槽位置。

3. 碳弧气刨用碳棒

碳棒用作碳弧气刨时的电极材料。断面形状多为圆形，用于焊缝的清根、开槽、清除焊接缺陷等；刨宽槽或平面时，可采用矩形碳棒。

第四节 焊条电弧焊与碳弧气刨
的操作要领和安全要求

一、焊条电弧焊操作要领和安全要求

1. 焊条电弧焊操作姿势

平焊时，一般采用蹲式操作，如图7—9所示。蹲姿要自然，两脚夹角为70°~85°，两脚距离240~260 mm。持焊钳的胳膊半伸开，要悬空无依托地操作。

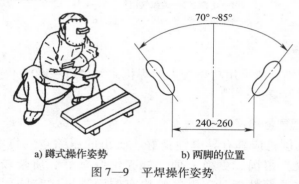

a) 蹲式操作姿势   b) 两脚的位置

图7—9 平焊操作姿势

2. 焊条电弧焊的引弧方法

焊条电弧焊的引弧方法有两种：划擦引弧法和直击引弧法。

（1）划擦引弧法。先将焊条末端对准焊件，然后像划火柴似的使焊条在焊件表面划擦一下，提起2~3 mm的高度（见图7—10a）引燃电弧。引燃电弧后，应保持电弧长度不超过所用焊条直径。

（2）直击引弧法。先将焊条垂直对准焊件，然后使焊条碰击焊件，出现弧光后迅速将焊条提起2~3 mm（见图7—10b），产生电弧后使电弧稳定燃烧。

3. 焊条电弧焊的运条方式

（1）运条的基本运动。运条一般分三个基本运动：沿焊条中心线向熔池送进、沿焊接方向移动、横向摆动，如图7—11所示。

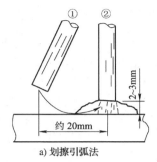 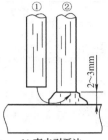

a) 划擦引弧法　　　　b) 直击引弧法

图 7—10　引弧方法

　　焊条向熔池方向送进的目的是在焊条不断熔化的过程中保持弧长不变。焊条下送速度应与焊条的熔化速度相同。否则，会发生断弧或焊条与焊件黏结现象。

图 7—11　运条的三个基本动作

　　焊条沿焊接方向移动，是为了控制焊道成形。随着焊条的不断熔化和向前移动，会逐渐形成一条焊道。焊条向前移动速度过快或过慢会出现焊道较窄、未焊透或焊道过高、过宽，甚至出现烧穿等缺陷。

　　焊条的横向摆动是为了得到一定宽度的焊道，其摆动幅度根据焊件厚度、坡口大小等因素决定。这三个动作不能机械地分开，而应相互协调，才能焊出满意的焊缝。运条的关键是平稳、均匀。

　　（2）运条方法。在焊接生产实践中，根据不同的焊缝位置、焊件厚度、接头形式，有许多运条手法。下面介绍几种常用的运条方法及适用范围。（见表 7—1）

表 7—1　　　　　　　　常用的运条方法及适用范围

运条方法	图示	适用范围
直线形运条法		焊条不做横向摆动，仅沿焊接方向做直线运动。常用于不开坡口的平对接焊、多层多道焊
直线往复运条法		焊条沿焊缝的纵向做来回的直线形摆动，适用于薄板及接头间隙较大的焊缝

运条方法	图示	适用范围
锯齿形运条法		焊条做锯齿形连续摆动且向前移动，并在两边稍作停顿。在生产中应用较广，多用于厚板的焊接
月牙形运条法		焊条沿焊接方向做月牙形的左右摆动。适用范围与锯齿形运条法基本相同，不过焊缝成形余高较高

（3）起头。刚开始焊接时，由于焊件的温度很低，引弧后又不能迅速地使焊件温度升高，所以起点部位焊道较窄，余高略高，甚至会出现熔合不良和夹渣的缺陷。

起头时，可以在引弧后稍微拉长电弧，从距离始焊点 10 mm 左右处回焊到始焊点，再逐渐压低电弧，焊条做微微的摆动，达到所需要的焊道宽度，然后保持焊条角度，按着焊接轨迹正常焊接。

（4）焊道的接头。一条完整的焊缝是由若干根焊条焊接而成的，每根焊条焊接的焊道应有完好的连接。连接方式一般有四种，见表7—2。

表 7—2　　　　　　　　　　　焊道的连接方式

连接方式	图示	操作要领
分段退焊接头	 2　　1 焊接方向	后焊的尾与先焊的头相接 当后焊的焊缝焊至前条焊缝的始焊端时，拉长电弧，待形成熔池后，再压低电弧，往回移动一下收弧
相背接头	 1　　2 焊接方向	后焊的头与先焊的头相接 在前条焊缝的始焊端稍前处引弧，然后拉长电弧移到始焊端将其端头覆盖，再向焊接方向移动

连接方式	图示	操作要领
相向接头	2 ← 1 ← 焊接方向	后焊的尾与先焊的尾相接 　当后焊的焊缝焊至前条焊缝的收尾处时，待熔池的边缘与先焊焊缝的弧坑边缘重合并填满，再前焊一点熄弧
中间接头	1 → 2 → 焊接方向	后焊的头与先焊的尾相接 　在弧坑前引弧，拉长电弧移到弧坑处，压低电弧，待熔池的边缘与弧坑边缘重合并填满，再向前正常焊接 　此种接头方式应用最多

（5）收尾。收尾是指焊接一条焊道结束时的熄弧操作。如果收尾不当会出现过深的弧坑，使焊道收尾处强度减弱，甚至产生弧坑裂纹。所以收尾动作不仅是熄弧，还应填满弧坑。常用的收尾方法有三种，见表7—3。

表7—3　　　　　　　　　常用的收尾方法

收尾方法	图示	操作要领
反复断弧收尾法	反复断弧收尾法	焊至终点，焊条在弧坑处作数次熄弧—引弧的反复动作，直到填满弧坑为止 　此法适用于薄板焊接
划圈收尾法	划圈收尾法	当焊至终点时，焊条做划圈运动，直到填满弧坑再熄弧 　此法适用于有黏结特点的碱性焊条的厚板焊接，用于薄板焊接则有烧穿焊件的危险

续表

收尾方法	图示	操作要领
回焊 收尾法	70°~80° 夹角 回焊收尾法	当焊至结尾处，不马上熄弧，而是按照来的方向，向回焊一小段（约 5 mm）的距离，待填满弧坑后，慢慢拉断电弧 　碱性焊条常用此法

4. 焊条电弧焊操作的安全要求

（1）正确穿戴工作服。穿工作服时要把衣领和袖口扣好，上衣不应扎在工作裤里边，工作服不应有破损、孔洞和缝隙，不允许沾有油脂或潮湿。

（2）电焊手套和焊工防护鞋不应潮湿和破损。

（3）正确选择电焊防护面罩上护目镜的遮光号。

（4）操作前，检查焊接场地的设备、工具、材料是否排列整齐，不得乱堆乱放。检查焊接电缆线是否互相缠绕，如有缠绕，必须分开。

（5）检查焊接场地周围 10 m 范围内，不能存在可燃易爆物品。在未彻底清理或未采取有效防护措施前，不能进行焊接作业。

（6）电弧辐射能引起电光性眼炎，操作时要做好个人防护，并且各工位间应设防护屏。

二、碳弧气刨操作要领和安全要求

1. 碳弧气刨操作参数

碳弧气刨时需要调整的参数有极性、碳棒直径、刨削电流、刨削速度、压缩空气压力，弧长、碳棒的倾角和伸出长度等。它们对刨削过程与刨削质量的影响如下：

（1）极性。碳素钢和普通低合金钢碳弧气刨时，应采用直流反接，以提高电弧的稳定性，刨槽表面光滑；但铸铁碳弧气刨时，应采用直流正接。

（2）碳棒直径与刨削电流。钢板厚度、碳棒直径与刨削电流的关系见表7—4。

表7—4　　　　　钢板厚度与碳棒直径与刨削电流的关系

钢板厚度（mm）	碳棒直径（mm）	电流强度（A）	钢板厚度（mm）	碳棒直径（mm）	电流强度（A）
1～3	4	160～200	10～16	8	320～360
3～5	6	200～270	16～20	8	360～400
5～10	6	270～320	20～30	10	400～500

（3）刨削速度。刨削速度太快，刨槽深度就会减小，而且可能造成碳棒与金属相接触，使碳进入金属中，形成"夹碳"缺陷。一般刨削速度的范围为0.5～1.2 m/min。

（4）压缩空气压力。压缩空气压力高，刨削有力，能迅速吹走熔化的金属。反之，吹走熔化金属的作用减弱，刨削表面较粗糙。一般碳弧气刨使用的压缩空气压力为0.4～0.6 MPa。且刨削电流增大时，压缩空气的压力也应相应增加。不同的刨削电流所对应的压缩空气的压力见表7—5。

表7—5　　　　不同的刨削电流所对应的压缩空气的压力

电流强度（A）	压缩空气压力（MPa）	电流强度（A）	压缩空气压力（MPa）
140～190	0.35～0.40	340～470	0.50～0.55
190～270	0.40～0.50	470～550	0.50～0.60
270～340	0.50～0.55		

（5）弧长。碳弧气刨时，应尽量保持短弧，通常控制在1～2 mm范围内。弧长过短时，容易引起"夹碳"；过长时，电弧不稳定，引起刨槽高低不平、宽窄不均。

（6）碳棒的倾角和伸出长度。碳棒的倾角如图7—12所示。倾角的大小主要影响刨槽的深度，倾角增大，槽深增加。一般采用30°～45°的倾角。

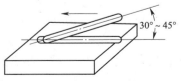

30°～45°

图7—12　碳弧气刨时碳棒的倾角

伸出长度就是碳棒导电部分的长度。碳棒伸出长度越长，吹到铁液上的风力也越弱，这样影响铁液的及时排出。若碳棒伸出长度太短，则钳口离电弧太近，影响操作者的视角，看不清刨槽方向，同时容易造成刨枪与工件短路。

一般碳棒伸出长度为 80～100 mm。当烧损 20～30 mm 时，就需要及时调整。

2. 碳弧气刨的操作要领

碳弧气刨操作的操作要领是准、平、正。

准：对刨槽的基准线要看得准，掌握好刨槽的深浅。凭压缩空气和空气的摩擦作用发出"嘶嘶"的声音变化判断和控制弧长的变化。声音均匀而清脆，表示电弧稳定，弧长无变化，此时刨出的槽既光滑又深浅一致。

平：气刨时手把要端得平稳，不要上下抖动，刨槽表面不应出现明显的凹凸不平。

正：气刨时碳棒夹持要端正，碳棒倾角不能忽大忽小，碳棒的中心线要与刨槽的中心线重合，以保持刨槽的形状对称。

3. 碳弧气刨的安全要求

（1）在刨削进行时，压缩空气不允许中断。否则将造成碳棒急剧升温，外层的镀铜层熔化脱落，导致电阻增高进而烧坏气刨枪。

（2）刨削时，碳棒不断烧损，应及时调整碳棒伸出长度。当碳棒端头离刨枪铜头的距离小于 30 mm 时。应立即调整或更换碳棒，以免烧坏气刨枪。

（3）切断电源之前，应避免气刨枪铜头直接接触工件，否则会烧坏气刨枪。

（4）露天作业时，尽可能顺风向操作，以防止吹散的铁液及熔渣烧坏工作服或将人烧伤。

（5）气刨时使用的电流比较大，应注意防止焊机过载和连续使用而发热。

（6）操作者应注意站立位置，防止被飞溅金属烫伤。

第五节 焊条电弧焊与碳弧气刨操作训练

一、焊条电弧焊的基本操作

1. I形坡口对接平焊焊件图（见图7—13）

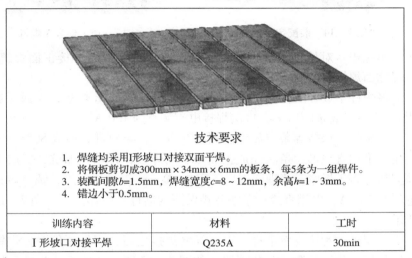

技术要求

1. 焊缝均采用I形坡口对接双面平焊。
2. 将钢板剪切成300mm×34mm×6mm的板条，每5条为一组焊件。
3. 装配间隙b=1.5mm，焊缝宽度c=8~12mm，余高h=1~3mm。
4. 错边小于0.5mm。

训练内容	材料	工时
I形坡口对接平焊	Q235A	30min

图7—13 I形坡口对接平焊焊件图

2. 焊前准备

（1）制备焊件。按照训练图样标注的焊件尺寸，用剪切机剪切Q235A钢板为300 mm×34 mm×6 mm的板条，每5条为一组焊件。

（2）选择焊条和弧焊电源。焊件为Q235A钢板，厚度6 mm，可选择E4303型焊条。选用交流或直流弧焊机。

3. I形坡口对接平焊操作步骤

第一步　装配定位焊件。将钢板板条用大锤进行矫正使之平整，并用锉刀或钢丝刷清理焊件表面的铁锈和污物。装配定位时，保持对口间隙为2 mm左右，在焊件两端进行定位焊，如图7—14所示。

第二步　调试焊接参数。焊接开始前，需要检查弧焊机外壳有无安设接地或接零线（见图7—15），连接是否牢靠，焊接线路各接线点的接触是否良好。一切正常后，可开始调试所需焊接工艺参数。

图7—14　装配定位焊件

图7—15　检查弧焊机

第三步　对接正面平焊。焊件需要双面焊接，先焊接正面焊缝，后焊背面焊缝。

将焊件平放在工作台上。底层焊接采用 ϕ3.2 mm 焊条，盖面层选用 ϕ3.2 mm 或 ϕ4.0 mm，底层焊接电流调整为 150 A。

焊接时，保持焊条与焊件两侧相互垂直，与前进方向成 80°～90° 夹角，采用直线形运条法完成正面底层的焊接，并填满弧坑，底层熔深应超过 2/3 板厚。清理熔渣后，用 ϕ4.0 mm 焊条盖面焊，调节焊接电流为 180 A，采用直线运条法并稍做摆动进行盖面焊接，如图7—16所示。

第四步　对接背面平焊。正面焊缝焊接之后，焊接暂停时，焊钳必须与焊件分开放置，避免短路，如图7—17所示，然后将焊件翻转过来，清理焊根熔渣，焊接背面焊缝。

图7—16　对接正面平焊

图7—17　焊钳放置在绝缘的木板上

第五步　检查焊件、清理现场。焊后清理焊件如图7—18所示，检查焊件质量。工作完毕，检查并清理现场，灭绝火种，切断电源。

图 7—18　焊后清理焊件

二、碳弧气刨的基本操作

1. 识读图样

碳弧气刨铸件缺陷操作，碳弧气刨训练图样如图 7—19 所示。

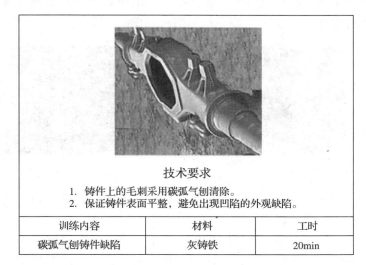

技术要求

1. 铸件上的毛刺采用碳弧气刨清除。
2. 保证铸件表面平整，避免出现凹陷的外观缺陷。

训练内容	材料	工时
碳弧气刨铸件缺陷	灰铸铁	20min

图 7—19　碳弧气刨训练图样

2. 调节碳弧气刨参数、选用碳棒

选择直流反接，调试碳弧气刨的刨削电流为 300～350 A，压缩空气压力在 0.6 MPa 左右，选用矩形碳棒 5 mm×10 mm×355 mm，如图 7—20 所示，采用侧面送风式碳弧气刨枪。

图 7—20　调节参数、选用碳棒

3. 碳弧气刨操作

（1）引弧前，启动压缩空气阀门先送风。夹持好碳棒，调节好碳棒伸出长度 80～100 mm（见图 7—21）。根据要求的槽深保持碳棒与刨件之间的倾角 20°～45°。

开始引弧，将碳棒与钢板轻轻接触并稍作划擦动作引燃电弧，控制电弧长度在 1～3 mm 之内进行刨削（见图 7—22）。

图 7—21　调节碳棒伸出长度　　　　图 7—22　引燃电弧

（2）碳弧气刨时，要求铸件气刨处宽窄和深浅都要均匀一致，中心线对称，不发生偏斜。

刨削一段长度后，碳棒因损耗而变短，需停弧调整碳棒的伸出长度。更换或移动热碳棒时，必须由上往下插入夹钳内。严禁用手抓握引弧端，以防炽热的碳棒烧焦手套或烫伤手掌，如图 7—23 所示。露天作业时，应尽可能顺风向操作，防止烧伤，并注意场地的防火，如图 7—24 所示。

错误　　　　　　　正确

图 7—23　更换或移动热碳棒

图 7—24　注意场地防火

4. 铸件质量检查并清理现场

经碳弧气刨刨削后的铸件表面光洁平滑，无粘渣和铜斑，不能有裂纹，符合碳弧气刨的技术要求，并清理现场，灭绝火种，切断气源及电源。

第八章 埋弧焊安全

第一节 埋弧焊原理及特点

一、埋弧焊的原理

埋弧焊是一种电弧在颗粒状焊剂下燃烧的熔焊方法。

埋弧焊的焊接电源输出端分别接在导电嘴和焊件上，送丝机构、焊剂漏斗和控制盘通常装在一台焊接小车上。操作时，将焊剂漏斗闸门打开，焊剂均匀地堆敷在焊件的接缝处，焊丝由送丝机构的送丝滚轮和导电嘴送入颗粒状的焊剂下，与焊件之间产生电弧并形成熔池，随着电弧的匀速移动，熔池金属结晶为焊缝。部分焊剂熔化形成熔渣，并在电弧区域形成一封闭空间与空气隔绝开来，有利于焊接冶金反应的进行。浮在焊缝表面的液态熔渣凝固后形成渣壳。图8—1为埋弧焊焊缝断面示意图。

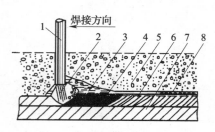

图8—1 埋弧焊焊缝断面示意图

1—焊丝 2—电弧 3—熔池 4—熔渣 5—焊剂 6—焊缝 7—焊件 8—渣壳

二、埋弧焊的特点

1. 埋弧焊所用焊接电流大，加上焊剂和熔渣的隔热作用，热效率高，熔深大。单丝埋弧焊在焊件不开坡口的情况下，一次可熔透20 mm。

2．焊接速度快，以厚度8～10 mm钢板对接焊时，单丝埋弧焊速度可达30～50 m/h，而焊条电弧焊则不超过6～8 m/h。

3．焊剂和熔渣的存在不仅防止空气中的氮、氧侵入熔池，而且使熔池较慢凝固，使液态金属与熔化的焊剂间有较长时间的冶金反应，提高焊缝金属的力学性能。

4．改善焊工的劳动条件，实现焊接过程机械化，使操作更为便利，而且烟尘少，没有弧光辐射，因此劳动条件得到改善。

5．埋弧焊不仅适用于碳钢、低合金钢和不锈钢的中厚板焊接，还可以焊接铜、镍合金等有色金属，它是大型焊接结构生产中常用的一种焊接技术。

由于埋弧焊采用颗粒状焊剂，一般仅适用于平直长焊缝和环形焊缝焊接，其他位置的焊接则需采用特殊措施，以保证焊剂能覆盖焊接区。

第二节　埋弧焊设备结构和原理

典型的等速送丝式 MZl—1000 型埋弧焊机，控制系统简单，可使用交流或直流焊接电源，主要用于焊接各种坡口的对接、搭接焊缝，船形焊缝，容器的内、外环缝和纵缝，特别适用于批量生产。

该焊机由焊接小车、控制箱和焊接电源三部分组成，如图8—2所示。

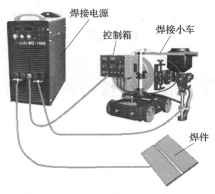

图8—2　埋弧焊机的组成

一、焊接小车

焊接小车上的送丝机构和行走机构共同使用一台交流电动机，电动机两头出轴，一头经焊丝送给机构减速器输送焊丝；另一头经行走机构减速器带动焊车。

焊接小车的前轮和主动后轮与车体绝缘，装有橡胶轮。主动后轮的轴与行走机构减速器之间装有摩擦离合器，脱开时，可以用手推拉焊车。

焊接小车的回转托架上装有焊剂斗、控制按钮板、焊丝盘、焊丝校直机构和导电嘴等。焊丝从焊丝盘经校直机构、送给轮和导电嘴送入焊接区。所用的焊丝直径为 1.6 ~ 5.0 mm。

焊接小车的传动系统中有两对可调齿轮，通过改换齿轮速比，可调节焊丝给送速度和焊接速度。焊丝给送速度调节范围为 0.87 ~ 6.7 m/min。焊接速度调节范围为 16 ~ 126 m/h。

二、控制箱

控制箱内装有电源接触器、中间继电器、降压变压器、电流互感器等电气元件，在外壳上装有控制电源的转换开关、接线板及多芯插座等。

三、焊接电源

常见的埋弧焊交流电源采用 BX2—1000 型同体式弧焊变压器，有时也采用具有缓降外特性的弧焊整流器。

第三节 常用焊接材料分类和型号

埋弧焊的焊接材料有焊丝和焊剂。

一、焊丝

目前埋弧焊焊丝与焊条电弧焊焊条的焊芯同属一个国家标准。按照焊丝的成分和用途，可分为碳素结构钢、合金结构钢和不锈钢焊丝三大类。常用的焊丝直径有 2 mm、3 mm、4 mm、5 mm 和 6 mm 等。

二、焊剂

焊剂可分为熔炼焊剂、烧结焊剂和黏结焊剂。目前，熔炼焊剂应用最多，常用于碳钢、低合金钢的焊接。但是由于焊剂是在高温下熔炼的，不能通过焊剂向焊缝金属中渗入大量的合金元素。

1. 焊剂型号

根据国家标准的规定，碳钢焊剂型号根据焊丝—焊剂组合的熔敷金属力学性能、热处理状态进行划分。具体表示为：

（1）字母"F"表示焊剂。

（2）字母后第一位数字表示焊丝—焊剂组合的熔敷金属抗拉强度的最小值。

（3）第二个字母表示试件的热处理状态。

（4）第三位数字表示熔敷金属冲击吸收功不小于27J时的最低试验温度。

（5）短划"—"后面表示焊丝牌号。

例如：

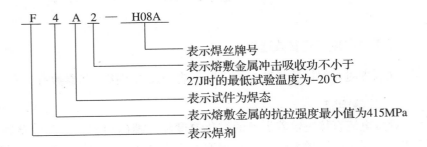

2. 焊剂牌号

熔炼焊剂牌号表示方法为"HJ×××"，"HJ"后面有三位数字，具体内容如下：

（1）第一位数字表示焊剂中氧化锰的平均质量分数。

按氧化锰质量分数的量值分为：HJ1××为无锰型、HJ2××为低锰型、HJ3××为中锰型、HJ4××为高锰型。

（2）第二位数字表示焊剂中二氧化硅、氟化钙的平均质量分数。

按二氧化硅、氟化钙质量分数的量值分为：HJ×1×为低硅低氟型、HJ×2×为中硅低氟型、HJ×3×为高硅低氟型、HJ×4×为低硅中氟型、HJ×5×为中硅中氟型、HJ×6×为高硅中氟型、HJ×7×为低硅高氟型、HJ×8×为中硅高氟型。

（3）第三位数字表示同一类型焊剂不同的牌号。

（4）对同一牌号焊剂生产两种颗粒度时，在细颗粒焊剂牌号后面加一"细"字。

例如，"HJ431 细"表示：

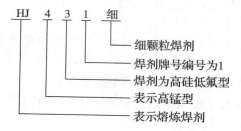

第四节　埋弧焊操作要领和安全要求

一、埋弧焊焊接工艺参数选择

埋弧焊时对焊接质量和焊缝成形影响较大的焊接工艺参数有：

1. 焊接电流

焊接电流直接决定着焊丝的熔化速度和焊缝的熔深。当其他参数不变时，焊接电流增大，熔深显著增大，焊缝的余高也会增加，而焊缝宽度变化不大。但焊接电流过大时，会造成焊件烧穿，焊件变形增大。

2. 电弧电压

与焊条电弧焊不同，埋弧焊时电弧电压是预先选定的，并与焊接电流相匹配。

当其他参数不变时，电弧电压增大，电弧对焊件的加热面积增大，因而焊缝宽度显著增加，焊缝余高和焊缝熔深略减小，反之亦然。

3. 焊接速度

埋弧焊时，焊接小车行走的速度或筒形焊件在滚轮架上的转动线速度即是所谓的焊接速度。焊接速度在一定范围内增加时，焊缝余高略增大，而焊缝宽度与焊缝熔深均会减小。焊接速度过快会造成未焊透和焊缝粗糙不平等缺陷；焊接速度过慢则会形成焊缝不规则、夹渣和烧穿等缺陷。

4. 焊丝直径

当焊接电流一定时，焊丝直径增大，焊缝熔深和焊缝余高减小而焊缝宽度增加，反之亦然。故用同样大小的电流焊接时，小直径焊丝可获得较大的焊缝熔深。

5. 工艺因素

（1）焊丝倾角。通常埋弧焊时焊丝与焊件垂直，但有时也采用焊丝倾斜方式。焊丝相对焊件倾斜，使电弧始终指向待焊部分为前倾，反焊接方向倾斜则为后倾。焊丝前倾时，焊缝熔深减小，焊缝宽度增大，适于薄板焊接；焊丝后倾时，焊缝熔深与余高增大，而焊缝宽度明显减小，以致焊缝成形不良，通常不采用。

（2）焊件倾角。焊件处于倾斜位置时有上坡焊和下坡焊之分。上坡焊时，焊缝熔深和余高增大而焊缝宽度减小，形成窄而高的焊缝；下坡焊时，焊缝熔深和余高减小而焊缝宽度增大，液态金属容易下淌。因此，焊件的倾斜角 α 不宜超过 $6° \sim 8°$。

（3）焊丝伸出长度。一般要求焊丝伸出长度不超过 $5 \sim 10$ mm。

（4）装配间隙与坡口角度。在其他参数不变时，增大装配间隙与坡口角度，会使熔合比与焊缝余高减小，焊缝熔深增大，但焊缝总厚度（余高＋焊缝熔深）大致保持不变。

（5）焊剂粒度。焊剂粒度增大时，焊缝熔深略减小，焊缝宽度略增加，焊缝余高略减小。

二、埋弧焊安全特点

1. 埋弧焊所用工装夹具等辅助设备较多，如果其中的某一部件触电，则可能导致整个工装辅助系统均带电，从而易发生电击事故。

2. 埋弧焊时，采用的焊接电流较大，要注意电缆的接头、插头部分的连接牢固，不允许发生短路，否则极易酿成火灾。

3. 有些牌号的焊剂，在焊接过程中会产生特殊气味的气体，长时间接触会使人发生头痛反应。因此，要保持焊接现场良好的通风。

第五节　埋弧焊操作训练

一、中厚板对接埋弧焊

焊件图如图 8—3 所示。

技术要求

1. 采取正、反两面埋弧焊。
2. 将钢板加工成600mm×100mm×20mm两块组对焊件。引弧板和引出板120mm×100mm×20mm各一块。
3. 装配时，根部间隙为0~1mm，在焊件两端定位焊。
4. 焊缝表面平直、无缺陷。

训练内容	材料	工时
中厚板对接埋弧焊	Q235A	20min

图 8—3　中厚板对接埋弧焊焊件图

二、埋弧焊操作训练

1. 焊前准备

（1）选择 MZ—1000 型埋弧焊机、焊剂 HJ431、焊丝 H08A 直径 4 mm，如图 8—4 所示。

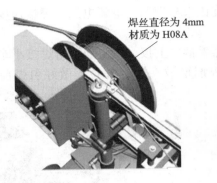

焊丝直径为 4mm
材质为 H08A

图 8—4　选择焊机、焊剂、焊丝

（2）选择 Q235 钢板，剪切成 600 mm×100 mm×20 mm 两块。引弧板和引出板各一块。

装配时，将焊件清理干净，留出 < 1 mm 的根部间隙，错边量 ≤1 mm，引出板和引弧板分别在焊件的两端进行定位焊，如图 8—5 所示。

2. 引弧前的操作

（1）首先焊接正面焊缝。检查焊机外部接线是否正确。调整好轨道位置，将焊接小车放在轨道上面来回拉动，调整焊丝对准待焊处中心，保证焊丝在整条焊缝均能对中，且不与焊件接触（见图 8—6）。

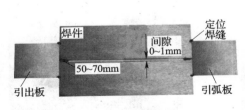

焊件　定位焊缝　间隙 0~1mm　50~70mm　引出板　引弧板

图 8—5　焊件装配　　　　图 8—6　调整焊接小车

（2）将控制盘上的开关旋转到焊接位置上，按照焊接方向将焊接小车的换向开关旋转到向前的位置上。调整焊接工艺参数（见图 8—

7)，通过控制盘上的按钮或旋钮来分别调整电弧电压、焊接速度和焊接电流。

（3）将焊接小车的离合器手柄向上扳，使主动轮与焊接小车相连接。开启焊剂漏斗阀门，使焊剂堆敷在始焊部位，做好引弧前准备（见图8—8）。

图8—7　调整焊接工艺参数

图8—8　焊剂堆敷在始焊部位

3. 焊接操作

（1）按下控制盘上的启动按钮，焊接电源接通（见图8—9），焊机开始送丝。小车自动起弧，按设定的焊接方向，焊车沿轨道移动开始焊接。

（2）在焊接过程中，应注意观察焊接电流和电弧电压表的读数，以及焊接小车的行走路线，随时进行调整（见图8—10），并注意焊剂漏斗内的焊剂量，以免露出弧光伤害操作者的眼睛。还要注意行走的焊接小车的焊接电源电缆和控制线，若被焊件及其他东西挂住会发生意外。

图8—9　按下启动按钮开始焊接

图8—10　适时进行参数调整

（3）当导电嘴运行到收弧板上接近收尾时，关闭焊剂漏斗开关，按住停止按钮，焊丝停止送进，焊接小车自动停止，要切断焊接电源，清理焊缝熔渣（见图8—11）。

（4）将焊件的正面焊缝清理干净后，采用碳弧气刨刨削焊件背面熔渣，直至露出正面焊缝的根部（见图8—12）。

图8—11　切断电源、清理熔渣　　　　图8—12　刨削出背面焊件坡口

（5）与焊接正面焊缝的埋弧焊操作方法相同，焊接背面焊缝（见图8—13）。

（6）完成背面焊缝焊接（见图8—14），回收焊剂，清除渣壳，关闭焊剂漏斗的阀门，扳下离合器手柄，将焊接小车推开，放到适当的位置，检查焊接质量。

图8—13　焊接背面焊缝　　　　　　图8—14　完成背面焊缝焊接

（7）焊件焊完后，必须切断一切电源，将现场清理干净，整理好设备。确定没有易燃火种后，方能离开现场。

第九章　氩弧焊安全

第一节　氩弧焊的原理、应用和安全特点

一、钨极氩弧焊的原理及应用

1. 钨极氩弧焊的原理

钨极惰性气体保护焊（英文缩写为 TIG）是在惰性气体保护下，利用钨极与工件间产生的电弧热熔化填充焊丝和基体金属的一种焊接方法。焊接时，保护气体从焊枪的喷嘴中喷出，在电弧周围形成气体保护隔绝空气，以防止其对钨极、熔池及热影响区的有害影响，从而获得优质焊缝，如图 9—1 所示。

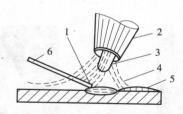

图 9—1　钨极氩弧焊示意图

1—熔池　2—喷嘴　3—钨极　4—气体　5—焊缝　6—焊丝

钨极氩弧焊时，焊工一手握焊枪，另一手持焊丝，随焊枪的摆动和前进，逐渐将焊丝填入熔池之中。有时也不加填充焊丝，仅将接口边缘熔化形成焊缝。

2. 钨极氩弧焊的应用

氩气是一种惰性气体，高温稳定性好。在高温下它既不溶于液态金属，又不与金属起任何化学反应，被焊金属材料中的合金元素很少

烧损，焊接过程基本上是金属熔化与结晶的简单过程，因此能获得较为纯净及质量高的焊缝。特别是一些化学性质活泼的金属，用其他电弧焊焊接非常困难，而用钨极氩弧焊则可容易地得到高质量的焊缝，尤其适于薄板焊接。采用脉冲钨极氩弧焊电源，还可进行全位置焊接及不加衬垫的单面焊双面成形。

钨极氩弧焊特别适用于对焊接接头质量要求较高的场合。在碳钢和低合金钢的压力管道焊接中，现在也越来越多地采用氩弧焊打底，以提高焊接接头的质量。

二、钨极氩弧焊的安全特点

1. 由于钨极氩弧焊弧温很高，弧光很强，故可产生较高浓度的有害气体和金属粉尘，因采用保护气体代替焊药和焊剂，所以不像焊条电弧焊那样在电弧周围充满药皮、焊剂和焊材的蒸气，烟雾弥漫，其主要危害是有毒气体。例如氩弧焊时产生大量的臭氧和氮氧化物，其浓度分别是焊条电弧焊的 4.4 倍和 7 倍。这是因为有毒气体与粉尘存在着内在联系，粉尘浓度越高，电弧辐射越弱，有毒气体浓度越低，反之，电弧辐射越强，则有毒气体浓度越高。

2. 钨极氩弧焊的弧光辐射强度高于焊条电弧焊，例如波长为 2 330~2 900 Å 的紫外线相对强度：焊条电弧焊为 0.06，而氩弧焊为 1.0。强烈的紫外线辐射严重损害焊工的皮肤、眼睛和棉织工作服。

3. 钨极氩弧焊在操作中也存在着触电的危险，其弧焊电源的空载电压为 60~80 V，高于安全电压（36 V）；当采用非接触（非短路）法引弧时，高频振荡器或高压脉冲发生器将输出数千伏的高压电，而且又是双手操作（一手持光焊丝，一手持焊枪）。在此情况下，如果焊工的手套、工作服及工作鞋破损、潮湿，或焊枪、导线的绝缘不良以及焊工操作不当等，则很可能会在焊接过程中发生触电事故。

4. 钨极氩弧焊采用高频振荡器帮助引弧时，在高频振荡器工作期间有电磁场辐射产生，产生的高频电磁场强度可达 60~100 V/m，因时间短，对人体危害不大；如频繁产生电弧或将高频振荡器作为引弧装置在焊接时持续使用，则对人体健康会产生危害。

5. 钨极氩弧焊使用钍钨棒时，钍是放射性物质，虽然钍钨极的放射剂量很小，在容许范围内，但是，若放射性气体或微粒进入人体（为内放射源），则会严重影响人体健康。特别是在棒端磨尖时，灰尘中存在较多放射性粒子。

6. 钨极氩弧焊都使用压缩钢瓶，在运输、储存和使用时，存在着引起气瓶爆炸的危险性。

第二节　氩气性质与氩气瓶的安全使用要求

一、氩气的性质

氩气是一种理想的保护气体，一般是将空气液化后采用分馏法制取，是制氧过程中的副产品。

氩气在室温下是无色、无味气体，沸点为 −185.87℃，放电时呈紫色。由于原子外层轨道充满电子，因此，它不容易发生化学反应，是一种惰性气体。氩占大气体积的 0.93%，是在大气中含量最多的惰性气体。

氩气为惰性气体，对人体无直接危害。但是，如果工业使用后，产生的废气则对人体危害很大，会造成矽肺、眼部损坏等情况。

氩本身无毒，但在高浓度时有窒息作用。当空气中氩气浓度高于 33% 时就有窒息的危险。当氩气浓度超过 50% 时，出现严重症状。浓度达到 75% 以上时，能在数分钟内死亡。液氩可以伤皮肤，眼部接触可引起炎症，所以生产场所要通风。

氩气在常温下不与其他物质发生化学反应，高温时也不溶于液态金属中，故常用于有色金属的焊接。

二、氩气瓶安全使用要求

1. 运输和装卸气瓶时，必须带好瓶帽，轻装轻卸，严禁抛、滑、滚、碰。

2. 多数气瓶装在车上，应安放牢固。若卧放时，头部应都朝向一方，垛高不得超过车厢高度，且不得超过 5 层。夏季应有遮阳措施，避免暴晒。

3. 使用气瓶时，要直立放置，要安装专用的流量减压器，并要有防止倾倒的措施。

4. 使用气瓶时不得靠近热源，应距 10 m 以上，室外使用气瓶应有防止烈日暴晒的措施。

5. 气瓶用后应留有剩余气体，以便灌瓶时抽查检验，并防止空气及杂质混入。

第三节　常用焊接材料的型号和用途

钨极氩弧焊用焊接材料有氩气、钨极和焊丝。

一、氩气

氩气是惰性气体，由于其密度大，所形成稳定的气流层，覆盖在熔池周围，对焊接区有良好的保护作用。并且在常温下不与其他物质发生化学反应，高温时也不溶于液态金属中，故有利于有色金属的焊接。氩弧焊对氩气的纯度要求很高，按我国现行标准规定，其纯度应达到 99.99%。焊接用氩气以瓶装供应。

二、钨极

钨极氩弧焊对钨极材料的要求是：耐高温、电流容量大、施焊损耗小，还应具有很强的电子发射能力，从而保证引弧容易、电弧稳定。

钨极的熔点高达 3 410℃，适合作为不熔化电极，常用的钨极材料有纯钨极、钍钨极和铈钨极。放射性极低，是目前推荐使用的电极材料。

钨极的规格按长度范围供给，在 76～610 mm 之间，常用的钨极直径为 0.5、1.0、1.6、2.0、2.5、3.2、4.0、5.0、6.3、8.0、

10 mm。

为了使用方便，钨极的一端常涂有颜色，以便识别。例如，钍钨极涂红色，铈钨极涂灰色，纯钨极涂绿色。

钨极端部的形状对焊接电弧稳定性及焊缝的熔深和熔宽有很大的影响（见图9—2a），因此，使用前对钨极端部应进行磨削，应符合图9—2b的要求，锥形尖头约为钨极直径的2.5倍，钨极尖端应磨成φ1.0 mm左右的平头。使用小电流施焊时，可以磨成圆锥形。使用直流电时，因多采用直流正接，为使电弧集中燃烧稳定，钨极端部多磨成圆台形。使用交流电时，钨极端部应磨成球形，以减小极性变化对电极的损耗，如图9—2c所示。

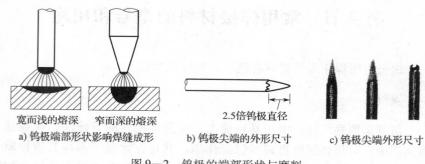

| 宽而浅的熔深 | 窄而深的熔深 | 2.5倍钨极直径 | |
| a) 钨极端部形状影响焊缝成形 | | b) 钨极尖端的外形尺寸 | c) 钨极尖端外形尺寸 |

图9—2　钨极的端部形状与磨削

三、焊丝

焊丝作为填充金属，与熔化的母材一起组成焊缝，熔化极氩弧焊的焊丝还作为电极，传导电流产生电弧。焊丝中有较多的锰、硅等合金元素，起到脱氧、渗合金等冶金处理作用。

熔化极气体保护电弧焊用焊丝的有关标准为《焊接用钢丝》《铝及铝合金焊丝》《铜及铜合金焊丝》，这些标准规定了焊丝尺寸、公差、化学成分、包装、验收规则和试验方法。

焊丝的选择包括焊丝尺寸和焊丝成分。焊丝尺寸的选择主要应考虑到焊件厚度和焊接位置等因素，焊丝成分的选择主要考虑到焊件材质及冶金焊接性。

第四节　　氩弧焊的设备组成

钨极氩弧焊设备主要由焊接电源、控制系统、焊枪、供气及冷却系统等部分组成（见图9—3）。

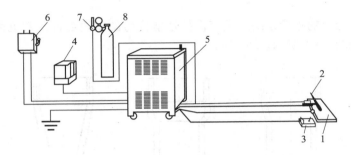

图9—3　钨极脉冲氩弧焊机外部接线图

1—焊件　2—焊枪　3—遥控盒　4—冷却系统

5—焊接电源与控制系统　6—电源开关　7—流量调节器　8—氩气瓶

一、焊接电源

钨极氩弧焊为陡降外特性的弧焊电源，由于钨极氩弧焊的电弧静特性与焊条电弧焊相似，并且任何具有陡降外特性的弧焊电源都可以作氩弧焊电源，因此，焊机生产厂家生产出许多型号的钨极氩弧焊与焊条电弧焊两用焊机。

二、控制系统

钨极氩弧焊的控制系统主要用来控制和调节气、水、电的各个工艺参数以及启动和停止焊接。

当按动启动开关时，接通电磁气阀使氩气通路，经短暂延时后（延时线路主要是控制气体提前输送和滞后关闭之用），同时接通主电路，给电极和焊件输送空载电压和接通高频引弧器使电极和焊件之间产生高频火花并引燃电弧。电弧建立后，即进入正常的焊接过程。

当焊接停止时，启动关闭开关，焊接电流衰减；经过一段延时后，主电路电源切断，同时焊接电流消失；再经过一段延时电磁气阀断开，氩气断路，此时焊接过程结束。

三、焊枪

焊枪的作用是装夹钨极、传导焊接电流、输出氩气流和启动或停止焊接。

焊枪上的喷嘴是决定氩气保护性能优劣的重要部件，常见的喷嘴形状如图9—4所示。

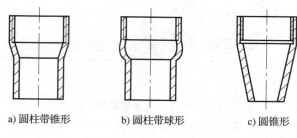

a) 圆柱带锥形   b) 圆柱带球形   c) 圆锥形

图9—4　常见的喷嘴形状

四、冷却系统

冷却系统用来冷却焊接电缆、焊枪和钨极。如果焊接电流小于150 A可以不用水冷却。使用的焊接电流超过150 A时，必须通水冷却，并以水压开关进行控制。

五、供气系统

供气系统包括氩气瓶、氩气流量调节器及电磁气阀等。

（1）焊接用氩气以瓶装供应，其外表涂成灰色，并且注有绿色"氩气"字样。氩气瓶的容积一般为40 L，在温度20℃时的满瓶压力为14.7 MPa。

（2）氩气流量调节器不仅能起到降压和稳压的作用，而且可方便地调节氩气流量。

（3）电磁气阀是开闭气路的装置，由延时继电器控制，可起到提前供气和滞后停气的作用。

第五节　焊接工艺参数的选择

焊接工艺参数主要包括焊接电源种类和极性、钨极直径、焊接电流、电弧电压、焊接速度、氩气流量、喷嘴直径、喷嘴与焊件的距离及钨极伸出长度。

一、焊接电源种类和极性

焊接电源种类和极性可根据焊件材质进行选择，见表9—1。

表9—1　　焊接电源种类和极性与被焊金属材料的关系

种类和极性	被焊金属材料
直流正接	低合金高强度钢、不锈钢、耐热钢、铜、钛及其合金
直流反接	适用各种金属的熔化极氩弧焊，TIG 焊很少采用
交流电源	铝、镁及其合金

二、钨极直径

钨极直径根据焊件厚度、电源极性和焊接电流选择。当钨极直径选定后，就限定了焊接许用电流值。对于采用不同的电源极性和不同的钨极直径所对应的许用电流见表9—2。

表9—2　　不同的电源极性和不同的钨极直径所对应的许用电流

许用电流（A）　　电源极性	钍钨极直径（mm）　1	1.6	2.4	3.2	4.0
直流正接	15~80	70~150	150~250	250~400	400~500
直流反接	—	10~20	15~30	25~40	40~55
交流电源	20~60	60~120	100~180	160~250	200~320

三、焊接电流

焊接电流主要根据焊件厚度、材质和接头空间位置来选择。焊接电流影响着焊缝宽度，随着焊接电流的增加，焊缝宽度增大。

四、电弧电压

电弧电压主要由弧长决定。电弧长度增加，焊缝宽度增加，容易产生未焊透的缺陷，并使氩气保护效果变差，因此应在电弧不短路的情况下，尽量控制电弧长度，一般弧长近似等于钨极直径。

五、焊接速度

焊接速度通常是由焊工根据熔池的大小、形状和焊件熔合情况随时调节。过快的焊接速度会使气体保护氛围破坏，焊缝容易产生未焊透和气孔，并且焊缝宽度会变窄；焊接速度太慢时，焊缝容易烧穿和咬边。

六、氩气流量与喷嘴直径

喷嘴直径的大小，一般根据钨极直径来选择。通常焊枪选定之后，喷嘴直径很少改变，而是通过调整氩气流量来加强气体保护效果。流量合适时，熔池平稳，表面明亮无渣，无氧化痕迹，焊缝成形美观；流量不合适，熔池表面有渣，焊缝表面发黑或有氧化皮。

七、喷嘴与焊件间的距离

喷嘴与焊件间的距离以 8 ~ 14 mm 为宜。距离过大，气体保护效果差；若距离过小，虽对气体保护有利，但能观察的范围和保护区域变小。

八、钨极伸出长度

为了防止电弧热烧坏喷嘴，钨极端部应凸出喷嘴以外，其伸出长度一般为 3 ~ 4 mm。伸出长度过小，不便于焊工观察熔化状况，对操作不利；伸出长度过大，气体保护效果会受到一定的影响。

第六节　氩弧焊的操作要领和安全要求

一、钨极氩弧焊操作要领

1. 持枪姿势和焊枪、焊件与焊丝的相对位置

平焊时的持枪姿势如图9—5a所示。一般焊枪与焊件表面成70°~80°的夹角，填充焊丝与焊件表面为15°~20°，如图9—5b所示。

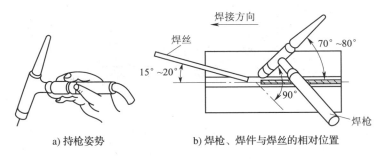

a) 持枪姿势　　　　b) 焊枪、焊件与焊丝的相对位置

图9—5　平焊持枪姿势和焊枪、焊件与焊丝的相对位置

2. 右焊法与左焊法

右焊法指焊枪从左向右移动，电弧指向已焊部分，有利于氩气保护焊缝表面不受高温氧化，适用于厚件的焊接；左焊法指焊枪从右向左移动，电弧指向未焊部分有预热作用，容易观察和控制熔池温度，焊缝形成好，操作容易掌握，适用于薄件的焊接。一般均采用左焊法。

3. 焊丝送进方法

焊丝送进方法有两种：一种方法是以左手的拇指、食指捏住，并用中指和虎口配合托住焊丝便于操作的部位（见图9—6a）。需要送丝时，将弯曲捏住焊丝的拇指和食指伸直（见图9—6b），即可将焊丝稳稳地送入焊接区，然后借助中指和虎口托住焊丝，迅速弯曲拇指、食指，向上倒换捏住焊丝，如此反复地填充焊丝。

另一种方法如图9—6c所示夹持焊丝，用左手拇指、食指、中指配合动作送丝，无名指和小手指夹住焊丝控制方向，靠手臂和手腕的上、下反复动作，将焊丝端部的熔滴送入熔池，全位置焊时多用此法。

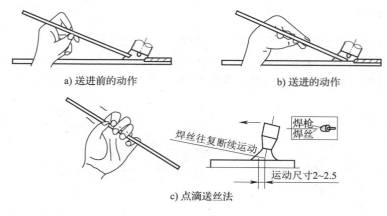

a) 送进前的动作　　　　　　　　b) 送进的动作

c) 点滴送丝法

图9—6　焊丝送进的动作

4. 引弧

通常钨极氩弧焊机本身具有引弧装置（高压脉冲发生器或高频振荡器），钨极与焊件并不接触，保持一定距离，就能在施焊点上直接引燃电弧，可使钨极端头保持完整，钨损耗小，不会产生夹钨缺陷。但是普通氩弧焊机没有引弧装置，操作时，可使用纯铜板或石墨板作引弧板，在其上引弧，使钨极端头受热到一定温度（约1 s），立即移到焊接部位引弧—焊接。这种接触引弧，会产生很大的短路电流，很容易烧损钨极端头。

5. 收弧

收弧方法不正确，容易产生弧坑裂纹、气孔和烧穿等缺陷。因此，应采取衰减电流的方法，即电流由大到小逐渐下降，以填满弧坑。

一般氩弧焊机都配有电流自动衰减装置，收弧时，通过焊枪手柄上的按钮断续送电来填满弧坑。若无电流衰减装置时，可采用手工操作收弧，其要领是逐渐减少焊件热量，如改变焊枪角度、稍拉长电弧、断续送电等。收弧时，填满弧坑后，慢慢提起电弧直至熄弧，不要突然拉断电弧。

当熄弧后，氩气会自动延时几秒钟停气（因焊机具有提前送气和滞后停气的控制装置），以防止金属在高温下产生氧化。

6. 填充焊丝

填充焊丝时，焊丝的端头切勿与钨极接触，否则焊丝会被钨极沾染，熔入熔池后形成夹钨。焊丝送入熔池的落点应在熔池的前缘上，被熔化后，将焊丝移出熔池，然后再将焊丝重复地送入熔池。但是填充焊丝不能离开氩气保护区，以免灼热的焊丝端头被氧化，降低焊缝质量。若中途停顿或焊丝用完再继续焊接时，要用电弧把起焊处的熔池金属重新熔化，形成新的熔池后再加焊丝，并与原焊道重叠 5 mm 左右。在重叠处要少添加焊丝，避免接头过高。

二、钨极氩弧焊操作安全要求

1. 操作时劳动保护用品佩戴要齐全，应穿干燥的工作服、绝缘鞋，戴完好的手套。

2. 采用放射剂量极低的铈（或钍）钨极，加工时要采用密封式或抽风式砂轮进行磨削，磨削时应戴口罩、手套等个人防护用品，完毕后要洗净手脸。

3. 氩弧焊产生的紫外线是焊条电弧焊的 5~30 倍，生成的臭氧对焊工也有危害，所以要加强防护。

4. 当钨电极和喷嘴温度较高时，高频或脉冲高压能够击穿更大气隙而导电，因此，在焊接停止时，高频振荡器或高压脉冲发生器的电源应保证及时切断。

5. 焊接过程中，焊接设备发生电气故障时，应立即切断电源。不得带电查找故障和擅自修理。

6. 钨极使用之后，应将铈（或钍）钨极放在铅盒内保存。

7. 磨削钨极时，钨极尖端磨削方向应平行于钨极轴线，不应垂直于钨极轴线。否则，不仅大大缩短钨极的使用寿命，而且还会使电弧产生漂移。

8. 工作现场要有排出有害气体及烟尘的良好的通风装置。

第七节　氩弧焊操作训练

一、薄板对接钨极氩弧焊

薄板对接钨极氩弧焊焊件图如图 9—7 所示。

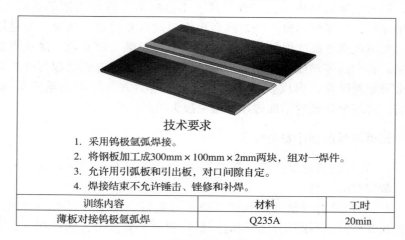

技术要求

1. 采用钨极氩弧焊接。
2. 将钢板加工成300mm×100mm×2mm两块，组对一焊件。
3. 允许用引弧板和引出板，对口间隙自定。
4. 焊接结束不允许锤击、锉修和补焊。

训练内容	材料	工时
薄板对接钨极氩弧焊	Q235A	20min

图 9—7　薄板对接钨极氩弧焊焊件图

二、薄板对接钨极氩弧焊操作训练

1. 焊前准备

（1）制备焊件。将板厚为 2 mm 的 Q235A 钢板加工成 2 块 300 mm×100 mm 的训练用焊件。

（2）选择焊丝。选择 H08A，直径为 2.5 mm。焊前对焊件和焊丝进行认真清理，可采用钢丝刷或砂布将焊接处和焊丝表面清理至露出金属光泽。

（3）磨削钨极。选用铈钨极，直径为 2.5 mm。钨极端头磨成 30°锥形，锥端成球形。

2. 调试气体流量和电流

调试气体流量和电流（见图9—8），分别开启气阀和电源开关。通过短时焊接，对焊机进行一次负载检查，检查气路和电路系统工作是否正常。

3. 调整好钨极伸出长度

调试焊接电流和收弧电流后，调整好钨极伸出长度，如图9—9所示。

图9—8　调试参数

图9—9　调整钨极长度

4. 焊接操作

（1）左向焊法。将钢板焊件平放在工作台面上，在钢板的长度方向进行焊接。采用左向焊法，焊枪与焊件表面、填充焊丝与焊件表面的夹角，可参见图9—10。

（2）正确填送焊丝。将电弧引燃后，保持喷嘴至焊接处一定距离并稍作停留，使母材形成熔池后再送丝。填充焊丝时，焊丝的端头切勿与钨极接触（见图9—11），否则焊丝会被钨极沾染，熔入熔池后形成夹钨，并且钨极端头沾有焊丝熔液，端头变为球状将影响正常焊接。

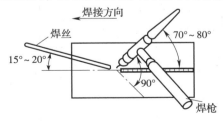

图9—10　左向焊法

图9—11　焊丝勿触及钨极

焊丝也不宜抬得过高让熔滴向熔池"滴渡"，如图9—12所示。

焊丝送入熔池的落点应在熔池的前沿处（见图9—13），被熔化后，将焊丝移出熔池，但不能离开氩气保护区，以免灼热的焊丝端头被氧化，降低焊缝质量，然后再将焊丝重复地送入熔池，直至将整条焊道焊完。

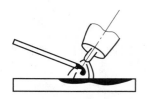

图9—12 焊丝不宜抬得过高

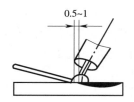

0.5~1

图9—13 焊丝落点应在熔池前沿

焊后检查焊接质量。保证焊缝表面呈清晰且均匀的波纹，并且焊缝宽度适宜，熔透深度一致。

三、小直径管对接钨极氩弧焊

小直径管对接钨极氩弧焊焊件图如图9—14所示。

技术要求

1. 水平固定管钨极氩弧焊。
2. 将钢管加工成 $\phi 32mm \times 30mm \times 3mm$ 两段，端面坡口30°。
3. 管子对口错边不大于0.5mm。
4. 坡口角度 $\alpha = 30°$，焊缝宽度 $c = (6 \pm 1)mm$，余高 $h = (2 \pm 1)mm$。
5. 焊缝波纹均匀，背面成形好。

训练内容	材料	工时
小直径管对接钨极氩弧焊	20钢	20min

图9—14 小直径管对接钨极氩弧焊焊件图

四、小直径管对接钨极氩弧焊操作训练

1. 焊前准备

（1）如图9—15所示，准备H08A焊丝，$\phi 2.0\ mm$，剪成500 mm

左右长度。铈钨极（WCe－20），直径为2.0 mm，端头磨成30°圆锥形，锥端直径0.5 mm。氩气纯度99.9%。WS—300型钨极氩弧焊机，采用直流正极性。

（2）准备20钢管 ϕ32 mm×30 mm×3 mm 两段，一侧加工30°坡口，清理钢管待焊处的铁锈至露出金属光泽（见图9—16）。

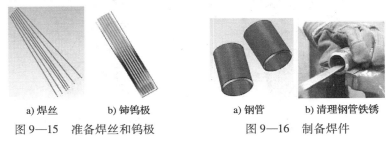

a) 焊丝　　　　b) 铈钨极　　　　　a) 钢管　　b) 清理钢管铁锈
图9—15　准备焊丝和钨极　　　　图9—16　制备焊件

2. 装配焊件

将清理好的钢管放在V形角钢上，留出所需间隙，保证两管同心两点定位焊，并将焊件固定在距地面800 mm高的支架上（见图9—17）。

a) 钢管放在V形角钢上装配　　b) 焊件固定在支架上
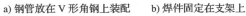
图9—17　装配焊件

3. 焊接操作

（1）从仰焊位置过管中心线后方5 mm处起焊，按顺时针方向先焊前半部，焊至平焊位置越过管中心线收尾，再焊接后半部。焊枪和填丝角度（见图9—18）要随焊接位置而变化。底层焊道厚度一般以2 mm为宜。

（2）盖面焊时焊枪角度与打底焊相同（见图9—19），焊接运弧要平稳，仰焊部位填丝量应少

图9—18　底层焊

一些，立焊部位焊枪的摆动频率要适当加快。平焊部位每次填充的焊丝要多些，使外观成形均匀而饱满。

（3）焊件表面焊缝成形如图 9—20 所示，焊后清理焊件表面熔渣，检查焊接质量。

图 9—19　盖面焊　　　　　　　　图 9—20　清理焊件

第十章 二氧化碳气体保护焊安全

第一节 二氧化碳气体保护焊原理及安全特点

一、二氧化碳气体保护焊原理及应用

1. 二氧化碳气体保护焊原理

CO_2 气体保护焊时，焊接电源的两输出端分别接在焊枪与焊件上。盘状焊丝由送丝机构带动，经软管与导电嘴不断向电弧区域送给，同时，CO_2 气体以一定的压力和流量送入焊枪，通过喷嘴后，形成一股保护气流，使熔池和电弧与空气隔绝。随着焊枪的移动，熔池金属冷却凝固形成焊缝，从而将被焊的焊件连接成一体（见图10—1）。

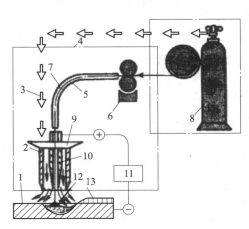

图10—1　CO_2 焊示意图

1—焊件　2—喷嘴　3—CO_2 气体　4—焊接设备　5—软管　6—送丝机构　7—焊丝
8—气瓶　9—焊枪　10—导电嘴　11—电源　12—熔池　13—焊缝

2．二氧化碳气体保护焊的应用

由于 CO_2 气体价格低廉，易于制取，所以焊接成本低，且具有焊缝抗锈能力强、生产率高等优点。在汽车、机车、造船及航空等工业部门，CO_2 焊被广泛应用于低碳钢、低合金钢、耐热钢等材料的焊接。CO_2 焊可进行各种位置的焊接，不仅适用焊接薄板，还常用于中、厚板的焊接，而且还用于磨损零件及其他焊件缺陷的修补堆焊。

CO_2 焊的主要不足是：使用大电流焊接时飞溅较多；很难用交流电源焊接或在有风的地方施焊；不能焊接容易氧化的有色金属材料。

二、二氧化碳气体保护焊安全特点

1．实芯焊丝二氧化碳气体保护焊采用保护气体代替焊药和焊剂，所以不像焊条电弧焊那样在电弧周围充满药皮、焊剂和焊材的蒸气（烟尘）。但是由于气体保护电弧焊的电流密度大，弧温很高，弧光很强，所以在短波紫外线和高温作用下，可产生较高浓度的有害气体。如 CO_2 焊在电弧高温作用下，可以产生出 CO 气体等，这是因为有毒气体与粉尘存在着内在联系，粉尘浓度越高，电弧辐射越弱，有毒气体浓度越低；反之，电弧辐射越强，则有毒气体浓度越高。因此对气电焊来说，其主要危害是有毒气体。

2．二氧化碳气体保护焊的弧光辐射强度高于焊条电弧焊，强烈的紫外线辐射会严重损害焊工的皮肤、眼睛和棉织工作服。

3．气体保护电弧焊在操作中存在着触电的危险。

4．二氧化碳气体保护焊属熔化极气体保护焊，焊接过程中金属（熔滴）飞溅较大，与其他焊接方法相比，更容易引起火灾和人身烫伤事故。因此，在进行二氧化碳气体保护焊时，除应防止电击外，还需特别注重焊接场所的防火措施和人员的防灼烫保护。

5．气体保护电弧焊都使用压缩钢瓶，在运输、储存和使用时，存在着气瓶爆炸的危险性。

第二节　二氧化碳气体保护焊设备组成

常用的 CO_2 气体保护焊设备如图 10—2 所示，主要由焊接电源、焊枪及送丝机构、CO_2 供气装置、控制系统等组成。

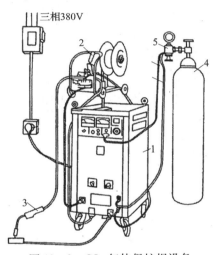

图 10—2　CO_2 气体保护焊设备

1—焊接电源　2—送丝机构　3—焊枪　4—气瓶　5—减压调节器

一、焊接电源

焊接电源多为平特性的硅整流、可控硅整流及逆变整流弧焊电源。目前，我国定型生产的 NBC 系列 CO_2 半自动焊机有 NBC—160 型、NBCl—250 型、NBCl—300 型、NBCl—500 型。

二、焊枪及送丝机构

送丝机构由送丝电动机、减速装置、送丝滚轮、送丝软管和焊丝盘组成。盘绕在焊丝盘上的焊丝经校直轮校直后，经过安装在减速器输出轴上的送丝轮，通过送丝软管送到焊枪中。焊枪多为鹅颈式焊枪，喷嘴和导电嘴是焊枪的主要零件。

三、CO_2 供气装置

CO_2 供气装置中的减压流量调节器，是将预热器、减压器和流量计合装为一体，使用起来很方便。

四、控制系统

就 CO_2 焊的焊接电源控制系统而言，通常要求它具有提前送气、滞后停气；空载时可控制焊丝的送进与回抽；预置气体流量；焊接结束时先停丝、后停电等功能。

第三节　二氧化碳气体保护焊焊接材料

CO_2 气体保护焊所用的焊接材料有 CO_2 气体和焊丝。

一、CO_2 气体

焊接用的 CO_2 气体是将钢瓶装的液态 CO_2 经汽化后变成气态 CO_2 供焊接使用。容量为 40 L 的钢瓶，可装 25 kg 的液态 CO_2，满瓶压力为 5 ~ 7 MPa。钢瓶中液态和气态 CO_2 分别约占钢瓶容积的 80% 和 20%，钢瓶压力表指示的压力值，是这部分气体的饱和压力。它的值与环境温度有关，一般随温度升高而升高。因此，CO_2 钢瓶不准靠近热源或置于烈日下暴晒，以防爆炸。

液态 CO_2 在大气压力下的沸点为 −78℃，所以常温下容易汽化。1 kg 液态 CO_2 可汽化成 509 L 气态的 CO_2（0℃、0.1 MPa 时）。液态 CO_2 在温度高于 −11℃ 时比水轻，可溶解 0.05%（重量）的水。钢瓶内 CO_2 气体中含水量与瓶内的压力有关，压力越低，水汽增多。当压力降低到 0.98 MPa 时，CO_2 气体中含水量迅速增加，不能继续使用。

焊接用 CO_2 气体的纯度应大于 99.5%，其含水量不超过 0.05%。

二、焊丝

为了保证焊缝金属有良好的力学性能，并防止焊缝产生气孔，

CO_2 焊所用的焊丝必须比母材含有更多的 Mn 和 Si 等脱氧元素。此外，为减少飞溅，焊丝含碳量必须限制在 0.10% 以下。

CO_2 焊常用的焊丝有实芯焊丝和药芯焊丝两种。

（1）实芯焊丝型号及规格。根据 GB/T 8110—2008《气体保护电弧焊用碳钢、低合金钢焊丝》规定，焊丝型号中的 ER 表示焊丝；ER 后面的两位数字表示熔敷金属抗拉强度最低值；短划"—"后面的字母或数字表示焊丝化学成分分类代号，如果还附加其他化学成分时，直接用元素符号表示，并以短划"—"与前面数字分开。例如：

CO_2 气体保护焊常用的实芯焊丝直径有 0.8、1.0、1.2、1.6、2.0、3.0 mm 等几种。焊丝表面镀铜，可以防止焊丝生锈，并有利于焊丝的存放和改善其导电性。

CO_2 焊常用的实芯焊丝牌号和型号及用途，见表 10—1。

表 10—1 CO_2 焊常用的实芯焊丝牌号和型号及用途

焊丝牌号	焊丝型号	用途
H08Mn2SiA	ER49 – 1	用于焊接低碳钢及某些低合金结构钢
H11Mn2SiA	ER50 – 6	适用于焊接碳钢及 500 MPa 级的造船、桥梁等结构用钢

（2）药芯焊丝型号和牌号

1）药芯焊丝型号。药芯焊丝是继焊条、实芯焊丝之后广泛应用的又一类焊接材料。药芯焊丝由金属外皮和芯部药粉两部分构成。根据 GB/T 10045—2001《碳钢药芯焊丝》中规定，碳钢药芯焊丝型号是根据熔敷金属力学性能、焊接位置及焊丝类别特点进行划分的。

字母 E 表示焊丝；E 后面的前两位数字表示熔敷金属抗拉强度的最低值；E 后面的第三位数字表示推荐的焊接位置（其中"0"表示平焊和横焊位置，"1"表示全位置）。T 表示药芯焊丝；短划"—"

后面数字表示焊丝类别特点，字母"M"表示保护气体为氩气含量为75%～80%的 $Ar + CO_2$ 的混合气体；当无字母时，表示保护气体为二氧化碳或自保护类型，字母"L"表示焊丝熔敷金属的冲击性能在 -40℃时，其 V 形缺口冲击功不小于 27 J；无"L"时，表示焊丝熔敷金属的冲击性能符合一般要求。例如：

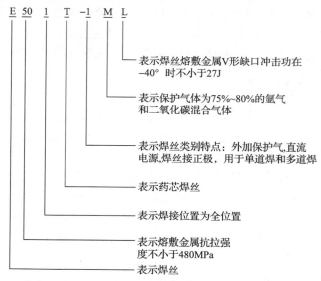

2）药芯焊丝牌号。药芯焊丝牌号以字母"Y"表示药芯焊丝；其后面的字母表示用途或钢种类别（J 表示结构钢，R 合金耐热钢，D 堆焊，G 不锈钢，A 奥氏体不锈钢）；字母后面的第一、二位数字表示熔敷金属抗拉强度的最低值，单位 MPa，第三位数字表示药芯类型及电源种类（与电焊条相同），第四位数字代表保护形式（1 为气体保护，2 为自保护，3 为气体保护与自保护两用，4 为其他保护形式）。例如：

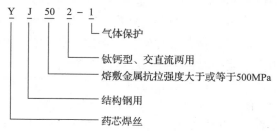

药芯焊丝是将含有脱氧剂、稳弧剂和其他成分的粉末放在钢带上经包卷后拉拔而成，与实芯焊丝相比，药芯焊丝较软且刚度差，因而对送丝机构要求较高。焊丝截面有 E 形、T 形、O 形、梅花形，药芯焊丝的截面形状如图 10—3 所示。药粉的成分与焊条的药皮类似，目前国产的 CO_2 气体保护焊药芯焊丝多为钛型药粉焊丝，规格有 $\phi1.2$、$\phi2.0$、$\phi2.4$、$\phi2.8$、$\phi3.2$ mm 等几种。

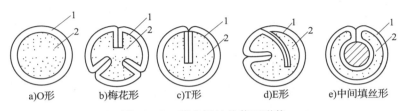

a)O形　　　b)梅花形　　　c)T形　　　d)E形　　　e)中间填丝形

图 10—3　药芯焊丝的截面形状

1—钢带　2—药粉

第四节　焊接工艺参数的选择

CO_2 气体保护焊的焊接工艺参数主要包括：焊丝直径、焊接电流、电弧电压、焊接速度、焊丝伸出长度、气体流量、电源极性等。

一、焊丝直径

焊丝直径通常根据焊件的厚度、施焊位置及工作效率等来选择。焊接薄板或中厚板的立、横、仰焊多采用 $\phi1.6$ mm 以下的焊丝；中厚板的平焊位置焊接，可以采用 $\phi1.2$ mm 以上的焊丝。

二、焊接电流

焊接电流应根据焊件厚度、焊丝直径、施焊位置及熔滴过渡形式确定。一般短路过渡的焊接电流在 40～230 A 范围内，细颗粒状过渡的焊接电流在 250～500 A 范围内。焊丝直径与焊接电流的关系见表 10—2。

表 10—2　　　　　　　　　焊丝直径与焊接电流的关系

焊丝直径（mm）	焊接电流（A）	
	细颗粒状过渡（30～45 V）	短路过渡（16～22 V）
0.8	150～250	60～160
1.2	200～300	100～175
1.6	350～500	100～180
2.4	500～750	150～200

三、电弧电压

为保证焊接过程的稳定性和良好的焊缝成形，电弧电压必须与焊接电流配合适当。通常电弧电压应随焊接电流的增大或减小而相应增大或减小。短路过渡焊接时，电弧电压在 16～22 V 范围内；细颗粒状过渡焊接时，对于直径为 1.2～3.0 mm 的焊丝，电弧电压可在 25～36 V 范围内选择。

四、焊接速度

在其他工艺参数不变时，焊接速度增加，容易产生咬边、未熔合等焊接缺陷，而且使气体保护效果变差，还会出现气孔；焊接速度过慢，生产效率降低，焊接变形增大。一般 CO_2 半自动焊的焊接速度为 30～60 cm/min。

五、焊丝伸出长度

焊丝伸出长度是指从导电嘴到焊丝端头的距离，一般约等于焊丝直径的 10 倍，且不超过 15 mm。

六、气体流量

气体流量过小则电弧不稳，焊缝表面易被氧化成深褐色，并有密集气孔；气体流量过大，会产生涡流，焊缝表面呈浅褐色，也会出现气孔。CO_2 气体流量与焊接电流、焊丝伸出长度、焊接速度等均有关系。通常细丝焊接时，气体流量为 5～15 L/min；粗丝焊接时，为

20 L/min。

七、电源极性

为了减小飞溅，保持电弧的稳定，一般应选用直流反接。

第五节　二氧化碳气体保护焊
操作要领和安全要求

一、二氧化碳气体保护焊操作要领

1. 引弧

采用直接短路法引弧，引弧前保持焊丝端头与焊件间 2～3 mm 的距离（不要接触过近），喷嘴与焊件间 10～15 mm 的距离。按动焊枪开关，引燃电弧。此时焊枪有抬起趋势，必须用均衡的力来控制好焊枪，将焊枪向下压，尽量减少焊枪回弹，保持喷嘴与焊件间距离。若对接焊应采用引弧板，或在距焊件端部 2～4 mm 处引弧，然后缓慢引向待焊处，当焊缝金属熔合后，再以正常焊接速度施焊。通过引弧练习达到引弧准、电弧稳定燃烧过程快的要求。

2. 直线焊接

直线焊接形成的焊缝宽度稍窄，焊缝偏高，熔深要浅些。

（1）始焊端焊件处于较低的温度，应在引弧之后，先将电弧稍微拉长一些，以此对焊缝端部适当预热，然后再压低电弧进行起始端焊接。

若是重要焊件的焊接，可在焊件端加引弧板，将引弧时容易出现的缺陷留在引弧板上。

（2）在原熔池前方 10～20 mm 处引弧，然后迅速将电弧引向原熔池中心，待熔化金属与原熔池边缘吻合后，再将电弧引向前方，使焊丝保持一定的高度和角度，并以稳定的速度向前移动。

（3）焊缝终焊端若出现过深的弧坑，会使焊缝收尾处产生裂纹和缩孔等缺陷。在收弧时，如果焊机没有电流衰减装置，应采用多次断续引弧方式填充弧坑，直至将弧坑填平。

直线焊接焊枪的运动方向有两种：一种是焊枪自右向左移动，称为左焊法；另一种是焊枪自左向右移动，称为右焊法，如图10—4所示。

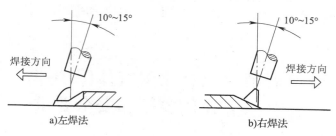

a)左焊法　　　　　　　　　b)右焊法

图10—4　CO_2 焊时焊枪运动方向

左焊法操作时，电弧的吹力作用在熔池及其前沿处，将熔池金属向前推延，由于电弧不直接作用在母材上，因此熔深较浅，焊道平坦且变宽，飞溅较大，保护效果好。采用左焊法虽然观察熔池困难些，但易于掌握焊接方向，不易焊偏。右焊法操作时，电弧直接作用到母材上，熔深较大，焊道窄而高，飞溅略小，但不易准确掌握焊接方向，容易焊偏，尤其对接焊时更明显。一般 CO_2 焊时，均采用左焊法，前倾角为 $10° \sim 15°$。

3. 摆动焊接

在 CO_2 半自动焊时，为了获得较宽的焊缝，往往采用横向摆动运丝方式，常用的摆动方式有锯齿形、月牙形、正三角形、斜圆圈形等几种，如图10—5所示。

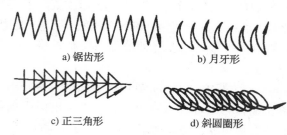

a) 锯齿形　　　　　　　　b) 月牙形

c) 正三角形　　　　　　　d) 斜圆圈形

图10—5　CO_2 半自动焊时焊枪几种摆动方式

摆动焊接时横向摆动运丝角度和起始端的运丝要领与直线焊接一

样。在横向摆动运丝时要注意以下要领的掌握：左右摆动的幅度要一致，摆动到焊缝中心时，速度应稍快，而到两侧时，要稍作停顿；摆动的幅度不能过大，否则，熔池温度高的部分不能得到良好的保护作用。一般摆动幅度限制在喷嘴内径的 1.5 倍范围内。

二、二氧化碳气体保护焊安全要求

1. 作业人员应戴齐全、完好、干燥、阻燃的手套，穿工作服及绝缘鞋等个人防护用品，如图 10—6 所示。CO_2 气体保护焊比普通埋弧电弧焊的弧光更强，紫外线辐射更强烈，应选用颜色更深的滤光片。

2. 采用必要的防止触电措施与良好的隔离防护装置和自动断电装置；焊接设备必须保护接地或接零并经常进行检查和维护，如图 10—7 所示。

图 10—6　做好个人安全防护

图 10—7　经常检查和维护

3. 焊接作业点附近，不得有易燃、易爆物品，如图 10—8 所示。存在易燃物品时，必须确保规定的安全距离，并采取严密的防范措施。

4. 焊接工作结束后，必须切断电源和气源，如图 10—9 所示，并仔细检查工作场所周围及防护设施，确认无起火危险后方能离开。

图 10—8　焊接区域无易燃易爆品

图 10—9　工作结束切断电源和气源

5. 其他防止电击及防灼烫等有关安全防护措施及要求，与钨极氩弧焊基本相同。

6. 在通风不良或狭窄空间的焊接场所进行 CO_2 气体保护焊时，须加强通风措施，以免因 CO 浓度超过国家规定的允许浓度（30 mg/m²），而影响焊工身体健康。

第六节 二氧化碳气体保护焊操作训练

一、板对接二氧化碳气体保护焊操作

1. 板对接二氧化碳气体保护焊焊件图
焊件图如图 10—10 所示。

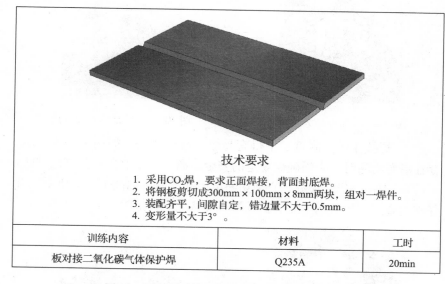

技术要求

1. 采用CO_2焊，要求正面焊接，背面封底焊。
2. 将钢板剪切成300mm×100mm×8mm两块，组对一焊件。
3. 装配齐平，间隙自定，错边量不大于0.5mm。
4. 变形量不大于3°。

训练内容	材料	工时
板对接二氧化碳气体保护焊	Q235A	20min

图 10—10 板对接二氧化碳气体保护焊焊件图

2. 焊接操作训练
（1）焊前准备
1）选择 NBC - 300 型 CO_2 气体保护焊机。

2）准备焊件为 Q235A 钢板，剪切成 300 mm × 100 mm × 8 mm 试板两块。

3）选择焊丝为 ER49 – 1 型，直径为 1.0 mm。CO_2 气瓶，气体纯度≥99.5%（见图 10—11）。

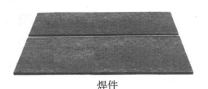

图 10—11　准备焊件、选择焊丝

4）装配定位焊时，保证焊件平整，定位焊缝长度为 10 ~ 15 mm。要考虑到焊接过程中，焊件产生波浪变形而出现错边影响正常操作，因此，定位焊缝的间距要密集一些加以控制，如图 10—12 所示。

5）安装 CO_2 气体减压流量计，将预热器插头插入焊机的 36 V 插座上，合上焊机上的检测气流开关，调节气体流量值（见图 10—13），旋转送丝机构上的焊接电流和焊接电压旋钮调试好焊接参数。焊机进入准备焊接状态。

图 10—12　装配定位焊

图 10—13　调节气体流量和焊接参数

6）将焊丝盘安放在送丝机构上，调节送丝压紧力，按动焊枪上的微动开关，焊丝经导电嘴送出。伸出长度为 10 ~ 15 mm，多余的剪断（见图 10—14）。

（2）焊接操作

1）引弧前，保持焊丝与焊件间的距离（见图 10—15）。

图 10—14　调节焊丝伸出长度

焊丝伸出长度　　喷嘴到焊件的距离

图 10—15　准备引弧

2）引弧后开始焊接，采用右向焊法（见图 10—16），按动焊枪开关用直接短路法引弧，以直线形运丝法匀速向前焊接。

3）焊接过程中，控制整条焊缝宽度和直线度，直至焊至终端，填满弧坑进行收弧。收弧时，不要马上抬起焊枪，应松开焊枪扳机，焊机停止送丝，电弧熄灭，保持 2～3 s 抬起焊枪操作结束（见图 10—17）。

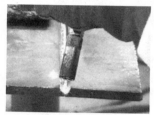

图 10—16　采用右向焊法

图 10—17　正面焊接

4）正面焊妥后，将焊件翻转过来，采取与正面焊缝相同的操作方法，焊接背面焊缝，焊接速度可稍快些，焊缝宽度可稍窄些，保证填满弧坑。收弧时，保持 2～3 s 抬起焊枪。焊接结束，关闭气源、预热器开关和电源控制开关，关闭总电源（见图 10—18），即拉下闸刀开关，松开送丝机构压丝手柄去除弹簧的压力，最后将焊机整理好。

a) 完成的焊件

b) 关闭气源

c) 关闭焊机总电源

图 10—18　焊接结束关闭气源和电源

二、管对接混合气体保护焊的操作

1. 水平固定管对接混合气体保护焊焊件图

焊接图如图 10—19 所示。

技术要求

1. 水平固定管对接混合气体保护焊。
2. 将钢管加工成 $\phi133$mm × 100mm × 5mm 两段，端面坡口 30°。
3. 根部间隙 b=2.5～3.2mm，坡口角度 α=60°，钝边高度 p=0.5～1mm。
4. 管子对口错边不大于 0.5mm。
5. 焊缝波纹均匀，背面成形好。

训练内容	材料	工时
水平固定管对接混合气体保护焊	20	20min

图 10—19　水平固定管对接混合气体保护焊焊件图

2. 焊接操作训练

（1）焊前准备

1）制备焊件。加工 20 钢管 $\phi133$ mm × 100 mm × 5 mm 两段，坡口形式及尺寸按焊件图要求制备。

2）焊接材料。焊丝 ER50 – 3B（H08Mn2SiA），直径为 1.0 mm。保护气体选用 Ar（＞80%）＋ CO_2（＜20%）混合气体，纯度 ≥99.5%。

3）焊机。NBC1—300 型，直流反接。

4）焊件装配。清理坡口及坡口正反面两侧各 20 mm 范围内的油污、锈蚀、水分及其他污物，直至露出金属光泽。修磨钝边 0.5～1 mm。装配时，始焊端为 2.5 mm，终焊端为 3.2 mm，错边量 ≤0.5 mm。按圆周方向在焊件坡口内均布 2～3 处定位焊缝，每处定位焊缝长度为 10～15 mm，要求焊透，不得有气孔、夹渣、未熔合等缺陷，定位焊缝两端修成斜坡，以利于接头。为便于清理飞溅物和防止堵塞喷嘴，可在焊件表面涂上一层飞溅防黏剂，在喷嘴上涂一层喷嘴防堵剂，也可在喷嘴上涂一些硅油。

5）装夹。将焊件水平固定在焊接支架上，焊缝为全位置焊位置。

（2）调试焊接参数。MAG 焊管材对接水平固定焊焊接参数见表10—3。

表10—3　　　　MAG 焊管材对接水平固定焊焊接参数

焊接层次	焊丝直径 （mm）	焊接电流 （A）	电弧电压 （V）	运丝方式	气体流量 （L／min）
打底层	1.0	90 ~ 100	18 ~ 20	锯齿形运丝法	10 ~ 15
盖面层		100 ~ 110	19 ~ 21	锯齿形运丝法	

（3）焊接操作。管材对接水平固定焊，焊接过程中管子固定为水平位置，不准转动，焊接时包括仰焊、立焊和平焊几种位置。焊接时随着管子曲率半径的变化，要随时调整焊枪角度和指向圆周的位置。

1）打底焊。打底焊焊枪角度如图 10—20 所示，在管子圆周的 7点钟位置处引弧，焊枪沿逆时针方向作小幅度锯齿形摆动。

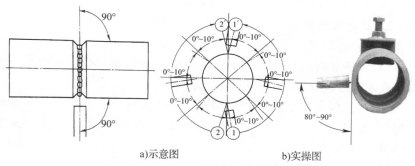

a)示意图　　　　　　　　　　b)实操图

图 10—20　打底焊焊枪角度

焊接过程中要控制好熔孔大小，熔孔直径比间隙大 0.5 ~ 1 mm 较为合适，熔孔与间隙两边对称才能保证根部熔合良好。

打底焊半圈最好一气呵成，如果中间停止需要接头时，要将灭弧处的弧坑打磨成斜面，由此引弧，形成熔孔后，再继续按逆时针方向焊至 12 点钟位置。

　　然后将刚焊完的打底焊道的两端（时钟 7 点和 12 点处）打磨成缓坡，在 7 点处的缓坡前端引弧，迅速拉回接头轮廓处，摆动焊枪填满凹坑，继续焊完后半圈。

　　2）盖面焊。清理打底焊的熔渣、飞溅物，并将打底焊接头局部凸起处打磨掉。盖面焊焊枪角度如图 10—21 所示。

　　焊接过程中，焊枪采用锯齿形运丝方式，摆动的幅度要比打底焊稍大，并在坡口两侧适当停留，保证熔池边缘超过坡口棱边 0.5～1.5 mm。焊接速度要均匀，并注意使盖面层两侧熔合良好，防止咬边和焊道中间凸凹度超过标准的要求，以保证焊缝表面平整、外形美观。盖面焊焊缝如图 10—22 所示。

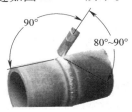

图 10—21　盖面焊焊枪角度

图 10—22　盖面焊焊缝

第十一章　等离子弧焊与切割安全

第一节　等离子弧焊类型、原理及其安全特点

一、等离子弧产生及类型

1. 等离子弧产生

等离子弧焊是利用高温的等离子弧来焊接用气焊和普通电弧焊所难以焊接的难熔金属的一种熔焊方法。

等离子弧的发生装置如图 11—1 所示。在钨极（－极）和焊件（＋极）之间加上一个较高的电压，经过高频振荡器的激发，使气体电离形成电弧。此电弧在通过具有特殊孔型的喷嘴时，经过机械压缩、热收缩和磁收缩效应，弧柱被压缩到很细的范围内。这时的电弧能量

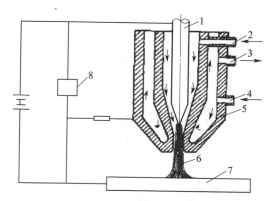

图 11—1　等离子弧的发生装置

1—钨极　2—进气管　3—出水管　4—进水管　5—喷嘴
6—电弧　7—焊件　8—高频振荡器

高度集中，其能量密度可达 $10^5 \sim 10^6 \ \text{W/cm}^2$，温度也达到极高程度，其弧柱中心温度可达 $16\ 000 \sim 33\ 000 ℃$；弧柱内的气体得到了高度的电离，因此，等离子弧不仅被广泛用于焊接、喷涂、堆焊，而且可用于金属和非金属切割。

2. 等离子弧类型

按电源连接方式，等离子弧可获得三种类型。

（1）非转移型弧。钨极接电源负极，喷嘴接电源正极，等离子弧体产生于钨极和喷嘴内表面之间（见图 11—2a），工件本身不通电，而是被间接加热熔化，其热量的有效利用率不高，故不宜用于较厚材料的焊接和切割。

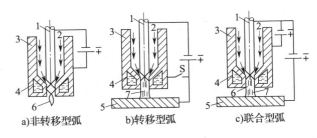

a)非转移型弧　　b)转移型弧　　c)联合型弧

图 11—2　等离子弧的形式

1—钨极　2—等离子气　3—喷嘴　4—冷却水孔　5—工件　6—非转移型弧　7—转移型弧

（2）转移型弧。钨极接电源负极，焊件接电源正极，首先在钨极和喷嘴之间引燃小电弧后，随即接通钨极与焊件之间的电路，再切断喷嘴与钨极之间的电路，同时钨极与喷嘴间的电弧熄灭，电弧转移到钨极与焊件间直接燃烧，这类电弧称为转移型弧（见图 11—2b）。这种等离子弧可以直接加热工件，提高了热量有效利用率，故可用于中等厚度以上工件的焊接与切割。

（3）联合型弧。转移型弧和非转移型弧同时存在的等离子弧称为联合型弧（见图 11—2c）。联合型弧的两个电弧分别由两个电源供电。主电源加在钨极和焊件间产生等离子弧，是主要焊接热源。另一个电源加在钨极和喷嘴间产生小电弧，称为维持电弧。联合弧主要用于微弧等离子焊接和粉末材料的喷焊。

二、等离子弧焊原理、类型及适用范围

1. 等离子弧焊原理

等离子弧焊接是指借助水冷喷嘴对电弧的约束作用，获得较高能量密度的等离子弧进行焊接的方法。它是利用特殊构造的等离子弧焊枪所产生的高达几万摄氏度的高温等离子弧，有效地熔化焊件而实现焊接的过程（见图11—3）。

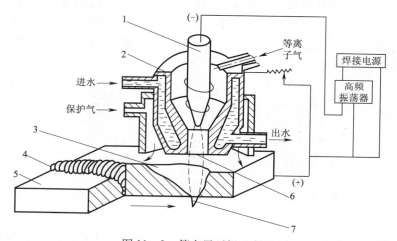

图 11—3　等离子弧焊示意图

1—钨极　2—喷嘴　3—熔池　4—焊缝　5—焊件　6—等离子弧　7—尾焰

2. 等离子弧焊类型

等离子弧焊接有三种类型：小孔型等离子弧焊、熔透型等离子弧焊、微束型等离子弧焊。

（1）小孔型等离子弧焊。利用等离子弧能量密度大、电弧挺度好的特点，将焊件的焊接处完全熔透，并产生一个贯穿焊件的小孔。在表面张力的作用下，熔化金属不会从小孔中滴落下去（小孔效应）。随着焊枪的前移，小孔在电弧后锁闭，形成完全熔透的焊缝。

小孔型等离子弧焊采用的焊接电流范围在 100 ~ 300 A，适宜于焊接 2 ~ 8 mm 厚度的合金钢板材，可以不开坡口和背面不用衬垫进行单面焊双面成形。

（2）熔透型等离子弧焊。当等离子气流量较小、弧柱压缩程度较弱时，等离子弧在焊接过程中只熔透焊件，但不产生小孔效应的熔焊过程称为熔透型等离子弧焊，主要用于薄板单面焊双面成形及厚板的多层焊。

（3）微束型等离子弧焊。采用 30 A 以下的焊接电流进行的熔透型等离子弧焊，称为微束型等离子弧焊。当焊接电流小于 10 A 时，电弧不稳定，所以往往采用联合型弧的形式，即使焊接电流小到 0.05 ~ 10 A 时，电弧仍有较好的稳定性。一般用来焊接细丝和箔材。

3. 等离子弧焊适用范围

等离子弧焊主要用于不锈钢、耐热钢、钛合金，以及钨、钼等难熔和特种金属材料的焊接。

等离子弧焊还可以利用特殊构造的焊枪，产生等离子弧对焊件表面进行堆焊、喷焊和喷涂等。

三、等离子弧焊安全特点

等离子弧温度高达几万摄氏度以上，由于高温和强烈的弧光辐射作用而产生的臭氧、氮氧化物等有毒气体和金属粉尘的浓度，均比氩弧焊高得多。波长 2 600 ~ 2 900 Å 的紫外线辐射相对强度，氩弧焊为 1.0，等离子弧焊为 2.2。有毒气体和紫外线辐射是主要有害因素。

等离子弧焰流的速度很高，当它以 10 000 m/min 的流速从喷嘴高速喷射出来时，则产生噪声。此外，等离子弧焊在操作过程中，还有高频电磁场、热辐射、放射性及电击等有害因素。

第二节　等离子弧焊设备组成

手工等离子弧焊接设备由焊接电源、焊枪、控制系统、供气系统和水路系统等部分组成，其外部线路连接如图11—4所示。

一、焊接电源

一般采用具有垂直下降外特性或陡降外特性的弧焊电源，一般不

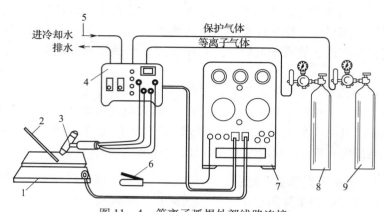

图11—4　等离子弧焊外部线路连接

1—工件　2—填充焊丝　3—焊枪　4—控制系统　5—水路系统

6—启动开关（常安装在焊枪上）　7—焊接电源　8、9—供气系统

采用交流电源，只采用直流电源，并采用正极性接法。与钨极氩弧焊相比，等离子弧焊所需的电源空载电压较高。采用氩气作等离子气时，空载电压应为 $60 \sim 85$ V；当采用氩气和氢气或氩气与其他双原子的混合气体作等离子气时，电源空载电压应为 $110 \sim 120$ V。

二、焊枪

焊枪是等离子弧焊设备中的关键组成部分（又称为等离子弧发生器），对等离子弧的性能及焊接过程的稳定性起着决定性作用。焊枪安装与使用是否正确，直接影响焊枪的使用性能和寿命、焊接过程稳定性以及焊缝成形质量等。

三、控制系统

控制系统的作用是控制焊接设备的各个部分按照预定的程序进入、退出工作状态。整个设备的控制电路通常由高频发生器控制电路、送丝电动机拖动电路、焊接小车或专用工装控制电路以及程控电路等组成。程控电路控制等离子气预通时间、等离子气流递增时间、保护气预通时间、高频引弧及电弧转移、焊件预热时间、电流衰减熄弧、延迟停气等。

四、供气系统

等离子弧焊接设备的气路系统较复杂，由等离子气路、正面保护气路及反面保护气路等组成，而等离子气路还必须能够进行衰减控制。为此，等离子气路一般采用两路供给，其中一路可经气阀放空，以实现等离子气的衰减控制。采用氩气与氢气的混合气体作等离子气时，气路中最好设有专门的引弧气路，以降低对电源空载电压的要求。

五、水路系统

由于等离子弧的温度在 10 000℃ 以上，为了防止烧坏喷嘴并增加对电弧的压缩作用，必须对电极及喷嘴进行有效的水冷却。冷却水的流量不得小于 3 L/min，水压不小于 0.15 ~ 0.2 MPa。水路中应设有水压开关，在水压达不到要求时，切断供电回路。

第三节　等离子弧焊工艺参数选择

一、离子气流量

当喷嘴孔径确定后，离子气流量大小视焊接电流和焊接速度而定。离子气流量直接影响熔透能力，为了形成稳定的小孔效应，必须有足够的离子气流量。

二、焊接电流

焊接电流由板厚和熔透要求来确定。电流过小不产生小孔效应；电流过大则小孔过大，会使熔池金属下坠，还会引起双弧现象。

三、焊接速度

焊接速度也是影响小孔效应的重要参数。其他条件一定时，焊接速度过慢，会导致焊件过热，背面焊缝金属容易下陷等缺陷；焊接速度增加，焊件热输入减小，小孔直径减小，甚至消失。

四、喷嘴到焊件的距离

喷嘴到焊件的距离一般保持在 3 ~ 5 mm 范围内。距离过大会使熔透能力降低；距离过小将影响操作过程中对熔池的观察，并容易造成飞溅物沾污喷嘴。

五、保护气流量

保护气流量应与离子气流量有一个适当的比例，否则会导致气流紊乱，影响电弧稳定和保护效果。小孔型焊接保护气流量一般在 15 ~ 30 L/min 范围内。

第四节　等离子弧切割原理与设备组成

一、等离子弧切割原理

等离子弧切割的原理是利用高速、高温和高能的等离子气流来加热并熔化被切割材料，再借助内部或外部的高速气流或水流将熔化材料排除而形成切口。等离子弧柱的温度远远超过所有金属和非金属的熔点。因此，等离子弧切割过程不是靠氧化反应，而是靠熔化来切割材料，所以比氧—乙炔焰切割方法适用范围大得多，能切割绝大部分金属和非金属材料。

等离子弧切割可采用转移弧和非转移弧。前者适用于切割金属材料，后者多用于切割非金属材料。这种等离子弧切割不用保护气体，工作气体与切割气体从同一喷嘴内喷出。引弧时，喷出小气流等离子作为电离子介质，切割时则同时喷出大气流气体以排除熔化材料。切割金属薄板，可采用微束等离子弧。

二、等离子弧切割设备组成

等离子弧切割设备按工作气体分为非氧化性气体等离子弧切割机和空气等离子弧切割机。

非氧化性气体（H_2、$Ar+H_2$、N_2、N_2+H_2、N_2+Ar 等）等离子弧切割机主要适用于厚度较大的不锈钢和铝合金等有色金属的切割。

自 20 世纪 80 年代中期起，我国生产出各种功率、不同品种的空气等离子弧切割机，可以采用取之不尽的干燥空气经压缩作为工作气体，可用于切割不锈钢和铝合金，也适用于切割碳素钢和低合金钢等。

等离子弧切割机包括电源、控制系统（控制箱）、水路系统、气路系统及割炬等，其外部接线如图 11—5 所示。

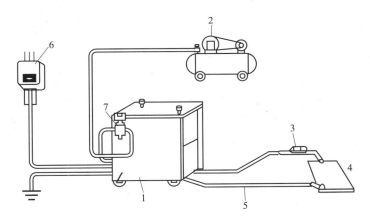

图 11—5　等离子弧切割机外部接线

1—电源　2—空气压缩机　3—割炬　4—工件　5—接工件电缆
6—电源开关　7—过滤减压网

1. 电源

电源应具有陡降的外特性曲线。等离子弧的工作电压比电弧焊要高，为 100 ~ 200 V。为了维持这种高电压电弧的稳定燃烧，空载电压在 150 ~ 400 V。切割大厚度板用的大功率电源要求空载电压高达 500 V。

2. 控制箱

控制箱主要包括程序控制接触器、高频振荡器和电磁气阀、水压开关等。等离子弧切割过程的控制程序方框图如图 11—6 所示。

3. 水路系统

由于等离子弧切割的割炬在 10 000℃以上的高温下工作，为保持

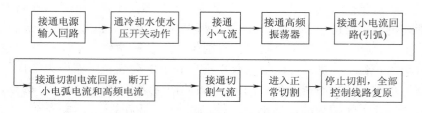

图 11—6　等离子弧切割过程的控制程序方框图

正常切割必须通水冷却，冷却水流量应为 2～3 L/min，水压为 0.15～0.2 MPa。水管设置不宜太长，一般自来水即可满足要求，也可采用循环水。

4. 气路系统

气路系统的作用是防止钨极氧化、压缩电弧和保护喷嘴不被烧毁，一般气体压力应在 0.25～0.35 MPa。

5. 割炬

等离子弧割炬（也称割枪）的构造如图 11—7 所示，主要由本体、电极组件、喷嘴和压帽等部分组成。其中喷嘴是割炬的核心部分，其结构形式和几何尺寸对等离子弧的压缩和稳定有重要影响。当喷嘴孔径过小、孔道长度太长时，等离子弧不稳定，甚至不能引弧，且容易发生"双弧"。

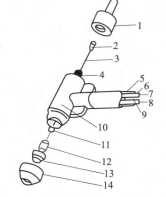

图 11—7　等离子弧割炬的构造
1—割炬盖帽　2—电极夹头　3—电极
4、12—O 形环　5—工作气体进气管
6—冷却水排水管　7—切割电缆
8—小弧电缆　9—冷却水进水管
10—割炬体　11—对中块
13—水冷喷嘴　14—压帽

第五节　等离子弧切割工艺参数选择

一、切割电流

切割电流及电压决定了等离子弧功率及能量的大小。在增加切割电流的同时，应相应增强其他参数，若单纯增加电流，则切口变宽，喷嘴烧损会加剧，而且过大的切割电流会产生双弧现象，因此，应根据电极和喷嘴来选择合适的电流。一般切割电流可按下式选取：

$$I = （70 \sim 100）d$$

式中　　I——切割电流，A；

　　　　d——喷嘴孔径，mm。

二、空载电压

空载电压高易于引弧，特别是切割大厚度的板材时，空载电压相应要高。空载电压还与割炬结构、喷嘴至工件距离、气体流量有关。

三、切割速度

提高切割速度会使切口区域受热减少、切口变窄，甚至不能切透工件；但切割速度过慢，会使切口表面粗糙，甚至在切口底部会形成熔瘤，致使清渣困难。因此，应该在保证切透的前提下，尽可能选择大的切割速度。

四、气体流量

气体流量要与喷嘴孔径相适应。气体流量大，有利于压缩电弧，能量更为集中，同时工作电压也随之提高，可提高切割速度和切割质量。但气体流量过大，会使电弧散失一定的热量，降低切割能力。

五、电极内缩量

电极内缩量是指电极端头至喷嘴内表面的距离，但由于不易测量，在已知喷嘴孔道长度的条件下，取电极端头至喷嘴外表面的距离，一般取 8 ~ 11 mm 为宜。

六、喷嘴距工件距离

在电极内缩量一定时，对于一般厚度的工件，喷嘴距工件的距离为 6 ~ 8 mm；当切割厚度更大的工件时，可增大到 10 ~ 15 mm。

第六节 等离子弧焊接和切割安全防护技术

一、等离子弧焊接安全防护技术

1. 等离子弧焊接用电源的空载电压较高，尤其在手工操作时，有电击的危险。电源在使用时，必须检查可靠接地，如图11—8所示，焊枪枪体与手触摸部分必须可靠绝缘。

2. 如果启动开关装在手把上，必须对外露开关套上绝缘橡胶。避免手直接接触开关，如图11—9所示。尽可能采用自动操作方法。

图11—8 检查可靠接地　　　图11—9 避免手直接接触开关

3. 电弧光辐射强度大，它主要由紫外线辐射、可见光辐射与红外线辐射组成。等离子弧较其他电弧的光辐射强度更大，尤其是紫外线强度，故对皮肤损伤严重。操作者在焊接时必须带上保护性能良好的面罩、手套，如图11—10所示，最好加上吸收紫外线的镜片。自动操作时，可在操作者与操作区设置防护屏。

4. 等离子弧焊接过程中伴随有大量汽化的金属蒸气、臭氧、氮化物等，由于气体流量大，致使工作场地上的灰尘大量扬起，这些烟气与灰尘对操作工人的呼吸道、肺等产生严重影响。在栅格工作台下方还可以安置排风装置，如图11—11所示。

5. 等离子弧会产生高强度、高频率的噪声，这对操作者的听觉系统和神经系统非常有害。在可能的条件下，尽量采用自动化操作，使操作者有良好的工作环境。

图 11—10　操作者戴好面罩、手套　　　图 11—11　安置排风装置

二、等离子弧切割安全防护技术

1. 按规定要求线径和电压接入三相交流电源；设备外壳必须可靠接地（见图 11—12），把符合规定的压缩空气接入主机背后的空气过滤减压器。

2. 切割操作人员必须穿戴好阻燃工作服、防护手套、绝缘胶鞋及防护目镜，如图 11—13 所示。

图 11—12　设备外壳可靠接地　　　图 11—13　穿戴好防护用品

3. 试割前，要检查焊接电源、供气系统以及与割件相连的焊接电缆（见图 11—14）有无漏电、漏气的现象，否则会出现故障。

4. 切割场地必须通风良好，在栅格工作台下方还可以安置排风装置，如图 11—15 所示。其周围不得存在易燃易爆物品。不准切割密封的或内含易燃易爆物品的容器。

5. 接通电源后，身体不得接触设备任何裸露的导电零部件；按下开关时，割炬喷嘴不能接触人体的任何部位（见图 11—16）。切割过程中，不允许切换电流选择开关。

6. 工作完毕应关闭电源和气源（见图 11—17），清理现场，消除火源，否则会发生意外事故。

图 11—14　试割前要全面检查

图 11—15　切割场地安置排风装置

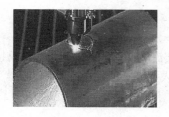

图 11—16　割炬喷嘴不能接触人体

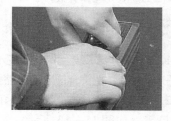

图 11—17　工作完毕关闭电源、气源

第七节　等离子弧焊接和切割操作训练

一、薄板对接等离子弧焊操作

1. 不锈钢薄板对接微束等离子弧焊焊件图（见图 11—18）

2. 焊接操作训练

（1）焊前准备

1）制备焊件。将板厚为 1 mm 的不锈钢板加工成两块 300 mm × 100 mm 的训练用焊件。

采用 I 形坡口，留 1 mm 间隙对接，每隔 3～5 mm 设置一个定位焊点，并控制根部间隙不超过板厚的 1/10，不出现错边。焊前将油污清理干净的焊件置于铜垫板上夹紧。

2）微束等离子弧焊枪，喷嘴孔径 1.2 mm。

3）铈钨极，直径为 1.0 mm。

4）选择与板材相近的不锈钢焊丝，直径为 1 mm。焊前对焊件和

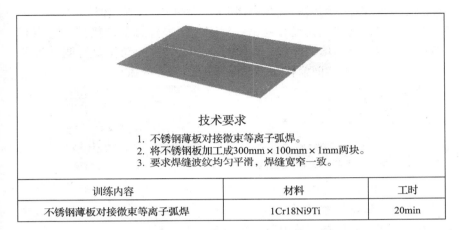

技术要求

1. 不锈钢薄板对接微束等离子弧焊。
2. 将不锈钢板加工成300mm×100mm×1mm两块。
3. 要求焊缝波纹均匀平滑，焊缝宽窄一致。

训练内容	材料	工时
不锈钢薄板对接微束等离子弧焊	1Cr18Ni9Ti	20min

图11—18 不锈钢薄板对接微束等离子弧焊焊件图

焊丝进行认真清理，可采用钢丝刷或砂布将焊接处和焊丝表面清理至露出金属光泽。

（2）调整焊接工艺参数

1）调整气体压力和流量。

2）调节引弧电流，并通过显示屏显示引弧电流预设值，使等离子弧电流能够以较小的电流起弧，避免电流过大引起烧穿。

3）调节焊接电流，根据焊件的厚度调节范围为0.5～15 A，通过液晶显示屏确定，并选择遥控近程控制。

（3）调试焊枪。先磨削钨极端部成20°～60°的锥角，顶端呈尖状或稍加磨平。然后调整电极与喷嘴的同心度，其方法是在焊枪下方放一块平面镜子，然后接通高频振荡回路，通过镜子可以观看在电极与喷嘴之间产生高频火花，并进行调整电极与喷嘴同心度，使高频火花呈圆周均匀分布在75%～80%以上。

（4）焊接操作。首先打开气路接通焊接电源。戴上焊工面罩，手持等离子弧焊枪，按动启动按钮，接通高频振荡装置及电极与喷嘴的电源回路，非转移弧引燃。接着焊枪对准焊件，建立转移弧。保持喷嘴与焊件的距离即可进行等离子弧的焊接。

保持喷嘴与焊接金属表面成70°的斜角（见图11—19）。采用左向焊法，焊枪应保持均匀的直线形移动（与钨极氩弧焊相似）。

起焊时，转移弧在起焊处稍停片刻，用焊丝触及焊接部位，当有熔化迹象时，立即填加焊丝，焊丝的填加和焊枪的动作要协调（见图11—20），焊枪平稳向前移动，并保持3～5 mm的弧长。

图11—19　焊枪倾角　　　　　　　　图11—20　填加焊丝

当焊至焊缝终端时，适当填加焊丝，再断开按钮，随焊接电流衰减熄灭电弧，并保持焊枪停留片刻以对熔池进行保护。

结束工作时，关闭焊机电源开关，关闭气体阀门，整理工作现场，检查有无安全隐患。

焊后检查焊接质量。保证焊缝表面要呈清晰且均匀的银白色鱼鳞波纹，并且焊缝宽度适宜，熔透深度一致。

二、不锈钢管等离子弧切割操作

1. 不锈钢管等离子弧切割割件图（见图11—21）

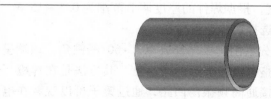

技术要求
1. 不锈钢管采取等离子弧切割。
2. 将ϕ133mm×150mm×8mm的不锈钢管，加工成ϕ133mm×50mm×8mm三段。
3. 割后保证割件垂直度1mm，直线度1mm。

训练内容	材料	工时
不锈钢管等离子弧切割	1Cr18Ni9Ti	20min

图11—21　不锈钢管等离子弧切割割件图

2. 切割操作训练

（1）切割前准备

1）制备割件，选择材质1Cr18Ni9Ti、ϕ133 mm×150 mm×8 mm的不锈钢管为训练件，如图11—22所示。

2）选择割嘴，根据割件的材质和厚度选择相应直径的割嘴，并将割炬的各零部件做到正确安装，如图11—23所示。

图11—22　训练用割件

图11—23　割炬与割嘴

3）调试气体压力和电流。根据割件的工艺要求调节好压缩空气的气体压力和切割电流（见图11—24）。

a)调节气压

b)调节电流

图11—24　调整参数

（2）切割操作

1）将割炬移近割件起割边缘，保持割炬垂直于被切割件（见图11—25），并控制好喷嘴与割件表面间距离。

2）开启割炬开关，引燃等离子弧，切透割件后，向切割方向均速移动，切割速度为以切穿为前提，宜快不宜慢，太慢将影响切口质量，甚至断弧，如图11—26所示。

图 11—25　割炬垂直于割件边缘　　　图 11—26　引燃等离子弧

3）保持割嘴距离割件表面 5 ~ 7 mm，不可过长或过短，如图 11—27 所示。

如图 11—28 所示，割嘴距离割件表面有些过近，应及时调整。如图 11—29 所示，割嘴距离割件表面有些过远，应及时调整。

图 11—27　保持割嘴与　　图 11—28　割嘴距离　　图 11—29　割嘴距离
　　　　割件的距离　　　　　　　割件过近　　　　　　　割件过远

4）切割完毕，关闭割炬开关，等离子弧熄灭。此时，压缩空气延时喷出，以冷却割炬。数秒钟后，自动停止喷出。移开割炬，完成切割全过程。

第十二章　堆　焊　安　全

第一节　堆焊的原理、特点及安全特点

一、堆焊的原理

堆焊是可以采取诸多焊接方法（如焊条电弧堆焊、氧—乙炔焰堆焊、埋弧自动堆焊、二氧化碳气体保护堆焊、振动电弧堆焊、等离子弧堆焊、激光堆焊、电渣堆焊等），将具有一定性能的材料堆敷在焊件表面的一种工艺过程。它可在焊件表面获得具有耐磨、耐腐蚀、耐热等特殊性能的熔敷金属层，也可以恢复和改变零件形状及尺寸，而不是为了连接。但是，堆焊的热过程及冶金过程都与焊接相同，它的实质是异种金属材料焊接。

堆焊作为一种经济有效的表面改造方法，是金属材料加工与制造业中不可缺少的工艺手段。

二、堆焊特点及应用

1. 特点

堆焊所用的设备简单，可与焊接设备通用，熔敷率高，焊条电弧焊堆焊在焊件表面堆敷的金属量可达 3 kg/h，双带极埋弧自动焊熔敷量为 68 kg/h。

2. 应用

堆焊主要应用于两个方面：

（1）制造新零件。用堆焊工艺可制成双金属零件，其基体和堆焊表层可采用不同性能的材料，以分别满足二者的不同技术要求。零件

既能获得很好的综合技术性能，也能发挥材料的工作潜力。

（2）修复旧零件。例如，轧辊、轴类、农机零件、采掘机件，由于使用中，接触面之间的相互摩擦作用会造成表面破坏，采用堆焊工艺方法来修复，可以节约钢材，减少贵重金属的损耗，提高零件的使用寿命，还可以弥补配件短缺的难题。因此，堆焊工艺在我国应用广泛，如矿山机械、冶金机械、建筑机械、农业机械、发电设备、化工设备、工具和模具的制造与修理都采用堆焊技术。

堆焊的过程与焊接基本相同，几乎任何一种熔焊方法都可以用于堆焊。

三、堆焊的安全特点

对于任何一种熔焊方法都可以用于堆焊，在堆焊过程中存在着诸多的不安全性和有害因素，如焊条电弧堆焊存在着触电、烟尘、火灾等安全隐患；氧—乙炔焰堆焊的主要不安全性是着火爆炸以及灼伤等；二氧化碳气体保护堆焊存在有害气体、触电、弧光辐射等不安全因素。

第二节　堆焊焊接材料

堆焊材料的成分对零件使用性能有直接的影响，目前，虽然已有多种成分及多种形态的堆焊材料，但选用时必须慎重，应根据不同的工作条件和零件磨损情况，来选择相对应的堆焊合金，方能有效地提高零件的使用寿命。

1. 堆焊焊条

（1）堆焊焊条型号的编制方法。堆焊焊条的型号是按熔敷金属的化学成分及药皮类型来划分的。其编制方法如下：

1）焊条以字母"E"表示，为型号第一字。

2）型号第二字表示焊条类别，堆焊焊条以字母"D"表示。

3）型号中第三字、第四字表示焊条特点，用字母或化学元素符号表示。

堆焊焊条的型号分类见表12—1。

表 12—1　　　　　　　　　堆焊焊条的型号分类

型号分类	熔敷金属化学组成类型	型号分类	熔敷金属化学组成类型
EDP × × — × ×	普通低、中合金钢	EDD × × — × ×	高速钢
EDR × × — × ×	热强合金钢	EDZ × × — × ×	合金铸铁
EDCr × × — × ×	高铬钢	EDZCr × × — × ×	高铬铸铁
EDMn × × — × ×	高锰钢	EDCoCr × × — × ×	钴基合金
EDCrMn × × — × ×	高铬锰钢	EDW × × — × ×	碳化钨
EDCrNi × × — × ×	高铬镍钢	EDT × × — × ×	特殊型

4）型号中最后两位数字表示药皮类型及焊接电源，用短划"—"与前面符号分开，见表 12—2。

表 12—2　　　　　　　堆焊焊条药皮类型及焊接电源

型号	药皮类型	焊接电源
ED × × — 00	特殊型	交流或直流
ED × × — 03	钛钙型	
ED × × — 15	低氢钠型	直流
ED × × — 16	低氢钾型	交流或直流
ED × × — 08	石墨型	

5）在同一个基本型号内有几个分型时，可用字母 A、B、C……表示，如果再细分，可加注数字 1、2、3……如 A1、A2、A3 等，此时再用短划"—"与前面的符号分开。

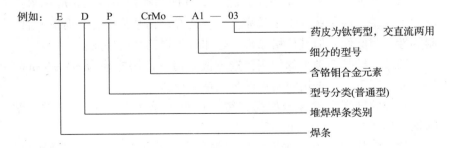

例如：　E　D　P　CrMo　—　A1　—　03

　药皮为钛钙型，交直流两用
　细分的型号
　含铬钼合金元素
　型号分类(普通型)
　堆焊焊条类别
　焊条

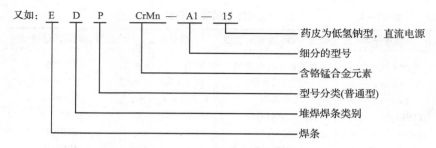

又如： E　D　P　　　CrMn —　A1 —　15

- 药皮为低氢钠型，直流电源
- 细分的型号
- 含铬锰合金元素
- 型号分类(普通型)
- 堆焊焊条类别
- 焊条

（2）牌号的编制方法。堆焊焊条牌号的编制，也是用字母"D"代表堆焊焊条，后面的两位数字表示堆焊焊条的类型，最后一位数字表示焊条药皮类型和所用电源种类。

堆焊焊条可分以下几类：

牌号为 D00× ~ D09× 的焊条，不作规定。

牌号为 D10× ~ D24× 为不同硬度常温堆焊焊条。

牌号为 D25× ~ D29× 为常温高锰钢堆焊焊条。

牌号为 D30× ~ D49× 为刀具工具堆焊焊条。

牌号为 D50× ~ D59× 为阀门堆焊焊条。

牌号为 D60× ~ D69× 为合金铸铁堆焊焊条。

牌号为 D70× ~ D79× 为碳化钨堆焊焊条。

牌号为 D80× ~ D89× 为钴基合金堆焊焊条。

牌号为 D90× ~ D99× 为待发展的堆焊焊条。

2. 其他堆焊材料

（1）堆焊用焊丝。堆焊用焊丝主要有铁基和钴基两类，应用最广泛的是铁基，因为铁基价格低廉，经济性好；钴基虽然也具有耐蚀性、耐热性、耐磨性，但其价格昂贵，除非万不得已才能使用。

铁基和钴基两类焊丝均用铸造方法制造，常用规格为 $\phi 4 \sim 6$ mm。在一般情况下，可选用镍基焊丝替代钴基焊丝。

常用的堆焊焊丝牌号如高铬铸铁堆焊焊丝为 HS101、HS103；钴基堆焊焊丝为 HS111、HS112、HS113 等。

（2）管状堆焊焊丝或管状堆焊焊条。管状堆焊焊丝是用低碳钢、镍基和铜基等合金卷成管状作为外皮，中心用合金粉末配以一定的焊剂制成的焊丝，它是目前堆焊技术中最普遍应用的一种药芯堆焊材料。

使用焊条电弧焊时，须在管状的焊丝表面涂制一层药皮，制成管状焊条。

（3）合金粉末堆焊材料。合金粉末堆焊材料是用高压气流或高压水流，将要求成分的熔化金属雾化成粒状合金，堆焊时，将粉末直接涂喷到焊接区，再用热源加热熔化后即可获得堆焊层。

常用的合金粉末堆焊材料有镍基合金，如粉 101、粉 102；钴基合金，如粉 201、粉 202；铁基合金，如粉 301、粉 302、粉 312 等。

合金粉末堆焊材料一般应用于粉末等离子喷焊、氧—乙炔焰堆焊和气体保护堆焊等工艺方法。

3. 堆焊材料的选择原则

（1）应考虑满足工件的使用条件和性能。应根据被焊零件的磨损类型、冲击载荷的大小、工作温度及介质的情况，来选择适合该类零件的堆焊合金。

（2）应考虑堆焊层是否要求机械加工。对于堆焊层要求机械加工的，则不能选用高硬质合金堆焊材料，而应选择低碳合金钢堆焊材料，以便于进行机械加工。

（3）应考虑堆焊零件经济合理性。选择堆焊合金时，应综合考虑其堆焊零件的成本和使用后的经济效果。应尽量选择价格低的堆焊合金，以降低成本。但是，虽然高合金堆焊堆焊材料价格比较贵，但使用寿命却比较长，因此，在选择堆焊材料时，不要单一地考虑价格问题，而应将材料价格和使用寿命同时考虑才比较合理。

（4）应考虑堆焊零件的焊接性和我国的资源情况。在满足零件的使用条件和经济性的前提下，应选择焊接性良好的堆焊合金。另外，应尽量选择我国富有的资源，如钨、硼、锰、硅、钼、钒、钛等，少用镍、铬、钴。

第三节 堆焊工艺、操作规范与安全要求

一、堆焊工艺和操作规范

堆焊的过程与焊接基本相同，几乎任何一种熔焊方法都可以用于堆焊。但常规的焊接方法却无法满足堆焊时的特殊要求，如堆焊应有较高的熔敷率和较低的稀释率。因此，要把堆焊技术应用于生产中，必须选择合适的堆焊方法并制定相应的堆焊工艺及合理的操作规范。

1. 焊条电弧堆焊

焊条电弧堆焊所用设备简单、机动灵活、电弧温度高、热量集中且不受焊接位置及工件表面形状的限制，尤其是通过实心焊条或管状焊芯焊条能获得所有堆焊合金，它因此成为最常见的一种堆焊方法。

堆焊时在工件表面的某一部位熔敷一层特殊的合金层，达到恢复被磨损、腐蚀的零件尺寸，提高工作面的耐磨性、耐蚀性或耐热性等性能的目的。

由于工件所处的工作条件比较复杂，所以，堆焊时必须根据工件材质及工作条件，正确地选择堆焊焊条。例如，对于已磨损的工件表面进行堆焊，应根据其表面硬度选择相同硬度等级的焊条；对于耐热钢、不锈钢工件的堆焊，应选择与基体金属化学成分相近的焊条，才能保证堆焊金属和基体的性质相接近。

在保证焊缝成形的前提下，应选择合理的工艺参数，尽量减少稀释率，如小电流、快速焊、窄焊道、焊条摆动不超过焊条直径的2.5倍。

在堆焊厚度、刚度较大的工件时，应对堆焊件预热，焊后缓冷，安排合理的焊接顺序，在堆焊工件上堆焊塑性良好的过渡层，防止堆焊层和热影响区产生裂纹，防止堆焊层与母材之间的剥离。

堆焊时，由于工件受热不均匀，变形较大，所以，应采取对称焊、跳焊及刚性固定法来控制和减少焊接变形。

堆焊时，可将工件倾斜一定角度，这样可减小熔深，使熔敷率得

到提高。另外，堆焊模具时，可采用石墨、紫铜作模控成形，能提高堆焊尺寸精度，减少堆焊后加工量。

2. 氧—乙炔焰堆焊

这种堆焊方法的火焰温度较低（3 050 ~ 3 100℃），通过调整火焰能率，可以获得小的稀释率（1% ~ 10%），堆焊层的厚度均匀且很薄（小于 1.0 mm），另外，表面光滑美观。采用氧—乙炔焰堆焊，设备简单，操作容易，而且价格便宜，因此，目前仍广泛应用。

缺点是，由于碳化焰具有渗碳作用，会降低堆焊层的韧性；焊工手工操作的劳动强度较大；熔敷速度低，生产效率受到影响。另外，对焊工操作技术要求很高。因此多用于堆焊批量不大的工件，以及阀门、油井钻头、犁铧等的堆焊。对于自熔性较差的合金粉末则不宜采用氧—乙炔焰堆焊。

堆焊时，一般选用合金铸棒或镍基、铜基合金的实芯焊丝。为了清除堆焊过程形成的氧化物，改善堆焊金属的润湿性和致密性，应采用气焊熔剂。

焊接工艺参数的选择与气焊不同的是火焰功率的选择。堆焊时希望熔深越小越好，因此，在保证生产率的前提下，尽量选择小号焊炬和焊嘴，将稀释率和合金元素的烧损最大限度地控制在一定程度内。

堆焊时，一般都选用碳化焰。但镍基合金则选用中性焰，为提高流动性，偶尔也用碳化焰。

3. 二氧化碳气体保护堆焊

二氧化碳气体保护堆焊是采用二氧化碳气体作为保护介质的一种堆焊工艺，如图 12—1 所示。

CO_2 气体以一定速度从喷嘴中喷出，对电弧区形成可靠的保护层，把熔池与空气隔离，有效地防止 N_2、H_2、O_2 的侵入，提高堆焊层的质量。由于 CO_2 是氧化性极强的气体，熔融金属中的 Fe、Si、Mn 会被氧化，其氧化物形成渣浮在焊层表面，在堆焊层冷却时收缩脱落。

CO_2 气体保护堆焊具有堆焊层质量好；电弧热量集中，工件的热变形小；堆焊层硬度高且均匀；较高的熔敷率，生产率高且成本较低的优点。但是稀释率也较高，为 15% ~ 25%。

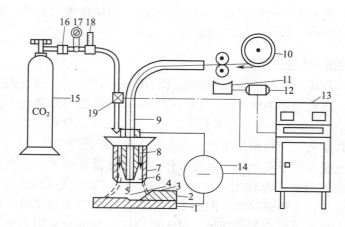

图 12—1　CO_2 气体保护堆焊

1—焊件　2—堆焊层　3—熔池　4—电弧　5—焊丝　6—CO_2 保护气体　7—喷嘴
8—导电嘴　9—软管　10—焊丝盘　11—送丝机构　12—送丝电动机　13—焊接电源
14—控制箱　15—CO_2 气瓶　16—干燥预热器　17—压力表　18—流量计　19—电磁阀

　　CO_2 气体保护堆焊的焊接材料主要是 CO_2 气体和焊丝，它们是决定焊层质量和性能的主要因素。CO_2 的纯度应大于 99.5%。焊丝的成分应根据母材及堆焊层的要求来选择。堆焊时，为了解决 CO_2 氧化所引起的合金元素烧损、气孔、飞溅等问题，要求焊丝必须具有足够的脱氧能力。常用的焊丝有 H08MnSi、H08MnSiA、H08Mn2Si、H04Mn2SiTiA、H10MnSi、H10MnSiMo、H08MnSiCrMo、H08Cr3Mn2MoA 等。

　　由于高合金成分焊丝难以拔制，所以，对于要求合金含量较低的金属与金属磨损类型的工件，则采用实心焊丝 CO_2 气体保护堆焊。对于高合金的堆焊，则采用各种管状焊丝气体保护堆焊工艺。

二、堆焊安全要求

　　1. 施焊时应使用必需的电焊防护用具，如护目镜、工作服等，并必须戴上口罩，防止铁粉微尘的吸入，确保职业卫生健康。

　　2. 调整遮光板使操作时能察看焊道而不受弧光刺目。

　　3. 室内墙壁最好涂黑，在堆焊设备周围如有人进行工作时，应注意用屏蔽栏使弧光不直接照射到别人身上。

4. 施工前应检查周围有无易燃易爆物品，在易燃易爆危险区动火，应按规定办理动火证，无动火证严禁动火。

5. 焊前应整理工作场地，清除易燃物品，设备摆放整齐，保持过道通畅。

6. 焊机应放在通风、干燥处，放置平稳。

7. 堆焊及其辅助设备须具有参数稳定、调节灵活、安全可靠等性能，并满足堆焊规范的要求。

第四节　堆焊操作训练

某钢厂 80 t 转炉炉体因事故漏钢造成炉壳烧穿，熔敷钢水冲刷了起支撑炉体作用的托圈。托圈内侧板厚为 80 mm 的钢板被冲刷得薄厚不均，最薄处仅约 20 mm，冲刷变薄的范围达 1 000 mm × 1 260 mm。

托圈材质 16MnR，断面为钢板焊接的箱形结构，由于托圈冲薄面积较大，且厚度不一致，转炉托圈因无备件，无法更换，局部挖补困难大，所以采用堆焊修复。

1. 转炉托圈的堆焊修复件

修复件如图 12—2 所示。

技术要求

1. 采用熔化极混合气体保护堆焊修复。
2. 托圈内侧板厚为80mm，被冲刷处薄厚不均，最薄处约20mm，冲刷变薄的范围达1000mm×1260mm。

训练内容	材料	工时
转炉托圈的堆焊修复	16MnR	100min

图 12—2　转炉托圈的堆焊修复件

2. 焊接方法的选择

采用熔化极混合气体保护堆焊方法。这种堆焊方法比焊条电弧焊的线能量小，熔敷效率高，焊接变形小。

3. 焊接材料的确定

根据母材的要求选用 $\phi1.2$ mm 的 H08Mn2SiA 焊丝作为填充金属。采用 CO_2 作为保护气体。

4. 堆焊工艺

（1）焊前准备。由于托圈内侧被熔融钢水冲薄后，炉壳漏钢处的烧损范围约 1 000 mm × 1 260 mm，且不规则，为保证堆焊顺利进行，炉壳必须开孔且尺寸必须大于补焊区域。

将堆焊区域的残钢等杂质清除干净，用角向磨光机将堆焊区清理至露出金属光泽。

在焊接区域用玻璃纤维布搭设帐篷，避免过堂风影响气体对电弧的保护。将转炉置于便于水平堆焊作业的位置。

（2）堆焊工艺参数。具体工艺参数为：焊接电流 200 ~ 220 A，电弧电压 17 ~ 20 V，道间温度 < 150 ℃，电源极性为正接法，保护气体流量 10 ~ 15 L/min。

（3）托圈堆焊。焊接时，采用多层多道焊，焊道彼此重叠，重叠部分不小于焊道宽度的 1/3，层间交错 90° 施焊，道间温度控制在 150℃以下。焊接过程中，每焊完一道，立即对焊道进行一次锤击，以清除焊接应力。

转炉托圈由于采用了 CO_2 气体保护堆焊的修复，使被冲刷变薄的部分恢复了原有的厚度，确保了转炉托圈的生产安全，节省资金，缩短了工期，保证了 80 t 转炉的正常运行。

第十三章 电子束焊与激光焊安全

第一节 电子束焊、激光焊的原理、分类、特点与应用

一、电子束焊原理、分类、特点与应用

1. 电子束焊的原理

真空电子束焊原理，如图 13—1 所示。

在真空中，把电子枪的阴极（灯丝）通电加热到高温，使它发射出大量电子，通过阴极和阳极之间强电场的加速和电磁透镜的聚焦，收敛成一束能量极大且十分集中的电子束，电子束轰击焊件表面，电子能转化为热能，使金属迅速熔化和蒸发。在高压金属蒸气的作用下，熔化金属被排开，电子束能继续轰击深处的固态金属，很快地使焊件表面形成一个锥形的空隙，这种空隙在电子束的轰击下可以达到相当大的深度。

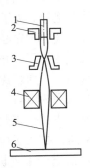

图 13—1 真空电子束焊原理
1—阴极 2—聚束极 3—阳极
4—电磁透镜 5—束流 6—焊件

在焊接过程中，随着电子束与焊件的相对移动，空隙周围的熔化金属就流入空隙内，冷却后即形成焊缝。

电子束焊时，由于电子在几十到几百千伏电压的作用下被加速到 $1/2 \sim 2/3$ 的光速，电子束所获得的能量大大超出它在发射时的能量，然后将它通过磁场聚焦在很小的面积内，就变成一种能量密度很高的能源。其电弧功率密度比普通电弧功率高 $100 \sim 1\,000$ 倍。

2. 电子束焊的分类

（1）按焊件所处环境的真空度可分为三类：高真空电子束焊、低真空电子束焊和非真空电子束焊。

1）高真空电子束焊。高真空电子束焊是将焊件放在真空度为10^{-4} ~ 10^{-1} Pa 的工作室中完成的。由于具有良好的真空环境，可以保证对熔池的"保护"，防止金属元素的氧化和烧损。所以很适用于焊接活泼性金属、难熔金属和质量要求较高的工件。但是，也存在缺点，如焊件的大小会受到工作室尺寸的限制，真空系统相对庞杂，抽真空时间长。

2）低真空电子束焊。低真空电子束焊是使电子通过隔离阀及气阻孔道进入工作室，工作室的真空度保持在 10^{-1} ~ 10 Pa。低真空电子束焊也具有束流密度和功率密度高的特点。由于只需要抽到低真空，明显地缩短了抽真空的时间，从而提高了生产效率。

3）非真空电子束焊。非真空电子束焊也称为大气压电子束焊。这种焊接方法其电子束仍是在高真空条件下产生的，射到处于大气压力下的工件上施焊。为了保护焊缝金属不受污染，减少电子束的散射，束流在进入大气中时先经过充满氦的气室，然后与氦气一起进入大气中。

在大气压力下，电子束散射强烈，即使将电子枪的工作距离限制在 20 ~ 50 mm，焊缝深宽比最大只能达到 5∶1。目前，非真空电子束焊接最大熔深为 30 mm。

这种方法的优点是：不需要真空室，因而可以焊接尺寸大的工件，生产效率高，扩大了电子束焊接技术的应用范围。

（2）按电子束焊机的加速电压高低可分三类：高压电子束焊、中压电子束焊和低压电子束焊。

1）高压电子束焊。高压电子束焊一般指加速电压的范围为 60 ~ 150 kV。在相同功率情况下，高压电子束焊所需的束流小，加速电压高，易于获得直径小、功率密度大的束斑和深宽比大的焊缝。因而特别适用于大厚度板材的单道焊，也适用于焊接那些难熔金属和热敏感性强的材料。缺点是，屏蔽焊接时产生的 X 射线比较困难；电子枪的静电部分为防止高压击穿，需要用耐高压的绝缘子，使结构复杂而笨重，只能做成固定式。

2）中压电子束焊。中压电子束焊所用加速电压的范围为 30 ~

60 kV。当电子束的功率不超过 30 kW 时，中压电子束焊机的电子枪能保证束斑的直径小于 0.4 mm，除极薄材料外，这样的束斑尺寸完全能满足焊接要求。30 kW 的中压电子束焊机焊接的最大钢板厚度可达 70 mm 左右。中压电子束焊时产生的 X 射线，可以用适当厚度的真空室壁吸收，不需要铅板防护。电子枪极间不要求特殊的绝缘子，因而电子枪可做成固定型和移动型。

3）低压电子束焊。低压电子束焊所用的加速电压低于 30 kV。低压电子束焊机不用铅板防护，电子枪可做小型移动式。缺点是在相同功率情况下，低压电子束的束流大，加速电压低，束流的会聚比较困难。通常束斑直径很难达到 1 mm 以下，其功率限于 10 kW 以内，因而低压电子束焊只能焊接薄板。

3. 电子束焊的特点及应用

（1）电子束焊的特点

1）加热功率密度大。焊接用的电子束电流为几十到几百毫安，最大可达 1 000 mA 以上；加速电压为几十到几百千伏；故电子功率从几十千瓦到 100 kW 以上。由于电子的质量小，束流值不大。所以电子束焦点直径小于 1 mm。而电子束束斑（或称焦点）的功率密度高达 $10^6 \sim 10^8$ W/cm^2，比普通电弧功率密度高 100 ~ 1 000 倍。

2）焊缝深宽比大。通常电弧焊的深宽比 <2，而电子束焊的深宽比可达 50∶1。所以，对于平行边焊缝接头，焊后基本上不产生角变形。对大厚度钢板可进行不开坡口的单道焊。

3）焊缝纯度高。真空电子束焊的真空度一般为 10^{-4} Pa，比氩气（Ar99.99%）还要纯净几百倍左右。因此，不存在污染问题。

4）焊接速度快且焊缝热物理性能好。电子束焊焊接速度快，能量非常集中；熔化和凝固过程快，热影响区小，对精加工的焊件，焊后仍能保持精度不变。

5）可焊材料多。不仅能焊同种金属和异种金属材料的接头，也能焊接非金属材料，如陶瓷、石英玻璃等。

6）焊接工艺参数调节范围广、适应性强。电子束焊接的工艺参数能各自单独进行调节，并且调节范围很宽，控制灵活，电子束焊焊接参数易于实现机械化和自动化控制，使产品质量相对稳定。

7）电子束焊的缺点是：设备复杂，价格昂贵，使用维护要求高；对焊接装备要求严格，工件尺寸受真空室大小的限制；使用时需注意防护 X 射线。

（2）应用范围。电子束焊接作为一种先进制造技术已广泛应用于航空航天工业、汽车制造工业和电子及发电等工业。在其他工业中电子束焊主要用于高压气瓶、核电站反应堆内构件筒体等。另外，炼钢炉的铜冷却风口也采用电子束焊。电子束焊接不仅能焊接除黄铜、铸铁和未作脱氧处理的普通低碳钢以外的绝大多数金属，还能焊接异种金属；可焊接工件厚度范围较大，例如，最薄小于 0.1 mm，最厚超过 100 mm。并且能焊接采用常规焊接方法难以施焊的复杂构件，如焊接精密仪器、仪表或电子工业中的微型器件。同时，散焦电子束可用于焊前预热或焊后冷却，还可用做钎焊、切割及表面涂敷的热源。电子束焊接是在修复领域和新材料焊接中，最有价值的工艺方法之一，也是未来太空焊接最有前途的热源和空间结构焊接强有力的工具。

二、激光焊原理、分类、特点与应用

1. 激光焊接原理

进行激光焊接的核心装置是激光器，激光器最基本的组成部件有激光体（红宝石）、泵灯、聚光器、谐振腔、电源及控制系统。

当泵灯通入脉冲电流时，就发出强烈的闪光，经聚光器会聚集中照射在激光体上，激发了红宝石晶体中的原子（铬），使之发射出红色射线。激发出的红色射线经谐振腔中的全反射镜的多次反射（共振作用），逐渐加强，通过输出窗口发射出的激射光即为激光。

激光是一种单色性高、方向性强、亮度高以及相干性好的光束（通常称为激光的四大特性）。经过聚焦后把光束聚焦到焦点上可获得极高的能量密度。利用它与被焊工件相互作用，使金属发生蒸发、熔化、熔合、结晶、凝固而形成焊缝。

2. 激光焊分类

激光焊接按激光发生器输出功率的高低可分为：低功率激光焊（<1 kW）、中功率激光焊（1.5～10 kW）、高功率激光焊（>10 kW）。

按输出激光波形可分为：脉冲激光焊和连续激光焊。

3. 激光焊的特点及应用

（1）特点

1）能准确聚焦微小光束，故加热范围小，焊缝可以极为窄小，残余应力和变形小。

2）辐射能极大，能量极为集中，穿透深度深，可以焊接一般焊接方法难以焊接的材料（如高熔点金属等），还可以焊接非金属材料，如陶瓷、有机玻璃等。

3）作用时间极短，故焊件不易氧化，不论焊接过程有无气体保护，几乎不影响焊接效果。

（2）应用范围。应用脉冲激光焊可焊接不锈钢、铁镍合金、铁镍钴合金等特殊金属，也可焊接铜、银、金、铝硅丝。特别适用于焊接微型、精密元件和一些微电子元件；可焊接薄片（0.1 mm 左右）、薄膜（几微米至几十微米）、金属丝（直径可小于 0.02 mm）；还可用于核反应堆零件的焊接、仪表游丝、混合电路薄膜元件的导线连接等。另外，用脉冲激光器封装焊接继电器外壳、锂电池和钽电容外壳及集成电路也是非常有效的方法。

连续激光焊广泛应用于汽车制造业、钢铁行业（如硅钢板的焊接、冷轧低碳钢板焊等），以及镀锡板罐身、组合齿轮等焊接。此外，在船舶、航空、轻工等行业也得到日益广泛的应用。生产实践证明，采用激光焊可以极大地提高生产率和焊接质量。

第二节　电子束焊、激光焊设备组成与选用

一、电子束焊设备组成与选用

1. 电子束焊设备组成

电子束焊设备由电子枪、高压电源、电子控制系统、真空系统、工作台及传动系统等组成，如图 13—2 所示。

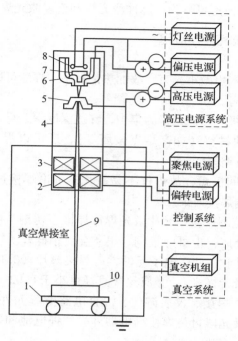

图 13—2　电子束焊设备组成

1—焊接台　2—偏转线圈　3—聚焦透镜　4—电子枪　5—阳极　6—聚束极
7—阴极　8—灯丝　9—电子束　10—焊件

（1）电子枪。电子枪是电子束焊机中发射电子，并使其加速和聚焦的装置，主要由阴极、阳极、栅极、聚焦透镜等组成。根据加速电压的高低，电子枪可分为高压枪、中压枪和低压枪。

（2）高压电源

1）主高压直流电源，用来供给加速电压及电子束流。

2）阴极电源。它包括灯丝电源、轰击用电源，阴极电源的电压不高，但都处在负高电位。

（3）电子控制系统。用来完成电子枪供电、真空系统阀门的程序启闭、传动系统的恒速运动、焊接参数的闭环控制及焊接过程的程控等。

（4）真空系统。由机械泵、扩散泵、真空阀门、管道和工作室组成。真空电子束焊机的真空系统属于动态系统，其密封性能较低，真空度是靠抽气机的连续工作来维持的，因此抽气机的抽速及管道的导通能力对系统有直接的影响，通常都选用大抽气机和短而粗的管道。

（5）传动系统。传动系统的作用是带动电子枪和焊件作相对运动并保证恒速，作相对位移并保证电子束对中。对传动系统的要求是可靠、平稳和耐用，驱动速度的变化率≤±2%。在低真空系统中传动系统可装在真空室内，结构较简单，不存在密封问题。在高真空条件下，宜将传动系统安装在真空室外，将传动主轴经旋转密封后伸到真空室内工作台的运动部分。

2. 电子束焊设备的选用

（1）EZ—60/100 型真空电子束焊机。EZ—60/100 型真空电子束焊机适用于不锈钢、合金钢、铝、铜以及难熔金属等中、小型零件的焊接，特别适合于精加工零部件进行高精度装配的焊接。焊缝纯度高、变形小、质量好。它属于通用型真空电子束焊机，高、低真空两用，具有高压稳压、束流稳流、束流梯度、偏摆及真空系统全自动程序控制和参数调节方便、范围广、稳定性好等特点。

（2）EZ—60X200 型真空电子束焊机。EZ—60X200 型真空电子束焊机适用于焊接活泼和难熔金属，如铝、钛、钽、锆、钨、不锈钢、高强钢等材料的直线和环形焊缝。

（3）EZ—150X75 型高压真空电子束焊机。EZ—150X75 型高压真空电子束焊机适用于焊接活泼和难熔金属，如铝、钛、钽、锆、钼、钨、不锈钢、高强钢等材料的直焊缝和环焊缝。比 EZ—60X200 型具有更高的加速电压，可焊更厚的金属。

（4）ESI－2 型高真空专用电子束焊机。用于焊接细长薄壁管与端塞的自动环缝焊接。电子枪为三极枪型，带有工业电视监控。

二、激光焊设备组成与选用

1. 激光焊设备组成

激光焊设备可分为固体激光焊机和气体激光焊机两大类。

（1）固体激光焊机。主要由固体激光器、电源与控制系统、光学聚焦系统、观察系统和工作台等组成。固体激光焊机结构如图13—3所示。

1）固体激光器。在固体激光器中常用的有红宝石、钕玻璃、钨酸钙与钇铝石榴石激光器。此类激光器的特点是输出功率高、体积小、结构牢固，缺点是光的相干性与频率的稳定性差（不如气体激光器）。固体激光器根据不同的用途，有不同的工作方式，一般可分为：

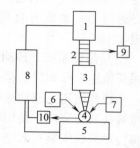

图13—3　固体激光焊机结构
1—固体激光器　2—激光光束
3—光学聚焦系统　4—焊件
5—转胎　6—观察系统
7—辅助能源　8—程控设备
9、10—信号器

①脉冲激光器。单次发射，每个激光脉冲的宽度为零点几毫秒到几十毫秒，每完成一次任务仅有一个脉冲。

②重复频率激光器。此种激光器每秒可产生几个到几十个脉冲，每完成一次任务需要几个脉冲。

③连续激光器。可以长时间稳定地输出激光连续使用。

脉冲固体激光器机构如图13—4所示。

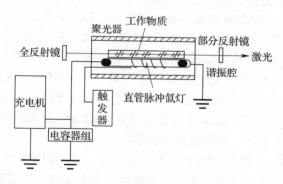

图13—4　脉冲固体激光器机构

2）光学聚焦系统。激光发生器辐射出的激光束，其能量密度不足，通过光学聚焦系统的作用，要使能量进一步集中，才能用来进行焊接。由于激光的单色性及方向性好，因此可用简单的聚焦透镜或球面反射镜进行聚焦。

3）观察系统。由于激光束斑很小，为了找准接缝部位，必须采用观察系统，主要由测微目镜、菱形棱镜、正像棱镜、小物镜、大物镜组成。利用观察系统可放大 30 倍左右。

（2）气体激光焊机。气体激光焊机的组成部分除了用 CO_2 激光器代替固体激光器外，其他部分基本上与固体激光器焊机相同。

CO_2 激光器输出功率大，国外已用 100 kW 的 CO_2 激光焊机进行焊接。能量转换率高，可达 15% 或更高。输出波长为 10.6 μm，对远距离传输有其独特的优点，很多物质对此波长的光吸收性都很强，将其转化成热能是个很好的热源。它能发射连续波激光束，既可以用来焊接微型件，也能焊较厚的工件。对工作条件要求不高，如工作气体的纯度，一般只需工业纯 CO_2 气体即可。CO_2 激光器的一般结构如图 13—5 所示。它主要由放电管、谐振腔和激励电源等组成。

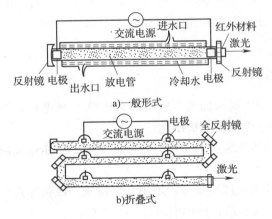

图 13—5　CO_2 激光器的一般结构

目前 CO_2 激光器采用气—液热交换器，并使激光气体通过该系统再循环。CO_2 激光器中气流方向可以与激光束同轴或垂直。横向激励 CO_2 激光器可输出更大的功率，激光输出窗的材料采用硒化锌（ZnSe）可有效地输出数千瓦，而更大的输出功率则要求用气动窗，它是由一般受控的高速压缩空气流横向吹过用以保持激光器与大气间压差的孔洞。

2. 激光焊设备选用

CQ－0.5 型 CO_2 激光焊机可以焊接不锈钢、硅钢、低合金钢及一般常用铁基或镍基合金材料。被焊工件的形状可以是板材、管件或网布。以不锈钢为例，可以完成 0.1～0.5 mm 的相同或不同厚度板材的平面对接、搭接和端接接头的焊接。当焊缝熔深无一定要求时，也能用于厚壁零部件的密封焊和精密装配焊接。除了对工件进行熔化焊外，还可进行精密钎焊。

第三节 电子束焊的安全防护

电子束焊存在四种危险：电击、X 射线辐射、烟气和可见光辐射。为了避免受到伤害，使用部门和操作人员必须采取正确的安全防护措施。

一、电击安全防护

高压电子束焊机的加速电压可达 150 kV，触电危险性很大，必须采取尽可能完善的绝缘防护措施：

1. 保证高压电源和电子枪有足够的绝缘，耐压试验应为额定电压的 1.5 倍。

2. 设备外壳应接地良好，采用专用地线，设备外壳用截面积大于 12 mm² 的粗铜线接地，接地电阻应小于 3 Ω。

3. 更换阴极组件或维修时，应切断高压电源，并用接地良好的放电棒接触准备更换的零件或需要维修的地方，放完电后才可以操作。

4. 电子束焊机应安装电压报警或其他电子联动装置，以便在出现故障时自动断电。

5. 焊工操作时应戴耐高压的绝缘手套、穿绝缘鞋。

二、X 射线辐射安全防护

电子束焊接时，约有 1% 以下的射线能量转变为 X 射线辐射。我国规定，对无监护的工作人员允许的 X 射线剂量不应大于 0.25 mR/h。因此必须加强对 X 射线的防护措施：

1. 加速电压低于 60 kV 的焊机，一般靠焊机外壳的钢板厚度来防护。

2. 加速电压高于 60 kV 的焊机，外壳应附加足够厚度加铅板加强防护。

3. 电子束焊机在高电压下运行，观察窗应选用铅玻璃，铅玻璃的厚度可按相应的铅当量选择（见表 13—1）。

表 13—1 　　　　　国产铅玻璃牌号和相应的铅当量

牌号	ZF1	ZF2	ZF3	ZF4	ZF5	ZF6
密度（g/cm³）	3.84	4.09	4.46	4.52	4.65	4.77
铅当量	0.174	0.198	0.238	0.243	0.258	0.277

注：铅当量指 1 个单位厚度的铅玻璃相当于表中示出厚度的铅板。

4. 工作场所的面积一般不应小于 40 m²，室高不小于 3.5 m，对于高压大功率电子束设备，可将高压电源设备和抽气装置与工作人员的操作室分开。

5. 焊接过程中不准用肉眼观察熔池，必须要时应佩戴铅玻璃防护眼镜。

此外，设备周围应通风良好，工作场所应安装抽气装置，以便将真空室排出的油气、烟尘等及时排出。

三、烟气安全防护

电子束焊时产生有害金属蒸气或烟雾以及臭氧和氧化氮。当系统选用油扩散泵机组抽风时，油蒸气对操作者极为有害。因此，真空抽气时所排出的废气要直接排出室外。在工作现场应备有良好的排风或通风装置，使有害气体浓度降到最低限度。

四、可见光辐射安全防护

操作者直接观察熔化金属发出的可见光，会使眼睛及脸部受到强烈的刺激而受到损伤，防护的措施是佩戴滤光眼镜及面罩等。

第四节 激光焊的安全与防护

一、激光的危害

焊接和切割中所用激光器输出功率或能量非常高，脉冲激光为数焦耳至数百焦耳。激光设备中有数千伏至数万伏的高压激励电源，能对人体造成伤害。激光加工过程中应特别注意激光的安全防护，防护的重点对象是眼睛和皮肤。此外，也应注意防止火灾和电击等，否则将导致人身伤亡或其他的事故。

1. 对眼睛的伤害

激光的亮度比太阳、电弧亮度高数十个数量级，会对眼睛造成严重损伤。眼睛受到激光直接照射，会由于激光的加热效应造成视网膜烧伤，可瞬间致盲，后果最严重。即使是小功率的激光，如数毫瓦的 He – Ne 激光，也会由于人眼的光学聚焦作用，引起眼底组织的损伤。

在激光加工时由于工件表面对激光的反射，强反射的危险程度与直接照射时相差无几，而漫反射光会对眼睛造成慢性损伤，造成视力下降等结果。在激光加工时，人眼是应该重点保护的对象。

2. 对皮肤的伤害

皮肤受到激光的直接照射会造成烧伤，特别是聚焦后，激光功率密度十分大，伤害力更大，会造成严重烧伤。长时间受紫外光、红外光漫反射的影响，可能导致皮肤老化、炎症和皮癌等病变。

3. 电击

激光束直接照射或强反射会引起可燃物的燃烧导致火灾。激光器中还存在着数千伏至数万伏的高压，存在着电击的危险。

4. 有害气体

激光焊时，材料受激烈加热而蒸发、汽化，产生各种有毒的金属烟尘，高功率激光加热时形成的等离子体会产生臭氧，对人体有一定损害。

二、激光的安全防护

1. 一般防护

（1）电气系统外罩的所有维修门应有适当的互锁装置，外罩应有相应措施以便在进入维修门之前使电容器组放电。激光加工设备应有各种安全保护措施，在激光加工设备上应设有明显的危险警示标志和信号，如"激光危险""高压危险"等。

（2）激光光路系统应尽可能全封闭，例如，让激光在金属管中传递，以防发生直接照射。若激光光路不能完全封闭，光束高度应设法避开眼、头等重要器官，让激光从人的高度以上通过。

（3）激光加工工作台应用玻璃等屏蔽，防止反射光。

（4）激光加工场地应用栅栏、隔墙、屏风等隔离，防止无关人员进入危险区。

2. 人身保护

（1）激光器现场操作和加工工作人员必须配备激光防护眼镜，穿白色工作服以减少漫反射的影响。

（2）只允许有经验的工作人员对激光器进行操作和激光加工。

（3）焊接区应配备有效的通风或排风装置。

第五节　电子束焊与激光焊操作训练

一、电子束焊操作训练

微型汽车半轴是汽车传动系统的重要部件之一，用普通的焊接方法很难得到满意的焊缝，而采用电子束焊接微型汽车半轴可以收到较为满意的效果。

1. 汽车半轴电子束焊焊件图（见图13—6）

2. 电子束焊接操作

（1）焊前准备

1）选择坡口。由于电子束的穿透力强，熔深大，因此接头一般不

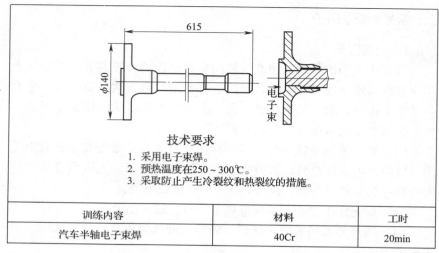

技术要求
1. 采用电子束焊。
2. 预热温度在250~300℃。
3. 采取防止产生冷裂纹和热裂纹的措施。

训练内容	材料	工时
汽车半轴电子束焊	40Cr	20min

图13—6　汽车半轴电子束焊焊件图

开坡口，也不加填充金属。

2）焊前清理。焊前对焊缝处进行严格的清洗，装配前先用砂纸将焊缝处的氧化膜及锈迹打磨干净，直至露出金属光泽，然后用汽油清洗去除油污，最后用丙酮清洗干净。

3）确定焊接工艺参数。从控制焊接线能量出发，若线能量过大，会使热影响区产生过热组织，使晶粒粗大。同时还易形成淬火马氏体，从而降低焊接接头的抗裂性能及强度。因此应选择合适的焊接线能量，以防止产生冷裂纹和热裂纹。

因此，在确定熔深为22 mm的前提下，加速电压为50 kV，电子束流为90 mA，焊接速度为28 cm/min，真空度为2 Pa，扫描频率为900 Hz。

4）焊前预热。考虑到材料40Cr钢的碳及合金元素含量较多，而接头的热容量相差较大的特点，采用了散焦方式预热，可以减小焊接裂纹，选择合理的预热温度能有效地防止裂纹的出现，经计算预热温度选择在250~300℃。

（2）焊接操作

1）启动。在真空室内的工件安装就绪后，关闭真空室门，然后接通冷却水，闭合总电源开关。按真空系统的操作顺序启动机械泵和扩散泵，待真空室内的真空度达到预定值时，便可进入施焊阶段。

2）焊接。将电子枪的供电电源接通，并逐渐升高加速电压使之达到所需的数值。然后相应地调节灯丝电流和轰击电压，使有适当小的电子束流射出，在工件上能看出电子束焦点，再调节聚焦电流，使电子束的焦点达到最佳状态。假如焦点偏离焊缝，可调节偏转线圈电流或电子枪作横向移动使其对中。此时调节轰击电源使电子束电流达到预定数值。按下启动按钮，工件即按预定速度移动，进入正常焊接过程。

3）停止。焊接结束时，必须先逐渐减小偏转电压使电子束焦点离开焊缝，然后把加速电压降低到零，并把灯丝电源及传动装置的电源降到零值，此后切断高压电源、聚焦偏转电源和传动装置电源，这样就完成了一次焊接。待工件冷却后，按真空操作程序从真空室中取出工件。

（3）焊后后热处理。选择合理的后热温度对防止延迟裂纹有着十分重要的意义。因为延迟裂纹主要与氢的扩散与聚集有关，如果焊缝很快地冷却至100℃以下时，氢来不及从焊缝中逸出，就容易产生延迟裂纹。所以，焊后将焊件放入烘箱进行加热，后热温度为250℃，保温1 h。通过实践证明，采用电子束焊接实现汽车半轴的锻—焊生产是切实可行的。

二、典型材料激光焊操作训练

1. 风扇机匣脉冲激光焊焊件图（见图13—7）

2. 焊接操作
（1）焊前准备
1）焊机。采用脉冲 YAG 激光焊机。
2）焊件清理。焊前将焊缝处的氧化膜及污物清理干净，露出金属光泽。
3）焊件装配先将框架与底板进行装配，最后连接大小立隔板。

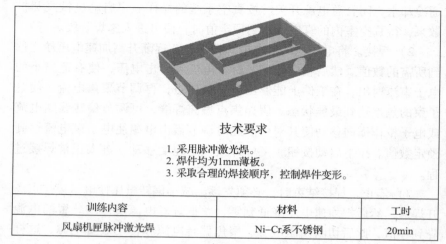

技术要求

1. 采用脉冲激光焊。
2. 焊件均为1mm薄板。
3. 采取合理的焊接顺序，控制焊件变形。

训练内容	材料	工时
风扇机匣脉冲激光焊	Ni-Cr系不锈钢	20min

图 13—7 风扇机匣脉冲激光焊焊件图

（2）焊接工艺

1）确定焊接工艺参数。对 Ni – Cr 系不锈钢进行激光焊时，材料具有很高的能量吸收率和熔化效率，调节功率为 5 kW，焊接速度为 1 m/min，光斑直径为 0.6 mm 的条件下，光的吸收率为 85%，熔化效率为 71%。

2）激光焊接。在激光焊过程中，焊件应夹紧，以防止热变形。

填充金属以焊丝的形式加入，填充金属的施加量不能过大，不要破坏小孔效应。

工件和光束做相对运动，金属被激光照射的部位迅速蒸发，焊缝熔池处的熔化金属因蒸气压力而被排开，形成小孔，在移动加热时，小孔被光束照射部位后面的熔化金属填满容易形成焊缝。

控制较快的焊接速度，减轻焊件过热现象和线胀系数大的不良影响，保证焊缝无气孔、夹杂等缺陷，接头强度和母材相当。